AF554329

TRAITÉ CLINIQUE

DE

LA DIGESTION

ET DU

RÉGIME ALIMENTAIRE

D'APRÈS

les données de l'Exploration externe du Tube digestif

PAR LE

Dr SIGAUD, DE LYON

TOME SECOND

PARIS

OCTAVE DOIN, ÉDITEUR

8, PLACE DE L'ODÉON, 8

1908

TRAITÉ CLINIQUE

DE

LA DIGESTION

ET DU

RÉGIME ALIMENTAIRE

OUVRAGES DU MÊME AUTEUR

Traité des troubles fonctionnels mécaniques de l'appareil digestif. — Paris, Doin, 1894.

Traité clinique de la Digestion et du Régime alimentaire. — Tome Ier. — Paris, Doin, 1900.

Les Origines de la maladie (en collaboration avec Léon Vincent). — Paris, Maloine, 1906.

Publications concernant l'Exploration Externe du Tube digestif

Léon VINCENT. Traité de l'Exploration manuelle des organes digestifs. Paris, Doin, 1898. — SIGAUD. Exploration externe du tube digestif et indications du régime alimentaire. *Lyon-Médical*, 1901. — Léon VINCENT. Exploration externe du tube digestif et nouvelle méthode d'observation clinique. *Presse Médicale*, n° 20, 8 mars 1902. — A. CHAILLOU et L. MAC-AULIFFE. *Précis d'exploration externe du tube digestif*. Paris, Maloine, 1903. — SIGAUD. Essai d'interprétation de l'évolution individuelle de l'homme par la morphologie abdominale. *Revue Scientifique*, 18 juin 1904. — JOLY (P.-R.). Milieux et excitants naturels. *Archives Médico-Chirurgicales du Centre*, 5 mars 1905. — SIGAUD et Léon VINCENT. La Clinique. Ce qu'elle est. Ce qu'elle doit être. *Annales de la Société de Médecine de Gand*. Vol. LXXXV, p. 63, Gand, 1905.— ANTHOINE. *Inspection de l'abdomen d'après la méthode de Sigaud (de Lyon)*. Thèse. Paris 1905. — A. CHAILLOU et L. MAC-AULIFFE. Considérations historiques sur la loi dite de Marey d'harmonie des fonctions de la vie. *Bulletin de la Société Française d'Histoire de la Médecine*. Paris. A. Picard et Fils, 1905. — L. VINCENT. A propos de la curabilité de la tuberculose pulmonaire. *La Clinique*, n° 49, 7 décembre 1906. — MAC-AULIFFE et A. RIVA. *Pressions et tension abdominales*. (Communication faite au 1er Congrès international d'hygiène alimentaire). *Revue de la Société Scientifique d'hygiène alimentaire*. Paris, Masson, 1906. T. III, p. 725. — A. CHAILLOU et L. MAC-AULIFFE. L'exploration physique du tube digestif. *Zeitschrift für neuere physikalische Medizin*. Berlin, 1908.

TRAITÉ CLINIQUE

DE

LA DIGESTION

ET DU

RÉGIME ALIMENTAIRE

D'APRÈS

les données de l'Exploration externe du Tube digestif

PAR LE

Dr SIGAUD, DE LYON

TOME SECOND

PARIS

OCTAVE DOIN, ÉDITEUR

8, PLACE DE L'ODÉON, 8

1908

AVANT-PROPOS

Tout être vivant évolue et marque son évolution par des variations de forme qui répondent à autant de phases fonctionnelles diverses. Vingt années d'observation m'ont appris que la connaissance de la forme *précède et conditionne la connaissance de la* fonction.

Pour avoir une notion exacte de la fonction digestive, *il importe donc, tout d'abord, de connaître la* forme de l'appareil digestif. *Cette étude est la matière du tome I de cet ouvrage.*

Mais il arrive que la chaîne des faits digestifs considérés isolément présente des solutions de continuité; des chaînons manquent qu'il faut chercher dans les autres appareils de l'économie. En un mot, une étude morphologique globale *du corps humain s'impose, si l'on veut avoir toute la signification des faits digestifs.*

Cette étude globale fait l'objet du présent volume.

Nous obtenons ainsi une chaîne ininterrompue de faits morphologiques et, partant, fonctionnels, d'où dérive la connaissance à la fois de l'agrégat individuel *et des lois qui en régissent* l'évolution.

Ce travail est un essai de clinique générale.

Je me propose d'exposer, dans une prochaine publica-

tion de clinique individuelle, *tous les faits particuliers dont cet ouvrage est la synthèse.*

Au terme de cette longue étape, je ne saurais oublier mes compagnons de route, VINCENT et BORRY, de Lyon. J'ai plaisir à rappeler ici nos réunions périodiques, fécondes autant qu'agréables, consacrées, les unes, à l'observation des faits au lit du malade, *les autres, au classement de ces faits dans de libres entretiens.*

J'aurais encore, sans la distance, deux utiles collaborateurs en CHAILLOU et MAC-AULIFFE, de Paris, qui viennent, chaque année, s'associer quelque temps à mes modestes travaux, donnant ainsi un bel exemple de curiosité scientifique.

Ces amis dévoués ont bien voulu suivre l'évolution de ma pensée et seconder mes moindres efforts de recherche ou d'enseignement. Rien de plus juste que j'écrive leurs noms à la première page de ce livre.

Lyon, 28 mars 1908.

SIGAUD.

CHAPITRE PREMIER

Idée générale et clinique de la digestion.

I. — Enquête objective.

Il y a une relation étroite entre les signes physiques abdominaux et la fonction de digestion. — La digestion, qui est *en soi* un phénomène de dissociation moléculaire, est, *par rapport à nous*, une manifestation de la vie de l'appareil digestif. — Les actes chimiques de la digestion, insaisissables pour le clinicien, ont leurs équivalents dans des signes physiques de constatation facile ; ces signes varient avec le mode de l'alimentation et les qualités de l'aliment ; ils traduisent toutes les oscillations de la fonction digestive. Chacun d'eux est à proprement parler un anneau de la chaîne des faits digestifs.

Le lecteur, qui vient de parcourir le tome premier de cet ouvrage, se demande à quoi tend toute cette documentation *objective*, comment établir une relation entre les signes physiques révélés par l'exploration externe du tube digestif et la fonction de *digestion*, c'est-à-dire de *dissociation moléculaire* et d'*absorption* de l'aliment.

Tel est, en effet, le premier problème à résoudre. Jusqu'à nos jours, une idée *a priori*, qui a trouvé un appui considérable dans les procédés de la *chimie* et de la *physiologie expérimentale*, a guidé tous les chercheurs en matière de digestion.

Cette idée est la suivante : *l'aliment entretient et répare les tissus organiques*, et, à ce titre, doit refléter dans sa composition chimique et dans ses propriétés dynamiques la composition et les propriétés fonctionnelles des divers tissus de l'économie. De là des analyses infiniment variées de toutes les substances que nous avons coutume de considérer comme alimentaires ; de là des expériences sans nombre sur les moyens d'augmenter le *combustible* nécessaire à l'économie, etc., etc.

Nous avons dit tout à l'heure que c'est là une idée *a priori*. Les développements qui vont composer ce volume sont destinés à le prouver à chaque page. Pour le moment, nous nous contenterons de cette affirmation : l'acte digestif est avant tout une manifestation de la vie de l'appareil digestif, et cette *vie* de l'appareil digestif est étroitement dépendante de la *vie* de l'ensemble des appareils organiques qui composent le corps humain. En outre, il faut savoir distinguer dans tout phénomène biologique le fait *en soi* et le fait *par rapport à nous*. Le second seul nous conduit à la connaissance du premier.

Prenons un exemple : voici un homme qui maigrit rapidement ; l'abdomen, autrefois arrondi et plus ou moins saillant, est maintenant plat et affaissé. Nous modifions l'alimentation du sujet, et le voilà qui reprend et son embonpoint et la forme arrondie de son abdomen. L'observateur sans idées préconçues se contente de souligner ce fait de morphologie abdominale en le rapprochant de l'alimentation suivie par le sujet aux deux phases biologiques d'amaigrissement et d'engraissement. Poussant plus loin ses investigations purement cliniques, il trouve, pendant la phase de maigreur, un cæcum de forme aplatie qui s'écrase en crépitant, un côlon transverse et descendant qui forme un cordon plutôt rubané qu'arrondi ; l'ensemble de l'abdomen donne à la main la sensation de *chiffons mouillés*, sans élasticité, sans rénitence ; les secousses imprimées à l'estomac ébranlent une masse liquide qui vient frapper la main de l'observateur (flot) en même temps qu'elles produisent un bruit de conflit hydro-aérique, ces deux sensations donnant la mesure et de l'élasticité et de la tension, pour ainsi dire absentes, de la cavité gastrique ; enfin la percussion attentive de toute l'aire abdominale donne l'impression que l'on percute, non une cavité, mais un tissu plein, tant les sons provoqués sont de faible intensité et, à une oreille exercée, de tonalité élevée ; l'estomac, d'ailleurs, malgré sa capacité prédominante, ne se différencie guère que par un timbre plus métallique des autres cavités, cæcum, côlon transverse, côlon descendant et intestin grêle.

Tous ces faits objectifs, observés pendant la phase d'amaigrissement et correspondant à la forme affaissée de l'abdomen tout entier, se modifient peu à peu, à mesure que l'aliment est donné sous la forme qui convient : les segments du côlon s'arrondissent et roulent sous la main qui les mobilise, le flot gastrique disparaît, le clapotage s'atténue, le son reprend de l'intensité particulièrement au niveau de la cavité gastrique et de la cavité cæcale, avec une tonalité moins élevée ; enfin, l'abdomen dans son ensemble donne à la main une sensation de souplesse élastique et résistante, à la fois, qui contraste franchement avec l'état empâté de la phase morbide.

Voilà les signes, *tous localisés* strictement à l'appareil digestif, que l'observateur voit évoluer parallèlement à ses essais d'alimentation, signes qui traduisent expressément toutes les oscillations de la fonction digestive, les défaillances aussi bien que les relèvements. La variété des signes objectifs est du reste infinie, et le volume qui précède celui-ci ne prétend pas à autre chose qu'à en donner une première nomenclature, toute grossière et toute insuffisante. L'éducation du clinicien est nécessaire pour saisir toutes les richesses de l'exploration abdominale ; et nous aurons l'occasion, dans un chapitre spécial, de préciser le sens d'un grand nombre de données objectives que nous avons omises ou insuffisamment développées.

Quoi qu'il en soit, *a priori*, l'acte digestif *en soi* est un fait de dissociation moléculaire. Mais, *par rapport à nous*, il se révèle comme un fait biologique évoluant dans un tissu dont la morphologie et les qualités physiques tombent sous nos sens d'une façon inattendue et se modifient avec des oscillations dont chacune, pour ainsi dire, est la traduction objective d'un acte fonctionnel fondamental, c'est-à-dire d'un acte *digestif* à proprement parler.

Pour conclure, l'acte chimique nous échappe, et l'expérience de ces dernières années n'est pas faite pour nous contredire ; mais cet acte chimique a des *équivalents physiques* d'une telle objectivité que nous pouvons aisément, à leur lumière, nous orienter dans le dédale des phénomènes qui traduisent l'une des grandes fonctions de l'économie, la *digestion*.

II. — Enquête étiologique.

L'enquête étiologique nous montre que le choc, qui produit les troubles fonctionnels d'un appareil organique, peut porter soit sur cet appareil lui-même, soit sur un autre. — L'organisme humain est une fédération d'appareils *solidaires* les uns des autres, et tous orientés dans un sens fonctionnel univoque. — Une excitation portée sur un point de l'organisme *se généralise* à l'organisme tout entier.— L'aliment est donc une des sources de l'activité digestive, mais non la seule ; les signes abdominaux reflètent l'activité *totale* de l'organisme. — En présence d'un trouble digestif, chercher le choc originel, qui peut être, par exemple, un choc moral. — Aucune formule alimentaire, tant que persistent les influences morales causales, n'est adéquate à l'état biologique du malade. — Mais, d'autre part, la guérison n'est pas subordonnée à la seule modification du milieu social. La cause morbide a créé, en dehors de son action sur le système nerveux, un état *nouveau* de réceptivité et de réactivité de l'appareil digestif, qui nécessite une adaptation *correspondante* du milieu alimentaire.

Jusqu'ici notre étude a consisté dans un tableau aussi exact que possible des aspects multiples et divers sous lesquels se présente le tube digestif aux prises avec les aliments usuels. Nous avons fait, à proprement parler, l'analyse des *réactions* digestives suscitées par le contact de l'aliment ; nous avons, dans la mesure de l'affinement de nos sens, alternativement dissocié et groupé toutes les manifestations fonctionnelles qui se sont présentées à notre observation, en tenant un compte aussi rigoureux que possible des conditions alimentaires qui présidaient à leur éclosion.

Mais, bien vite, avec une observation dénuée de tout parti pris, apparaissent la multiplicité et la variété des conditions qui commandent toute la phénoménologie abdominale. L'*aliment* en est une, mais n'en est qu'une. Et le clinicien, qui veut *comprendre*, ne tarde pas à être obligé d'élargir le cercle de ses investigations. L'appareil digestif dépend d'un ensemble dont toutes les parties sont étroitement solidaires.

Le corps humain est une fédération d'appareils anatomiquement et morphologiquement très différenciés, mais physiologiquement orientés dans un sens réactionnel univoque. La vie de l'organisme peut être comparée à un mouvement général dont la vitesse serait la même partout, mais dont la forme se modifierait pour s'adapter aux divers tissus qui composent cet organisme.

En somme, la vie du tube digestif ne peut être considérée isolément, pas plus que la vie de tout autre appareil organique, et l'aliment qui conditionne cette vie, qui répond à cette fonction, n'est qu'une source d'*activité spéciale*, le tube digestif trouvant dans sa continuité avec les autres tissus de l'organisme la forme plus haute de son *activité générale*. En termes plus cliniques, l'homme n'est pas seulement un *tube digestif* ; il est encore un *système nerveux*, un *système respiratoire*, un *système muscu-*

laire ; il est un composé de tous ces appareils, et la vie c'est l'unité fonctionnelle de l'ensemble.

Les manifestations physiques que nous avons étudiées ne traduisent donc pas seulement l'activité *digestive* de l'organisme, mais, au-dessus de celle-ci, l'*activité totale de l'économie.*

Revenons à l'exemple cité plus haut. Une enquête rigoureuse nous révèle que la condition initiale de cette déchéance organique avec troubles digestifs a été un choc moral, c'est-à-dire un phénomène purement nerveux. L'observation suivie du sujet nous a montré, au cours du traitement, des moments de rétrocession en rapport avec de petits chocs moraux, le régime alimentaire, ou mieux, les conditions alimentaires restant invariables. D'où cette conclusion : un ensemble fixe de conditions morales était nécessaire ; sinon, les conditions alimentaires propres au rétablissement étaient introuvables. Et cet ensemble de conditions morales, qu'est-ce autre chose que le *milieu social* dans lequel la cellule grise puise les excitations nécessaires à l'entretien de sa vie ? En d'autres termes, pour ne pas séparer deux éléments inséparables de par la nature des choses, un milieu social momentanément défavorable avait abouti à l'affaissement cérébral de notre sujet et simultanément à l'affaissement abdominal; ce double affaissement avait entraîné des réactions anormales de tout l'organisme, mais avec prédominance d'abord au siège du choc, c'est-à-dire dans le domaine cérébral, puis, plus tard, avec prédominance dans la sphère digestive, les erreurs d'hygiène alimentaire s'étant substituées peu à peu en tant que chocs pathogènes aux conditions morales, soit moins renouvelées, soit d'une prise moins franche sur une sensibilité émoussée.

Cette rapide analyse clinique nous révèle, en fin de compte, un malade qui est devenu dyspeptique et maigre à la suite d'une cause morale ; et l'expérience ajoute que la formule du régime est introuvable, aussi bien par l'exploration externe du tube digestif que par les autres procédés cliniquement usités, tant que subsistent l'influence morale ou ses conséquences nerveuses ; l'influence morale effacée, rien n'est plus facile que de mettre le milieu alimentaire à l'unisson des fonctions digestives et d'assister au relèvement physique de l'organisme et notamment du tube digestif dans sa forme, dans sa consistance, dans son élasticité et dans ses qualités vibratiles.

Est-ce à dire que l'influence de l'aliment est nulle, et que le milieu moral est tout, dans ce cas particulier? Non certainement, et la preuve en est que dans nombre de cas, semblables à celui que nous venons d'envisager, la maladie s'est perpétuée parce que l'hygiène alimentaire convenable n'a été comprise ni par le médecin ni par le malade. De même que le choc moral, en déprimant le système nerveux, a entraîné un affaissement de l'appareil digestif, par conséquent, a créé une nouvelle manière d'être de la fonction digestive, de même le thérapeute est dans l'obligation stricte de modifier parallèlement les deux milieux extérieurs (milieu social et milieu alimentaire), afin de les adapter à la nouvelle réceptivité de ces deux tissus de l'économie, tissu nerveux et tissu digestif.

En résumé, l'exploration externe du tube digestif nous révèle tout un ensemble de signes physiques qui stigmatisent l'effondrement abdominal et caractérisent des formes multiples de réaction spasmodique échelonnées sur le trajet du tractus gastro-intestinal ; l'aspect général du malade nous dévoile un état d'amaigrissement, d'amoindrissement organique généralisé ; l'enquête étiologique nous montre le choc moral à l'origine de tous ces faits et l'épreuve du traitement, d'un traitement expérimental, nous fait toucher du doigt les conditions de succès ou d'insuccès de la diététique alimentaire. Notre horizon s'élargit ; en même temps, notre observation se précise. En fin de compte, nous voilà loin de notre idée de *dissociation moléculaire,* traduisant ou ayant la prétention *a priori* de traduire d'une façon adéquate les *phénomènes digestifs.*

III. — Enquête évolutive.

L'enquête évolutive nous instruit sur le degré de prééminence native des divers appareils organiques. — Elle nous permet d'établir scientifiquement la somme et la qualité des excitations nécessaires au fonctionnement de chacun de ces appareils. — Observation schématique : Arrêt du relèvement chez un malade soumis au repos moral et au régime ; persistance de la faiblesse générale, impossibilité de modifier ou d'accroître la ration alimentaire. — L'enquête évolutive nous apprend qu'il s'agit d'un malade dont le système musculaire est de faible résistance. — Indication positive du repos musculaire.

Il est donc nécessaire, en règle générale, de modifier l'*ensemble* des conditions de la vie d'un malade. C'est là une conséquence de l'action *synergique* de tous les appareils de l'économie. Aucun d'eux ne jouit d'une suprématie physiologique. — Insuffisance et danger des méthodes thérapeutiques ne visant que les troubles morbides localisés. — Les guérisons, obtenues par l'application exclusive d'un agent thérapeutique, ne sont pour la plupart que des *transformations morbides.*

Les transformations morbides sont dévoilées et comprises grâce à l'enquête évolutive. — Observation schématique : localisations successives des troubles morbides à l'appareil digestif, au système nerveux, à l'appareil cardio-rénal. — L'organe primitivement atteint est celui qui vient le premier dans l'ordre des prédominances organiques. — Deux phases dans l'évolution des troubles fonctionnels d'un appareil : *phase d'hyperexcitabilité, phase d'inexcitabilité.* — Rapport de ces deux phases avec les deux périodes de la vie individuelle, période de *formation,* période de *plein fonctionnement.* — A la phase d'inexcitabilité de l'appareil prédominant, les réactions morbides qui lui sont propres cessent, et les troubles fonctionnels deviennent prépondérants ou se localisent même exclusivement au niveau de l'appareil qui occupe le second rang dans l'ordre de la hiérarchie anatomo-physiologique.

Notre malade semble s'acheminer rapidement vers la guérison : le choc moral primitif est oublié et les petits accidents émotifs de la vie courante le laissent indifférent ; l'appétit s'accroît et se régularise ; le cercle des aliments tolérés s'élargit chaque jour ; le poids augmente et, à mesure que l'abdomen se relève et s'arrondit, tout le corps se remplit et reprend sa forme antérieure.

Cependant un certain degré de faiblesse générale persiste toujours et le mouvement, sous ses diverses formes, amène une lassitude rapide. Les modifications de régime se montrent impuissantes à nous faire franchir cette dernière étape : le retour des forces.

Bien plus, par des tâtonnements dans la diététique, nous ne tardons pas à nous convaincre que nous nous heurtons à un véritable obstacle : le malade ne peut sortir d'un régime donné sans s'exposer au retour des troubles digestifs primitifs. Pourquoi cette faiblesse générale persistante? Pourquoi cette impossibilité de modifier ou d'accroître la ration alimentaire de notre malade? Existe-t-il un lien entre ces deux phénomènes qui ont fini par accaparer la scène clinique tout entière? L'enquête objective aussi bien que l'enquête étiologique, reprises très rigoureusement, sont muettes sur cette question.

C'est ici qu'une nouvelle forme d'enquête devient nécessaire : nous l'appellerons l'*enquête évolutive.* Si nous interrogeons attentivement, scrupuleusement, non pas seulement la période de vie qui correspond à la maladie actuelle, mais la vie tout entière de notre sujet, nous apprenons quelques faits caractéristiques : toujours gros mangeur et plutôt gras, doué d'une force musculaire à peine moyenne, notre sujet s'est montré, dès son enfance, peu enclin aux exercices physiques, recherchant la vie sédentaire et calme. Ses membres, plutôt volumineux, avaient la rondeur uniforme qui résulte de l'accumulation graisseuse, mais étaient dépourvus des reliefs que forment les muscles puissamment développés. Bref, la force n'a jamais été à la hauteur de l'appétit; et, passé l'âge de la croissance, le volume de l'abdomen ne s'est accru que pour marquer davantage l'apathie musculaire.

Quel enseignement tirer immédiatement de cette donnée physiologique très précise?

Si, à l'état d'équilibre fonctionnel, le système musculaire de notre sujet se montrait doué de faibles aptitudes pour l'activité, il est à présumer qu'à l'état de maladie ces tendances naturelles ne peuvent que s'accroître et devenir plus impérieuses. D'où une indication thérapeutique de *repos*, qu'il va nous suffire de remplir pour que la marche en avant, un moment interrompue, reprenne et cette fois jusqu'à la dernière étape, c'est-à-dire jusqu'au recouvrement de toute la force primitive.

Mais cette enquête évolutive ne nous vaut pas que des enseignements thérapeutiques ; elle nous ouvre encore un jour tout nouveau sur la valeur biologique de notre individu ; nous sommes frappés par la disproportion qui existe entre les aptitudes fonctionnelles de deux systèmes anatomiques, le système digestif et le système musculaire.

Le premier paraît doué d'une élasticité qui semble croître avec l'exercice : plus le sujet mange, plus il veut manger. L'estomac est toujours accueillant et pour tous les mets à peu près indistinctement ; il se joue de la masse comme de la qualité ; il ne demande qu'à être constamment chargé : plus il est plein, plus il est alerte.

Le système musculaire, au contraire, paraît comme engourdi ; le mouvement ne s'exécute pour ainsi dire qu'au prix d'un effort. Et cette torpeur musculaire n'est pas seulement le fait d'un moment, d'une époque ou d'un âge ; c'est le pendant habituel du gros appétit ; c'est une des caractéristiques constitutionnelles de notre sujet, que l'on trouve dès le berceau et qui ne s'est jamais démentie jusqu'au moment actuel.

Cette opposition entre deux systèmes organiques constitue un gros fait dont le clinicien doit tenir compte pour en dégager toute la valeur pratique aussi bien que philosophique : si l'homme évolue avec des *formes* et des *aptitudes* que l'on pourrait dire *asymétriques*, nous n'avons plus le droit de soumettre nos ressources hygiéniques à d'égales pesées et de demander aux différents appareils qui composent l'être humain une même activité, un même travail, qu'il s'agisse de l'état d'équilibre ou de l'état morbide.

Telle est la notion élémentaire qui se dégage de cette enquête évolutive et à laquelle nous consacrerons plus loin tous les développements nécessaires.

Toujours est-il que, dans le cas particulier, notre enquête évolutive nous a permis de mieux comprendre notre malade, nous a révélé l'infériorité de son système musculaire et du même coup nous a montré la nécessité d'entourer ce système de ménagements particuliers, c'est-à-dire d'exiger de lui un minimum de fonctionnement, ce minimum qui met en jeu l'élasticité juste disponible et de la sorte devient un excitant, un agent de relèvement et non un déprimant, un agent de spasmes fonctionnels. Nous savions que la fonction digestive était pénible et douloureuse et que le substratum anatomique de cette gêne fonctionnelle était un affaissement du tissu abdominal avec empâtement et défaut de sonorité ; nous savions, par l'enquête étiologique et par l'épreuve du régime, que le choc moral et la dépression cérébrale consécutive étaient à l'origine de la maladie et, par leur persistance, s'opposaient au retour de la fonction digestive; la connaissance des faits antérieurs à la maladie nous a ouvert les yeux sur la faible résistance musculaire de l'individu et, en nous indiquant le *repos* comme une condition nécessaire à l'achèvement de notre œuvre, nous a permis de combler une lacune de notre hygiène thérapeutique, mieux que cela, nous a montré que le clinicien ne doit pas se contenter d'un traitement local, mais doit s'appliquer à mettre l'organisme dans *toutes* les conditions d'ambiance vitale que réclame chacun des appareils qui le composent.

Cette obligation positive, imposée par la nature, de modifier l'*ensemble* des conditions de vie d'un sujet en déséquilibre morbide pour obtenir le jeu normal de tous les appareils, éveille immédiatement l'idée de corrélation intime entre toutes les fonctions de l'économie. Voilà un malade dont vous avez trouvé la formule de régime; il se relève un instant ; puis il s'arrête, stationnaire. Et vous découvrez une nouvelle condition extérieure, visant un autre appareil que le tube digestif, dont la modification amène la reprise de la marche en avant. Au bout de quelque temps, nouvel arrêt qui cède devant une réforme portant sur un troisième appareil. Et de réformes en réformes, vous finissez par trouver et par réaliser la formule complète des conditions indispensables pour le relèvement de l'organisme. Disons, en passant, que ces conditions, très variées et très nombreuses, si on les envisage au point de vue de chaque individu, sont quelques-unes seulement, si, pour les différencier, on considère les appareils organiques avec lesquels elles sont en contact *immédiat :* c'est l'air pour le poumon, le milieu social pour le cerveau, le milieu physique pour l'appareil locomoteur et le milieu alimentaire pour l'appareil digestif.

Ceci dit, cette obligation de créer à l'organisme malade un nouveau milieu ambiant et cette impuissance de toute hygiène portant seulement sur un des éléments de ce milieu ambiant nous démontrent clairement, je dirais même objectivement, la corrélation étroite de *toutes les fonctions de l'économie*. Contrairement à l'opinion plus ou moins vague de la plupart des cliniciens, qui admettent la *suprématie* d'une fonction sur les autres, les uns s'attachant exclusivement au système nerveux, les autres ne voulant voir que le tube digestif, contrairement, dis-je, à cette opinion, l'observation méthodique atteste le jeu *simultané* de tous nos appareils. L'excitation d'un appareil se répercute instantanément sur tous les autres et dans un sens univoque, aussi bien dynamogénique qu'inhibitoire. Si, dans certains cas, les *apparences* sont pour la suprématie thérapeutique de tel ou tel appareil, en réalité l'organisme ne se relève jamais que dans la mesure stricte que comportent d'une part l'élasticité générale du moment, d'autre part les modifications conscientes ou inconscientes de *tous* les milieux ambiants. Un exemple : voici un cérébral guéri par l'isolement ; mais l'isolement entraîne le repos, la régularité de l'alimentation, etc. De sorte que la guérison résulte d'un *ensemble* de modifications visant à la fois le cerveau, les muscles, l'estomac, etc. Et c'est dans ce milieu ambiant, véritablement nouveau, que les divers appareils de l'économie ont puisé, chacun pour son compte, les excitations propres à les ranimer et à leur permettre de retrouver leur niveau physiologique. Une seule condition, du reste irréalisable pratiquement, eût été insuffisante, se fût-elle adressée à l'appareil le plus manifestement malade ou considéré comme doué de la grande suprématie physiologique.

D'ailleurs, dans la pratique, que de guérisons bruyantes, obtenues par l'application exclusive d'un agent thérapeutique, ne sont aux yeux de l'observateur avisé que des *transformations morbides!* Ici nous devons aborder un ordre de faits nouveaux, dont nous sommes redevables aussi à l'*enquête évolutive*.

L'épisode pour lequel nous avons eu à intervenir n'est point isolé dans la vie de notre malade, pour peu que celui-ci avoisine la cinquantaine. Déjà, sous une influence ou sous une autre, le sujet a traversé des périodes de troubles digestifs, avec inappétence, phénomènes douloureux abdominaux et amaigrissement plus ou moins prononcé ; et si nous suivons notre malade, après ce dernier ressaisissement, nous verrons certainement réapparaître la maladie à des époques plus ou moins éloignées. En somme, la vie de notre sujet apparaît comme parsemée d'épisodes morbides, qui gravitent autour du tube digestif et font classer le malade dans la catégorie des dyspeptiques. Analysés minutieusement, ces épisodes ne laissent pas cependant de différer les uns des autres, différences considérées comme banales par la médecine classique et mises à la légère sur le compte de l'âge et des circonstances extérieures, différences, au contraire, d'un haut et fécond enseignement pour l'observateur instruit des données de l'évolution individuelle de l'homme.

Schématisons pour la clarté.

La vie de notre sujet se divise en deux périodes nettement tranchées : la période de croissance et la période de l'âge adulte. Pendant la première, l'équilibre physiologique ne semble avoir été interrompu qu'à de rares intervalles et d'une façon tout à fait passagère ; des écarts de régime ont amené des indigestions épisodiques, vomissements ou diarrhée, surtout fréquentes dans l'enfance, clairsemées pendant la jeunesse. La transformation de l'adolescent en homme adulte a marqué un double aspect : accroissement notable de l'embonpoint et régularité des fonctions digestives. C'est vers la trentième année que se déclare à proprement parler la première maladie. La phénoménologie est franchement abdominale : inappétence, douleurs épigastriques, coliques, alternatives de constipation et de diarrhée, notable amaigrissement et perte des forces. La cause est évidente : écarts de régime. Plusieurs mois sont nécessaires au relèvement. Assagi, le sujet surveille son alimentation. L'embonpoint et les forces reviennent. L'engraissement dépasse les limites antérieures ; et tout semble aller à souhait quand, sous le coup d'un souci ou d'une fatigue physique, de nouveau l'équilibre se rompt ; mais cette fois à la symptomatologie gastro-intestinale nettement atténuée s'ajoutent des phénomènes céphaliques qui semblent, d'ailleurs, alterner avec les phénomènes abdominaux ; si l'estomac va bien, la tête est malade et *vice versa*.

La crise est plus longue que la précédente. L'embonpoint et les forces tardent à revenir et sont incomplets ; notre malade reste amoindri. Néanmoins il reprend sa vie ordinaire, à laquelle il ne peut suffire que péniblement.

Enfin, vers la cinquantième année, sous une influence difficile à préciser, coup de froid, surmenage ou écart de régime, c'est une rechute grave, un amaigrissement rapide et considérable, une dépression profonde ; c'est l'insomnie, le découragement, les idées noires, l'irritabilité extrême, l'impossibilité de faire le moindre effort d'esprit ; et les troubles digestifs, autrefois violents, revêtent des allures indécises ; l'inappétence est devenue un besoin de prendre que la première bouchée d'aliment satisfait ; les phénomènes douloureux épigastriques ou abdominaux sont vagues, mal définis, constamment présents ; les fonctions intestinales semblent se faire assez bien, toutefois sans régularité et sans bien-être consécutif ; et la maigreur progresse toujours, parallèle à *cet état nerveux* qui inquiète maintenant malade et médecin. Toute occupation professionnelle devenant impossible, c'est une vie nouvelle qui commence, remplie de tentatives thérapeutiques diverses, également infructueuses, jusqu'au moment où le malade découragé, ayant perdu toute confiance dans la médecine et les médecins, s'affranchit de toutes contraintes, hormis celles qui lui viennent de son organisme et recouvre peu à peu, très lentement, un état de demi-bien-être qui semble fait d'accoutumance autant que de réelle amélioration.

Vers la soixantaine, enfin, sans cause qu'il soit possible de démêler cette fois, brusquement apparaissent des symptômes inquiétants : angoisse précordiale avec tendances syncopales, altération profonde des traits, accentuation de la maigreur sans symptômes digestifs ; impossibilité du moindre effort ; les urines révèlent une albuminurie notable; finalement, la mort arrive dans une syncope.

Voyons les étapes par lesquelles a passé cet organisme pour aboutir à l'albuminurie et à la syncope finale.

Pendant la phase de croissance, un seul appareil, le tube digestif, a manifesté de temps en temps des phénomènes de déséquilibre fonctionnel. Chaque fois, la cause était évidente : c'était un écart d'alimentation. La diète était d'ailleurs suivie d'un ressaisissement rapide et intégral.

La croissance terminée, cette sensibilité aux écarts de régime disparaît. Le tube digestif s'adapte à toutes les variations du milieu alimentaire. Le ventre s'arrondit d'ailleurs, en même temps que l'embonpoint s'accroît. Et, tout d'un coup, c'est une crise digestive profonde, un affaissement abdominal complet et des réactions douloureuses violentes qui parcourent tous les segments de l'appareil digestif. Les écarts de régime commis pendant les belles années sont incriminés *en bloc*. Cet état paroxystique cède aisément à l'hygiène alimentaire, sans autre intervention.

Puis, de nouveau, le tube digestif se dilate, le ventre grossit et dépasse son volume antérieur ; le poids du sujet n'a jamais atteint pareil chiffre. Mais voici que, malgré une hygiène alimentaire exactement suivie, une rechute survient. On ne s'entend plus sur la cause. Est-ce l'aliment? Est-ce le froid? Est-ce un surcroît de soucis?

Toutes ces influences sont admises et rejetées successivement. Toujours est-il que l'état général est mauvais et que les *phénomènes nerveux* dominent franchement la symptomatologie digestive. Le tube digestif est déchu de sa primauté, et cette déchéance est *définitive*, malgré quelques retours d'hyperesthésie gastro-intestinale tout à fait éphémères. La torture du malade va être maintenant de nature cérébrale. Puis, à un moment donné, le cerveau semble se libérer, mais la syncope arrive, qui fauche tous les espoirs.

En résumé, pendant la croissance, instabilité fonctionnelle passagère, qui traduit un certain *effort* d'adaptation. Tout appareil, en effet, qui jouit d'une élasticité adéquate au milieu ambiant, c'est-à-dire dont la fonction s'accomplit avec un maximum de travail et un minimum d'effort, est affranchi de ces défaillances *périodiques*. Les moments d'insuffisance sont rares, tout à fait irréguliers et consécutifs à des écarts vraiment caractérisés. Dès qu'un trouble fonctionnel, si léger soit-il, revêt des allures plus ou moins périodiques, de telle sorte qu'il attire l'attention et qu'il est considéré comme une caractéristique du tempérament, le clinicien est en droit de conclure que l'équilibre intercalaire est à proprement parler un *équilibre de compensation*. Le travail fonctionnel est diminué, l'effort physiologique est accru. En fin de compte, chez notre sujet en voie de développement, nous trouvons un *tube digestif au premier degré de l'hyperexcitabilité fonctionnelle, avec moments d'insuffisance d'allure périodique.*

La croissance est une *phase caractéristique* de la vie individuelle ; nous l'étudierons au chapitre III. Qu'il nous suffise de dire ici que les éléments anatomiques présentent, à cette phase de la vie, leur maximum de vitalité. Ils réagissent, sous l'excitation des milieux ambiants, avec des caractères d'intensité et de rapidité qui vont faire contraste avec ceux de la phase suivante. Cette réactivité, qui se manifeste à notre observation sous les formes les plus diverses et les plus intéressantes, traduit mathématiquement le degré d'irritabilité cellulaire léguée par l'hérédité. Il est aisé de concevoir que cette irritabilité est un facteur dont l'estimation est essentiellement relative, dont la valeur dépend d'un autre facteur, l'excitant naturel. Théoriquement, les deux facteurs s'équilibrent strictement, la réaction est égale à l'action quand le clinicien ne saisit aucun stigmate objectif ni d'hypertonie ni d'hypotonie.

Ces stigmates, l'expérience nous apprend à les connaître. Or, chez notre sujet, nous avons diagnostiqué, grâce aux épisodes périodiques d'insuffisance, une fonction *hypertonique* pendant toute la phase de formation.

La formation terminée, il y a, en apparence, un brusque déficit dans l'*irritabilité* des éléments anatomiques; et le contraste entre les deux âges, dont nous parlions plus haut, se manifeste par une *distension* progressive du tube digestif (grossissement, arrondissement du ventre), distension qui est une forme nouvelle de réaction d'un tube digestif dont l'effort fonctionnel est disproportionné avec le travail accompli.

En un mot, pendant la formation, l'hypertonie digestive se traduisait par une simple hyperexcitabilité aboutissant périodiquement à des crises d'insuffisance ; après la formation, cette hyperexcitabilité est remplacée par la dilatation abdominale ; et, quand cette dilatation véritablement compensatrice a atteint les limites de l'élasticité musculaire des tuniques digestives, une crise d'insuffisance survient, crise d'autant plus profonde et durable que la dilatation a été plus prolongée et plus complète : tous les éléments anatomiques qui entrent dans la composition des tuniques digestives réagissent violemment pour donner lieu aux douleurs aiguës, aux spasmes violents, à toutes les manifestations objectives bruyantes. L'appareil digestif épuise, comme dans une convulsion démesurée, toutes les forces vitales qu'il a en réserve.

Puis, quand cette convulsion est terminée, il fait un dernier effort de dilatation avec des allures de passivité, d'indifférence physiologiques vraiment remarquables jusqu'au moment *fatal* où il s'effondre à nouveau, mais cette fois sans réaction, sans bruit, presque silencieux : il a épuisé toute son excitabilité. En définitive, notre tube digestif a traversé deux phases de réactivité exagérée : une première phase, pendant la formation, qui a sauvegardé l'intégrité morphologique de l'appareil, une seconde phase, pendant l'âge adulte, qui a abouti à une hypermégalie abdominale en deux étapes. Maintenant la réactivité digestive est à sa phase terminale ; c'est l'appareil cérébro-spinal qui entre en scène et dont l'hyperexcitabilité va devenir prédominante. Et quand cette hyperexcitabilité cérébrale se sera épuisée, l'appareil cardio-rénal se prendra à son tour et deviendra le siège de la convulsion ultime.

De cette analyse, nous le disions, ressort une conséquence de haute portée. Nos éléments anatomiques et, par conséquent, nos appareils, dont ils sont les parties constitutives, ont avec leurs milieux naturels des relations qui se règlent par la formule générale suivante :

Si l'action et la réaction sont proportionnées l'une à l'autre, la fonction est à son maximum de puissance ; l'élasticité physiologique est capable de neutraliser tous les chocs accidentels ; en un mot, la réactivité organique est adéquate à l'excitation du milieu ambiant.

Si l'action et la réaction sont disproportionnées, la puissance fonctionnelle diminue ; l'élasticité physiologique devient insuffisante en face d'un certain nombre de chocs accidentels ; en un mot, la réactivité organique cesse d'être adéquate à l'excitation du milieu ambiant ; dans une première phase, elle est *exagérée ;* dans une phase terminale, elle est amoindrie, comme annihilée.

Et si nous considérons, non plus un appareil isolément, mais l'ensemble des appareils qui forment le corps humain, nous sommes frappés de ce fait, c'est que la plus grande partie de la vie pathologique d'un individu est accaparée par des manifestations siégeant dans un appareil toujours le même ; constamment l'attention du malade et du médecin est obligée de revenir, chez l'un sur le système nerveux, chez l'autre sur l'estomac ou sur l'intestin, chez un troisième enfin sur l'appareil locomoteur ou encore sur les voies respiratoires.

Ce n'est qu'après de nombreuses années de maladie, toujours localisée dans la même région, que, peu à peu, le tableau symptomatique change, se déplace, que l'appareil primitivement malade se fait oublier, qu'en un mot un nouvel appareil vient occuper la scène au double point de vue subjectif et objectif.

A la phase d'inexcitabilité de l'appareil prédominant correspond une phase d'hyperexcitabilité de l'appareil qui vient immédiatement après lui dans l'ordre de la hiérarchie anatomo-physiologique. Parfois, le fait est rare, un troisième appareil devient hyperexcitable quand le second entre dans l'inexcitabilité.

En tous cas, l'*inexcitabilité* de l'appareil prédominant marque toujours la phase de *résistance terminale* de l'organisme.

Cette *résistance terminale*, véritable hyperexcitabilité ultime, se cantonne en quelque sorte dans la profondeur de l'organisme, dans l'appareil cardio-rénal, c'est-à-dire dans un tissu qui n'a pas de contact *immédiat* avec les divers éléments du milieu ambiant. C'est un sujet sur lequel nous aurons à revenir au cours de cet ouvrage (1).

Cette double notion de la croissance et de la décroissance de l'excitabilité organique en face des agents na-

---

(1) L'observation clinique, quelque minutieuse et attentive qu'elle puisse être, ne saurait viser plus loin que les phénomènes en quelque sorte grossiers,que nos sens recueillent aisément et que notre esprit est à même de classer sans peine. De là, dans tout tableau phénoménal, des omissions que notre sens logique seul peut relever ; c'est ainsi que nous nous demandons pourquoi chaque appareil ne fournit pas sa part de résistance, c'est-à-dire d'hyperexcitabilité, avant la mort. Il est à présumer qu'après la résistance de l'appareil prédominant, tous les appareils restants fournissent inégalement leur part de résistance, mais dans une mesure très atténuée, et, partant, inaccessible à notre observation.

turels de la vie, d'une part, de l'hyperexcitabilité successivement localisée à divers appareils dans l'organisme humain à mesure que la résistance vitale diminue, d'autre part, cette double notion, dis-je, qui se dégage de notre enquête évolutive, donne la clef d'une foule de manifestations jusque-là inexpliquées, éclaire notamment les faits dits de *métastase diathésique*.

IV. — Enquête thérapeutique.

On ne saurait abstraire l'élément anatomique de son excitant naturel, l'organe du milieu où il puise ses excitations : telle est l'idée qui doit diriger toute tentative thérapeutique.

L'organisme puise inégalement aux divers milieux les éléments de sa rénovation et de sa vie. — Quatre types organiques principaux : *respiratoire*, *digestif*, *musculaire*, *nerveux*. — Le médecin doit chercher quelles modifications des milieux sont à l'origine de la maladie. — Ces modifications portent-elles sur l'élément prépondérant ou sur un élément secondaire? — Les aptitudes réactionnelles de l'organisme sont-elles franchement prédominantes vis-à-vis de l'un des milieux ambiants ou bien s'équilibrent-elles en une sorte d'indifférence physiologique? — La solution de ces deux questions fondamentales est la solution du problème thérapeutique lui-même.

Que notre enquête porte sur les données objectives fournies par l'organisme à un moment de son évolution ou sur les phénomènes, d'ailleurs très divers, qui jalonnent la vie tout entière de l'individu et en composent la trajectoire évolutive, nous ne saurions, autrement que par abstraction, séparer l'élément anatomique de son excitant physiologique, l'organisme de son milieu naturel.

Cette idée essentielle doit inspirer et diriger toutes les tentatives thérapeutiques, de quelque ordre qu'elles soient. La diététique alimentaire n'échappe pas à cette loi et nous l'avons vue, au cours de cette large esquisse clinique, occuper la place, tenir le rang de premier ou de second ordre que lui assignaient les faits méthodiquement analysés. Chaque intervention thérapeutique, comprise comme nous venons de le dire, n'est en quelque sorte que la dernière étape et comme la conclusion de notre enquête clinique générale.

Mieux que cela, à ce que nous pourrions appeler l'*Epreuve du milieu ambiant*, il convient d'ajouter une notion d'ordre fondamental que nous devons à la détermination précise des divers milieux dans lesquels l'organisme s'est développé et proprement constitué. Et il ne s'agit pas là d'idées plus ou moins théoriques, plus ou moins philosophiques.

Le lecteur va se convaincre immédiatement du positivisme de cette donnée. — Deux faits ressortent immédiatement et dominent toute la question.

1° L'organisme puise *inégalement* aux divers milieux les éléments de sa rénovation et de sa vie : tel individu vit d'excitations musculaires, et le travail physique est le mobile de sa vie ; tel autre recherche le contact de ses semblables et trouve dans une ou plusieurs des mille formes de l'arrangement social le stimulant de toute son activité ; un troisième se complaît avant tout aux plaisirs de la table ; un dernier enfin est capable des meilleures besognes à condition qu'il trouve constamment dans un air pur et renouvelé la large et libre expansion de son appareil respiratoire.

Chez tous, les préférences sont nettement accusées, se manifestent dès les premières années de la vie et ne disparaissent qu'avec la vie elle-même: chez tous, ces préférences constituent des instincts d'une telle puissance (attraction ou répulsion) qu'aucun obstacle conventionnel n'a jamais pu en entraver la manifestation.

2° A l'origine de la maladie, plus loin encore à l'origine de cette phase de résistance incomplète que nous appelons l'*hyperexcitabilité*, le clinicien, en cherchant attentivement, découvre toujours une modification évidente dans un ou plusieurs des milieux, ou encore dans la répartition, dans la proportion des excitations ambiantes qui ont présidé à la formation de l'organisme. Tout à coup l'air lourd et impur de la grande ville s'est substitué à l'air pur et vif de la grande campagne, la vie sédentaire au travail musculaire; une nourriture insuffisante, irrégulière, trop uniforme a pris la place d'un régime alimentaire abondant, régulier et varié, enfin la tension d'esprit, les préoccupations d'affaires autrefois absentes sont devenues l'impérieuse nécessité, etc., etc.

Cette transformation du milieu ambiant qui a marqué la phase d'hyperexcitabilité ou l'affaissement momentané de l'organisme, le clinicien devra l'envisager à un double point de vue : correspond-elle à l'élément anatomique prédominant ou vise-t-elle seulement l'un des éléments secondaires? Une seconde question devra se résoudre en même temps : l'organisme malade avait-il des aptitudes attractives très prédominantes pour l'un des milieux ambiants, ou, au contraire, était-il marqué au coin d'une sorte d'indifférence physiologique ? La solution de toutes ces questions, c'est la solution même du problème thérapeutique. Et c'est ainsi que le traitement repose sur la nature même des choses, c'est-à-dire sur la connaissance précise d'abord des propriétés attractives de la matière vivante, ensuite de la forme et de la répartition des excitations naturelles, enfin des transformations accidentelles qui ont entraîné l'hyperexcitabilité ou la faillite de l'organisme. Il ne s'agit pas seulement de chercher dans le régime ce *milieu nutritif*, comparable aux bouillons de culture auxquels nos cellules empruntent leurs éléments rénovateurs, de comparer l'estomac et son contenu à une terre bienfaisante dans laquelle les mille radicelles de l'organisme viennent puiser le suc nourricier, de considérer la digestion comme une fonction préposée à l'entretien de ce *milieu intérieur* étrange autant que précieux, le *sang*, qui modère les nerfs en les nourrissant.

Nous avons en face de nous non plus des concepts théoriques, mais deux réalités, l'*organisme humain* et le *milieu cosmique ;* entre les deux pas de hiatus, mais une continuité matérielle dont le clinicien doit se faire une idée précise à propos de chaque cas particulier. Ni le tube digestif ni le système nerveux ne jouissent de prérogatives spéciales, correspondant à une sorte de pouvoir autocratique dont tous les autres systèmes ne seraient que les serviteurs. Chaque appareil se continue sous une forme déterminée avec le milieu cosmique, et le mouvement vital, qui agite chacune de nos molécules, est la simple répercussion du mouvement extérieur qui agite la masse cosmique.

L'aliment est une des composantes de cette masse cosmique et son rôle se limite d'une façon précise au degré de puissance attractive de l'appareil digestif chez l'individu en observation. Si cette qualité digestive est prédominante, toute la vie du sujet en témoigne, l'enquête étiologique confirme ce témoignage et la diététique, par ses heureux résultats, est le dernier fait qui éclaire le praticien et récompense ses efforts.

Rien n'est instructif, en effet, comme de constater la puissance étrange de la moindre modification heureuse de régime chez un malade doué d'une prédominance digestive : il suffit parfois d'écarter un seul aliment ou de substituer un solide à un liquide pour avoir instantanément une transformation de l'organisme.

Inversement, toutes les modifications hygiéniques chez

le même individu restent sans effet, souvent même aggravent la maladie si le régime alimentaire est défectueux. Et les mêmes considérations s'appliquent aux autres cas de prédominance anatomo-physiologique : en l'absence de la réforme dominante, le régime est vain chez les individus qui doivent la plus grande part de leur énergie vitale aux excitations cérébrales, musculaires ou respiratoires.

Cette analyse rapide du malade prête encore à quelques considérations générales qui vont clore le chapitre et en résumer les enseignements :

1° Aux yeux du clinicien le phénomène digestif consiste essentiellement dans l'acte *réactionnel* du tissu digestif en contact avec la substance alimentaire ; et la qualité de cet acte réactionnel répond strictement aux qualités anatomo-physiologiques, prises dans l'ensemble, du tractus gastro-intestinal.

L'exploration externe est le procédé clinique qui révèle à l'observateur les qualités les plus nombreuses, les plus essentielles et les plus grossières du tissu digestif, à savoir : la *forme*, la *consistance* et la *sonorité* ou *vibratilité*.

Ces qualités, considérées isolément, nous donnent une idée générale de l'élasticité fonctionnelle de l'appareil digestif ; groupées avec les données objectives fournies par l'examen des autres appareils de l'économie, elles prennent une signification spéciale précise, acquièrent toute leur valeur indicatrice et constituent pour l'observateur le *document* sur lequel il peut s'appuyer pour estimer exactement la fonction de l'élément anatomique digestif. C'est que le corps humain est une fédération d'appareils étroitement solidaires et le trouble de l'un d'eux entraîne le désarroi immédiat de l'ensemble, de même que l'harmonie, rétablie sur un point, se généralise instantanément à toute la masse.

L'acte digestif vaut ce que valent, d'abord, le tube digestif dont il est une des manières d'être, et ensuite, tous les autres appareils de l'économie, ceux-ci n'ayant pas, d'autre part, une *valeur autre* que celle du tube digestif.

Subordonner la digestion à des phénomènes chimiques ou à des réactions physiologiques locales, c'est ne voir qu'un côté de la question, le plus étroit et le plus obscur, c'est vouloir résoudre un problème biologique sans tenir compte des faits essentiels qui le conditionnent ; c'est, en un mot, aller au-devant d'une erreur certaine, d'un échec absolu.

2° L'enquête étiologique, méthodiquement conduite, nous montre que le trouble digestif peut naître et disparaître sous des influences très diverses, en dehors de toute action de l'aliment : qualités de l'air atmosphérique, mouvement et repos, excitation et calme du système nerveux.

Poussée plus loin, elle nous apprend qu'il est des *catégories* de malades : chez les uns, l'aliment est tout ou presque tout, chez les autres, l'aliment n'est rien ou presque rien. Chez les uns et les autres, l'appareil digestif donne cependant à l'exploration externe une moisson de signes objectifs à peu près égale.

Elle nous enseigne encore que tous les essais de diététique échouent d'emblée ou au bout de peu de temps, en face d'un état morbide qui ne relève pas de l'étiologie alimentaire ; en ce cas, au contraire, la diététique devient d'une facilité et d'une efficacité extrêmes, dès que le fait initial ou causal a été compris et convenablement modifié.

Les faits étiologiques, en apparence innombrables, variant avec chaque cas particulier, se réduisent à quelques-uns si on sait les grouper d'après leur nature essentielle, c'est-à-dire d'après la forme des éléments anatomiques qu'ils peuvent actionner dans l'organisme humain : tout ce qui déprime le cerveau se réduit à un *choc nerveux,* ce qui touche l'appareil broncho-pulmonaire à un *choc respiratoire*, ce qui agit sur l'appareil locomoteur à un *choc musculaire* et enfin, ce qui trouble l'appareil de la digestion à un *choc digestif.*

Cette expression toute physique de *choc* mérite toute la faveur du clinicien ; car le choc engendre l'*écrasement,* l'*affaissement* et nous savons précisément que l'*affaissement* mécanique des anses digestives, de l'abdomen par conséquent, est le fait initial et reste le fait dominant, au cours de tous les états pathologiques de la digestion.

3° L'enquête évolutive doit porter non pas seulement sur les accidents pathologiques antérieurs, mais sur les moindres incidents de la vie tout entière du sujet ; elle doit envisager, dans deux chapitres distincts, la période de formation et la période de plein fonctionnement ; elle doit tenir compte des caractères morphologiques de l'individu, analyser minutieusement les rapports de cet organisme avec les milieux divers auxquels il a dû s'adapter et, comme conclusion générale, dégager sa dominante réactionnelle, c'est-à-dire son aptitude de tous les âges à vivre par tel système anatomique plutôt que par les autres. Et cette tendance à vibrer de préférence sous des excitations déterminées, au sein du milieu cosmique, nous montre la voie thérapeutique.

Car, en définitive, un organisme malade, convulsé, qu'est-ce autre chose qu'un organisme auquel arrivent des forces extérieures mal réparties, principalement en ce qui concerne l'appareil le plus exigeant?

Grâce à notre enquête évolutive, qui est une enquête *globale*, embrassant l'organisme tout entier et dans toutes ses étapes successives, grâce à cette enquête, nous savons que l'homme doit être étudié dans son milieu ; il faut le voir vivre dans le moment présent et se le représenter vivant et agissant aux âges qui ont précédé l'âge actuel, ce qui revient à dire que nous devons chercher à sérier les diverses époques de la vie et, à chaque époque, étudier les réactions de tous les appareils en face de leurs excitants physiologiques.

A côté des étapes délimitées par des phénomènes accidentels, étapes dont le nombre est subordonné à des conditions diverses, d'ordre secondaire, il est deux étapes principales que l'étude de l'évolution montre avec un relief saisissant : c'est la phase de croissance, ou mieux de formation, d'une part, la phase de plein fonctionnement, d'autre part, la seconde succédant immédiatement à la première.

Au chapitre III, nous préciserons les caractères qui distinguent ces deux périodes de la vie individuelle et nous nous efforcerons de donner à cette page de physiologie toute l'ampleur qu'elle mérite.

Pour terminer ces considérations, rappelons encore cette *imbrication* des phénomènes d'excitabilité organique, en vertu de laquelle, à mesure que l'appareil prédominant devient inexcitable, c'est l'hyperexcitabilité d'un autre appareil qui accapare la scène morbide, jusqu'au moment où les appareils en continuité avec le monde extérieur semblent devenus indifférents, et où l'appareil cardio-rénal se convulse à son tour, marquant l'ultime résistance de l'organisme humain.

Tous ces faits sont d'un intérêt considérable et d'une nouveauté à peu près complète : ils demandent donc de plus amples développements et une ordonnance plus scientifique. Aussi, devons-nous nous efforcer de les grouper en séries aussi naturelles que possible, dans les chapitres qui vont suivre.

La Conclusion sera la mise au jour d'une thérapeutique générale, exclusivement empruntée à l'observation méthodique et à l'hygiène pure.

CHAPITRE II

Exploration clinique du corps humain.

I. — Considérations préliminaires.

L'organisme humain se compose essentiellement de quatre systèmes anatomiques. A chacun de ces systèmes répond un milieu extérieur spécial. — Le problème clinique à résoudre est la détermination de l'influence du milieu cosmique sur l'organisme humain. — Nécessité de s'élever à la notion précise de la réceptivité individuelle ; jalons qui nous aident à y arriver : faits actuels, faits rétrospectifs. — Etude de l'organisme à l'état statique et à l'état dynamique.

Ce chapitre est consacré à l'étude de l'organisme envisagé au point de vue statique. — Trois états réactionnels caractérisent les modes d'adaptation de l'organisme au milieu cosmique : 1° *réaction d'adaptation facile ;* cette réaction peut être simulée par un état d'indifférence physiologique ou encore par un état d'excitabilité générale extrême et permanente ; 2° *réaction d'adaptation difficile*, avec épisodes de déséquilibre ; définition de l'*état subaigu ;* 3° *réaction d'adaptation insuffisante ;* dans cette forme, l'état subaigu se caractérise par la généralisation des symptômes.

L'exploration abdominale nous montre, dans le tube digestif, des alternatives d'expansion et de rétraction, étroitement dépendantes de l'excitation alimentaire, et se multipliant, au cours de l'évolution individuelle, avec une abondance remarquable. Du côté des autres appareils nous trouvons des équivalents de ces mouvements, mais avec des différences symptomatiques commandées par la morphologie de l'organe considéré.

Telles sont les notions générales qu'il faut avoir présentes à l'esprit avant d'aborder l'analyse objective de l'organisme humain.

L'organisme humain est essentiellement formé par l'assemblage de quatre systèmes anatomiques :

Le système gastro-intestinal et ses glandes annexes ;

Le système cérébro-spinal et ses émanations périphériques ;

Le système musculo-articulaire et son revêtement cutané ;

Enfin le système broncho-pulmonaire.

Quant à l'appareil cardio-rénal, c'est le noyau central de ce groupement organique.

A chaque système anatomique correspond un milieu extérieur spécial, avec lequel il est en *continuité matérielle*. L'un est le prolongement naturel de l'autre, de sorte que les mouvements moléculaires qui animent le milieu extérieur se propagent au système anatomique correspondant et de celui-ci reviennent à ce même milieu extérieur.

L'adaptation de l'un à l'autre, telle est la première condition de l'équilibre vital.

En définitive, l'organisme humain et le milieu cosmique, dans lequel *il est plongé*, sont intimement reliés par un *circulus moléculaire* qui les parcourt successivement l'un et l'autre dans un incessant mouvement de va-et-vient. La régularité de ce circulus, c'est la « vie normale ».

On devine immédiatement les formes infiniment variées que cache cette expression de *vie normale*.

Une première idée se présente à l'esprit : l'adaptation de ces deux milieux, milieu intérieur, milieu extérieur, c'est, au fond, l'influence réciproque qu'ils exercent l'un sur l'autre ; et le problème à résoudre ici, c'est la détermination de l'influence du milieu cosmique sur l'organisme humain. Or, il est évident que cette influence se règle, pour une partie, sur l'état moléculaire de notre organisme. Mais cet état moléculaire est lui-même la résultante de toute une série antérieure d'actions cosmiques et de réactions cellulaires, à l'origine desquelles nous ne pouvons remonter. En d'autres termes, la première action du milieu cosmique sur la cellule vivante nous échappe, aussi bien que la première réaction de cette cellule. Nous devons donc *limiter* notre champ d'observation.

Nous le limiterons à une *vie individuelle,* c'est-à-dire à cette période de temps pendant laquelle les cellules vivantes restent agrégées sous cette forme bien déterminée qu'on appelle *un individu.*

Mais, étant donné un organisme individuel à un moment quelconque de son existence, nous ne pourrons le connaître qu'à la condition d'avoir sous la main des *jalons objectifs* qui nous permettent à la fois d'estimer le passé et de juger le présent ; c'est seulement d'un double inventaire des réactions cellulaires, inventaire actuel et inventaire rétrospectif, que nous pourrons nous élever jusqu'à la notion précise de la *réceptivité individuelle,* c'est-à-dire de cette façon de *réagir* aux actions cosmiques qui caractérise chaque individu. En définitive, une double tâche s'impose au biologiste :

1° Recueillir tous les faits *actuels,* les grouper *naturellement* et dégager de ce groupement le sens dans lequel réagit présentement l'organisme humain en face du milieu cosmique ;

2° Recueillir les faits qui jalonnent le *passé* de ce même organisme, les grouper *naturellement* et, après avoir rapproché ce groupement de celui des faits actuels, dégager de cette synthèse le sens dans lequel *évolue* l'organisme en observation.

La première tâche, qui fera l'objet du présent chapitre, est l'étude de l'organisme envisagé en quelque sorte à l'*état statique :* c'est l'homme saisi *à un moment de son évolution* et connu dans sa *caractéristique réactionnelle présente.*

La seconde tâche, objet du chapitre suivant, consistera à faire une *étude proprement dynamique* de l'organisme vivant, à se reporter aux diverses étapes de sa trajectoire évolutive, à tracer la courbe spécifique que décrit cette trajectoire et, en fin de compte, à mettre en évidence la *caractéristique réactionnelle générale* propre à cet organisme, pendant toute la durée de son évolution, de sa naissance à sa mort.

Nous avons dit que le corps humain est essentiellement composé de quatre systèmes anatomiques correspondant à autant de formes du milieu cosmique.

Nous devons ajouter que chaque système se différencie sur un point de sa surface pour entrer en relations avec le monde extérieur et se trouve ainsi pourvu d'une sorte de *vestibule* qui assure la transition des mouvements moléculaires du milieu extérieur au milieu intérieur :

Pour le tube digestif, c'est l'appareil gustatif ;

Pour le système cérébro-spinal, ce sont l'appareil visuel, l'appareil auditif et l'appareil génital ;

Pour le système musculo-articulaire, c'est le revêtement cutané ;

Pour le système broncho-pulmonaire, c'est l'appareil olfactif.

Enfin, les quatre grands systèmes anatomiques que nous venons d'envisager sont groupés en quelque sorte à la périphérie d'un noyau central n'ayant pas de contact *immédiat* avec le milieu cosmique, qui est le système *cardio-rénal.*

L'expérience nous enseigne que l'appareil cardio-vasculaire est dans une dépendance étroite vis-à-vis du système locomoteur, tandis que l'appareil rénal, par sa topographie aussi bien que par sa fonction, est plus intimement uni à l'appareil gastro-intestinal.

Toutes ces divisions et subdivisions sont fondamentales et doivent être constamment présentes à l'esprit de l'observateur.

Dans notre examen de l'organisme, nous passerons en revue successivement :

1° Le tronc, c'est-à-dire l'abdomen et le thorax ;

2° Les membres ;

3° La tête ;

4° L'appareil cardio-rénal.

Ce plan d'observation n'est pas seulement un procédé simple et commode ; il est conforme à la nature. La continuité de l'organisme est *régionale* avant d'être *histologique*. Ne voyons-nous pas la douleur, l'atrophie, l'hypertrophie, les dégénérescences envahir progressivement toute une région et indistinctement tous les tissus qui la composent? L'anatomie médicale, il faut bien le savoir, est une anatomie régionale plutôt que systématique.

Il va sans dire que nous négligerons, dans cet ouvrage, toutes les manifestations morbides aiguës, telles que infections, rhumatisme articulaire aigu, phlegmons, etc., ainsi que toutes les lésions dégénératives, cancer, fibromes, tumeurs diverses, etc.

Nous aurons en vue l'organisme dans les trois états réactionnels suivants :

Réaction d'adaptation facile ;

Réaction d'adaptation difficile, avec épisodes de déséquilibre ;

Réaction d'adaptation insuffisante.

Tout en éliminant les états aigus et les lésions dégénératives notés plus haut, nous indiquerons, chemin faisant, les conditions de *terrain* qui en préparent ou en facilitent le développement, et cela sans sortir de notre sujet, attendu que notre étude est essentiellement une étude de physiologie clinique, de physiologie plus que de pathologie, au sens que l'on donne communément à ces mots.

Réaction d'adaptation facile. — Deux états simulent la facilité d'adaptation de l'organisme aux divers milieux ambiants : 1° *Etat d'indifférence physiologique,* dans lequel le milieu cosmique a un minimum de *prise* sur nos éléments anatomiques ; d'où il résulte que les diverses modifications de ce milieu cosmique n'ont pas leurs équivalents dans l'organisme et, de la sorte, passent généralement inaperçues et du malade et du médecin ; 2° *Etat d'excitabilité générale extrême et permanente,* dans lequel toutes les fonctions de l'organisme s'accomplissent suivant un mode *hypertonique,* constamment emportées par un mouvement de *suractivité* croissante ; à ce diapason réactionnel, les grandes oscillations deviennent impossibles, quelles que soient les influences cosmiques, et il arrive que les phénomènes vitaux se déroulent silencieusement, c'est-à-dire sans jalons pour l'observateur, sans heurts apparents pour l'individu lui-même.

Dans les deux cas, l'équilibre fonctionnel semble *parfait :* l'individu jouit de cette belle santé qui ne se dément jamais et résiste à toutes les secousses de la vie. Belles apparences, privilèges trompeurs auxquels le clinicien ne doit point se laisser prendre !

La véritable facilité d'adaptation se reconnaît à un champ fonctionnel très large, à l'unisson de la plupart des influences cosmiques, possédant cependant des limites précises au-delà desquelles l'action cosmique fait *choc* et amène un trouble défini dans le fonctionnement de l'organisme. Du reste, l'exploration externe du tube digestif nous révèle objectivement, dans tout le tractus gastro-intestinal, cette grande élasticité fonctionnelle au même titre que les états, soit d'indifférence physiologique, soit d'excitabilité extrême ; et, si l'étude des autres fonctions peut laisser des doutes dans l'esprit du médecin, la fonction digestive, avec son cortège de gros signes abdominaux, montre toujours clairement la réalité physiologique.

Réaction d'adaptation difficile, avec épisodes de déséquilibre. — Ici nous avons affaire à des individus fragiles qui ne se portent bien qu'avec une hygiène régulière, souvent minutieuse, avant tout hygiène de l'alimentation et du sommeil ; ce sont eux qui donnent au déséquilibre, autrement dit à la maladie, son relief le plus saisissant et le plus instructif. Chez eux, la maladie est un épisode bien net, bien tranché au double point de vue subjectif et objectif. Nous n'envisagerons que le dernier point de vue.

Sous l'influence d'un choc du milieu cosmique disproportionné avec la réceptivité organique de l'individu, choc général *a frigore*, choc local cérébral, musculaire, respiratoire ou digestif, on voit apparaître un déséquilibre momentané de toutes les fonctions de l'économie, déséquilibre proprement subaigu, que nous désignerons dorénavant par l'expression plus simple d'*état subaigu*. En dernière analyse, l'état subaigu peut se définir, physiologiquement, la réaction *irrégulière* d'un organisme anormalement frappé par un ou plusieurs des éléments du milieu cosmique. Ces irrégularités réactionnelles traduisent l'effort de ressaisissement, de réadaptation de l'organisme. L'équilibre ne tarde pas, en effet, à réapparaître avec son niveau antérieur, si le milieu cosmique est redevenu ce qu'il était, avec un niveau supérieur ou inférieur si le milieu cosmique s'est modifié définitivement dans le sens du plus ou dans le sens du moins.

Les manifestations symptomatiques de l'état subaigu sont d'ordre général, occupent l'économie tout entière, puisque, nous l'avons dit au chapitre précédent, tous les appareils sont étroitement solidaires et toutes les réactions fonctionnelles absolument synergiques. Toutefois, en fait, il y a généralement une prédominance symptomatique qui est déterminée par les deux conditions suivantes :

1° Si le choc morbigène est franc et provient nettement de l'un des éléments du milieu cosmique à l'exclusion de tous les autres, c'est le système anatomique frappé qui donne lieu aux symptômes prédominants.

2° Si le choc morbigène est indécis, si plusieurs éléments du milieu cosmique sont entrés en jeu successivement ou simultanément, la réaction symptomatique aura son maximum d'intensité au niveau de l'appareil organique anatomiquement et physiologiquement *prédominant.*

Exemples. — Au cours d'une vie calme et régulière, un individu est tout à coup frappé dans sa sensibilité par la mort d'un être aimé : un état subaigu franchement cérébral va en résulter, dépression psychique, idées noires, lourdeurs céphaliques, insomnie, etc., tous symptômes qui accaparent la scène jusqu'au ressaisissement.

Mais qu'à ce choc psychique se surajoutent la fatigue musculaire, l'irrégularité et l'insuffisance de la nourriture, l'état subaigu consécutif revêtira une tout autre allure : si notre individu est un digestif, nous aurons une prédominance symptomatique digestive, inappétence, lourdeurs et gonflements épigastriques *post prandium*, constipation ou diarrhée, phénomènes douloureux dans la sphère abdominale, etc ; s'il s'agit d'un cérébral, l'intensité des phénomènes nerveux sera extrême ; avec un musculaire, la dépression des forces, les douleurs des membres, l'hypéresthésie périphérique constitueront le tableau de notre *état subaigu*.

Telle est une première définition symptomatique de l'*état subaigu*, définition fondamentale à laquelle nous devrons revenir bien souvent pour nous ressaisir dans la multiplicité et la complexité croissantes des faits cliniques.

Réaction d'adaptation insuffisante. — Notre troisième catégorie d'individus, ceux dont le déséquilibre est permanent, suscite une nouvelle interprétation de l'*état subaigu*. Ce sont ou des êtres héréditairement souffreteux ou des organismes qui ont épuisé pendant une première période de vie véritablement exubérante la majeure partie de leur énergie vitale et ne se soutiennent plus que par des changements incessamment répétés de milieux ambiants. Ici, les localisations symptomatiques sont simples, c'est l'appareil prédominant qui occupe, dans l'ordinaire, la scène morbide; et l'*état subaigu*, qui est une aggravation momentanée sous l'influence d'un changement de milieu malencontreux, se caractérise essentiellement par une *généralisation* des symptômes. Tel individu, habitué à souffrir de l'estomac chroniquement avec une alimentation univoque et sévère, voit, sous l'influence d'un écart de régime, apparaître des phénomènes douloureux généralisés, avec faiblesse extrême, des irrégularités cardiaques avec oligurie, etc., etc. C'est l'*état subaigu* propre à cet individu.

En définitive, il n'y a pas *un état subaigu*, mais bien

des états subaigus : autant d'individus, autant d'états subaigus. Ni caractéristique physiologique, ni fixité anatomique ne sauraient être invoquées pour stigmatiser l'*état subaigu*. Il ne s'agit que d'une expression littérale pure et simple, destinée à désigner le désarroi passager d'un organisme qui fait effort pour s'adapter à un milieu nouveau.

Nous venons de définir l'*état subaigu* par la notion de l'adaptation de l'organisme aux milieux ambiants. D'autres définitions en seront données, au cours de cet ouvrage, qui en préciseront peu à peu la nature et en dégageront l'importante signification clinique.

Si l'expression d'état subaigu n'est qu'une nécessité de langage, c'est en revanche une source de lumière singulièrement précieuse pour le clinicien, comme toute forme verbale exprimant une réalité que l'on heurte à chaque instant. Pour le dire en passant, c'est la détermination de la profondeur, de l'intensité et de tous les caractères de l'état subaigu qui commande et éclaire l'intervention du médecin. Et cet état subaigu éveille une idée *générale*, l'idée d'envahissement total de l'économie dans chaque épisode morbide, et, de la sorte, élève l'esprit au-dessus des formes si variées, si fugaces, souvent si obscures de la maladie et lui permet d'éviter l'écueil de cette thérapeutique multicolore plus dangereuse encore qu'inefficace. Que de fois, en face d'une symptomatologie déconcertante ou trop touffue, nous avons pu nous raccrocher à cette idée de l'*état subaigu* comme à une dernière planche de salut et grâce à elle gagner la terre ferme, c'est-à-dire saisir l'origine anatomique de la maladie, en découvrir toutes les oscillations, en classer les diverses phases, en fin de compte nous orienter à la fois pour la compréhension de la maladie et pour la direction de l'hygiène thérapeutique.

Cette notion de l'état subaigu, si féconde en pratique, nous la devons exclusivement à l'exploration externe du tube digestif. C'est une idée qui s'impose, dès les premiers pas dans le domaine des faits digestifs et qui a pour substratum tout un ensemble de faits abdominaux que nous avons déjà analysés dans le tome Ier de cet ouvrage, mais que nous devons reprendre dans ce chapitre, en y ajoutant les faits de même nature et de même signification qui ont pour siège les autres appareils de l'économie. De même que, au point de vue objectif, il y a un état subaigu digestif, de même il y a des états subaigus cérébraux, musculaires, respiratoires. Notre but n'est pas de donner à ces derniers états subaigus les développements qu'ils comportent. Nous sortirions de notre cadre, qui est destiné avant tout aux faits digestifs. Cependant, la synergie fonctionnelle de tous les appareils de l'économie exige que nous embrassions l'organisme dans une vue d'ensemble : il faut tout voir ou se résoudre à ne rien voir.

Un dernier point de physiologie générale, dont nous sommes redevables encore à l'exploration externe du tube digestif, mérite de nous arrêter un instant.

Une observation superficielle suffit à nous montrer que nos principaux appareils exécutent un mouvement régulier de va-et-vient : la respiration s'accomplit par des mouvements alternatifs d'ampliation et de resserrement de la cage thoracique ; la systole et la diastole cardio-vasculaires, ne sont que des alternatives de dilatation et de resserrement des canaux sanguins ; le péristaltisme gastro-intestinal, tel que l'enseigne la physiologie, est une succession d'ondes de dilatation et de resserrement ; et, en envisageant l'organisme humain dans les phases successives de la vie, nous le voyons se dilater progressivement dans toutes ses parties constitutives, puis, avec la régression sénile, se resserrer, se « rapetisser » peu à peu. Or, l'exploration du tube digestif nous montre, dans ces mouvements successifs d'expansion et de rétraction, *le phénomène réactionnel fondamental du tissu digestif en conflit avec son excitant naturel, l'aliment*. Là, dans ce tissu cavitaire, nous touchons du doigt l'infinie variété de ces mouvements, depuis la rétraction qui creuse l'abdomen en cuvette jusqu'à la dilatation qui lui donne l'aspect et le volume d'un petit tonneau. Et tous ces mouvements se multiplient dans le temps avec une abondance prodigieuse, lorsque l'excitabilité digestive atteint ses limites ultimes. D'instinct, le clinicien, qui est le spectateur, je pourrais dire, de cette mimique abdominale, regarde du côté des autres appareils et ne tarde pas à se convaincre que partout ce sont *équivalences de mouvements*, avec seulement des variations de forme commandées par la morphologie de l'organe considéré. Avec la dilatation progressive du tube digestif, toutes les portions de l'organisme s'amplifient parallèlement, et, inversement, elles se resserrent au prorata de la rétraction abdominale. A mesure que l'excitabilité digestive augmente et que la fonction tend à s'accélérer, toutes les fonctions prennent la même allure accélérée, les mouvements deviennent brusques, le caractère impatient, le sommeil plus léger et plus court, plus rapides aussi le pouls et la respiration. Et ces phénomènes de dilatation et de resserrement, affectant une forme irrégulière et parcourant successivement toutes les régions de l'économie en un laps de temps très court, donnent à cet organisme une physionomie en quelque sorte grimaçante, tout comme les ondes péristaltiques irrégulières et à grande amplitude impriment à l'abdomen une forme étrange et mobile, tout comme la sonorité abdominale dans certains cas, nous l'avons dit tome Ier, revêt la forme d'une véritable mosaïque insaisissable et incessamment changeante.

Toutes ces considérations, en quelque sorte préliminaires, étaient nécessaires pour la claire perception des signes physiques qu'il nous reste à énumérer et à classer, comme autant de jalons indiquant la voie physiologique que suit l'économie dont nous avons à estimer la résistance vitale.

II. — Le tronc : Abdomen et Thorax.

Trois aspects morphologiques principaux du tronc considéré dans son ensemble. — Morphologie du thorax. — Morphologie de l'abdomen,

A. — *Inspection*. — Abdomen excavé, abdomen plat, abdomen arrondi. — Examen de l'abdomen dans le décubitus dorsal et dans la position debout. — Modifications imprimées à chacune de ces formes d'abdomen par l'état subaigu.

B. — *Palpation superficielle*. — La tension abdominale. — Le problème de la tension abdominale se pose ainsi : quelles sont les conditions anatomo-physiologiques qui assurent au canal alimentaire sa perméabilité fonctionnelle? — Cette perméabilité est fonction d'un double système musculo-élastique : système intrinsèque (tuniques digestives), système extrinsèque (ligaments suspenseurs, parois abdominales). — Inégalité de résistance de ces deux systèmes chez les divers individus, et formes objectives qui en résultent : état spasmodique des segments digestifs chez les uns, état de rigidité de ces mêmes segments chez les autres.

C. — *Palpation profonde*. — Formes et qualités physiques des segments du tube digestif. — A mesure que l'excitabilité fonctionnelle croît et que la réceptivité spécifique se différencie et s'accuse, la *forme* naturelle de l'organe se précise. — Avec l'engourdissement progressif de sa sensibilité, avec l'atténuation de ses qualités de réceptivité, le tube digestif voit sa *forme* caractéristique s'effacer peu à peu.

D. — *Percussion*. — La vibratilité d'une membrane, inerte ou vivante, est une *réaction* de cette membrane en face du *choc* de la percussion. — Dans le tube digestif, la vibratilité est, avant tout, une propriété inhérente à la fibre musculaire. — Trois variétés essentielles de son, à la percussion abdominale. *a*) *Son simple*. *b*) *Résonance*. La résonance répond à l'exagération de l'*intensité* du son. Signification de la résonance au double point de vue physique et clinique.

Elle s'accroît avec *la défaillance* de l'effort réactionnel. Avec la *plénitude* de l'effort réactionnel, la résonance diminue et la tonalité du son s'élève. Dans ce dernier cas, augmentation d'épaisseur et diminution de surface de la membrane digestive; dans le premier cas, diminution d'épaisseur et augmentation de surface de cette même membrane. c) *Tympanisme.* Le tympanisme se caractérise *cliniquement* par l'extrême variabilité de son éclat et de sa tonalité. Il est le signe d'un effort brusque de ressaisissement fonctionnel, après une excitation exagérée ayant fait choc. Il marque la limite extrême d'excitabilité organique compatible avec le travail fonctionnel.

Aux différenciations anatomiques du tractus gastro-intestinal correspondent des *différenciations sonores.* — Damiers sonores ; trois types schématiques. — A mesure que l'*effort* fonctionnel s'accroît, les sons se différencient au point de vue de l'intensité, de la tonalité et du timbre. — L'uniformisation du son ou la tendance à l'uniformisation traduisent l'indifférence physiologique. — Réactions sonores dans l'état subaigu digestif. — Observations.

E. — *Conclusions physiologiques.* — 1° Il existe une catégorie d'individus chez lesquels la fonction digestive est réellement prédominante, ce sont les *digestifs.* — 2° En vertu de la loi de synergie fonctionnelle, l'acte digestif peut être regardé comme un fait représentatif de toutes les fonctions de l'économie. — 3° L'acte digestif se traduit par des signes objectifs qui représentent les modifications anatomo-physiologiques du tissu digestif, véritables données positives sur les qualités fonctionnelles de l'appareil digestif. — 4° L'exploration externe est le procédé de choix qui nous permet de recueillir tous ces signes objectifs. — Exemples de *types réactionnels digestifs.* Type digestif accéléré, répondant à la rétraction du canal alimentaire. Type digestif ralenti, répondant à la dilatation du même canal. — Type digestif dissocié, répondant au déséquilibre momentané de la fonction. — Relations immédiates des signes objectifs avec le travail digestif.

F. — *Notions complémentaires sur les réactions de l'appareil broncho-pulmonaire.* — Fixité morphologique. — Tonus respiratoire. — Signes de percussion dans les états subaigus broncho-pulmonaires. — Tympanisme. — Résonance. — Mosaïque sonore. — Pathogénie des déformations de la cage thoracique. — Parallélisme inverse des déformations thoraciques et abdominales.

A. Inspection. — La première condition d'un bon examen clinique, c'est de découvrir complètement les diverses régions du corps ; la deuxième condition, c'est d'examiner le malade successivement couché et debout.

L'aspect morphologique du tronc doit d'abord retenir notre attention.

Trois cas peuvent se présenter : il y a dans le développement des deux régions qui le composent, abdomen et thorax, égales proportions, ou disproportion en faveur de l'abdomen, ou enfin disproportion en faveur du thorax.

Dans le premier cas, le tronc est plutôt court et affecte une forme plus ou moins « ramassée » ; un bassin sans évasement termine en bas cette masse oblongue, aux lignes droites, plus angulaire qu'arrondie.

Dans le deuxième cas, l'abdomen est prédominant ; il semble refouler en haut un thorax réduit dans toutes ses dimensions et s'épanouit inférieurement en un bassin arrondi et largement évasé. La main ne rencontre en explorant le tronc que des parties molles.

Dans le troisième cas, le tronc est tout thorax ; celui-ci toujours élégamment arrondi, plus ou moins long, plus ou moins large suivant la corpulence du sujet, à son tour refoule l'abdomen en bas, surtout latéralement où les fausses côtes avoisinent la crête iliaque et délimitent un intervalle à peine suffisant pour loger en arrière les quatre doigts étroitement réunis et en avant le pouce de la main exploratrice fouillant les hypocondres. L'abdomen prend un aspect *losangique* vraiment caractéristique. Les mains de l'observateur, pourrions-nous encore ajouter, ne rencontrent partout que parties dures, osseuses.

Tels sont, dans les grands traits, les trois aspects les plus caractéristiques du tronc. Il va sans dire que, dans nombre de cas, la forme reste imprécise, irrégulière et semble n'évoquer aucune des images que nous venons de linéamenter. Cependant, à un examen attentif, le plan finit par se dégager et toujours dans l'un des trois sens fixés plus haut.

Une particularité très curieuse et d'un gros intérêt clinique mérite de fixer ici notre attention. Il n'est pas rare, dans l'un ou l'autre des deux derniers cas envisagés précédemment, que la *partie antérieure du tronc* présente une surface irrégulière, bossuée, décelant véritablement une *morphologie tourmentée :* la portion sternale supérieure forme une proéminence très marquée, en dos d'âne, qui se prolonge *en bas* par une double déclivité de chaque côté du sternum ; puis, brusquement, ces deux régions déclives se relèvent pour former une sorte de rempart à pic aux dépens des fausses côtes, et au-dessous de ce rempart gît une plaine uniforme, l'abdomen. Dans certains cas, les deux évasements, qui précèdent le rempart faux-costal, sont reliés l'un à l'autre sur la ligne médiane par une dépression sternale et se transforment en une large rigole transversale limitée en haut par le dôme médian supérieur et en bas par le rempart xiphoïdo-costal. Ces saillies et ces dépressions alternatives thoraco-abdominales constituent, en quelque sorte, les grands mouvements de terrain ; à côté, il est facile de noter tout un ensemble de petites irrégularités, comme « des impressions digitales, des éminences mamillaires », pour employer le langage des anatomistes, qui accroissent encore l'impression de *développement agité* que donne la vue du tronc.

Debout, toutes les irrégularités du thorax persistent, bien entendu, mais le vide abdominal se comble, le *lac* disparaît et de la sorte l'aileron costal tend à s'effacer, parfois même s'efface complètement.

Voilà pour les déformations thoraciques, déformations squelettiques, et, partant, définitives s'il s'agit d'un adulte, modifiables, dans une large mesure, s'il s'agit d'un individu à la phase de formation.

Plus riche et plus variée est la *morphologie abdominale.* Là, des modifications artificielles sont toujours possibles, quel que soit l'âge du sujet. Là, surtout, des variations se manifestent sous l'influence de la pesanteur, c'est-à-dire par les diverses attitudes que peut prendre le sujet.

Nous prendrons, comme type de notre description, l'abdomen dont le développement paraît s'être fait aux dépens de la région thoracique, dont les dimensions sont par conséquent nettement prédominantes sur celles du thorax.

Dans le décubitus dorsal, cet abdomen ou s'excave ou reste de niveau avec le thorax ou enfin s'arrondit en débordant plus ou moins ses limites osseuses.

Abdomen excavé. — Une paroi amaigrie permet à la main de percevoir aisément la consistance et la forme des anses digestives sous-jacentes.

A la palpation superficielle, la rénitence apparaît faible, mais surtout l'empâtement est manifeste, et qui dit empâtement, dit *diminution de l'élasticité.*

A la palpation profonde, le cæcum et le côlon ascendant forment un boudin plus ou moins affaissé, dont la mobilisation est facile dans le sens latéral et provoque des gargouillements plus ou moins francs, plus ou moins nombreux. Le transverse flotte au voisinage de l'ombilic et ne donne à la main qu'une sensation obscure, indistincte ; le côlon descendant repose sur le plan osseux du bassin, présente une forme arrondie, une consistance un peu dure et simule un cordon du volume du petit doigt, se laissant très aisément déplacer de droite à gauche et de gauche à droite. La succussion détermine à l'épigastre un bruit de clapotage très franc ; parfois la main perçoit la sensation de flot. La percussion dénote immédiatement une sonorité de faible intensité et de tonalité élevée ; au niveau de l'épigastre, le son est tympanique ; dans la région sous-hépatique, le même tympanisme discret subsiste, mais encore affaibli et de tonalité un peu plus élevée ; dans la région sous-ombilicale, enfin, le son est simple, franchement élevé, se rapprochant de la matité. La zone de matité hépatique a son étendue ordinaire. Le foie est mobile. Les reins ne sont pas perçus.

Si le sujet se tient debout, l'excavation abdominale disparaît instantanément et le ventre se met de niveau avec la paroi antérieure du thorax, gardant un aspect plus aplati qu'arrondi. La sonorité s'accroît au niveau de l'épigastre et de la région iliaque droite ou plutôt le tympanisme devient nettement plus franc ; la tonalité reste partout sans changement. On perçoit le rein droit tout entier hors de sa loge, parfois, avec une respiration forcée, la pointe du rein gauche.

Abdomen plat. — Dès que la main se pose sur cet abdomen, elle éprouve une résistance appréciable et l'effort de pression ou d'écrasement provoque immédiatement une réaction élastique de toute la masse gastro-intestinale.

Profondément, l'explorateur délimite assez aisément une sorte d'ampoule cæcale allongée et arrondie, également élastique et résistante ; le transverse, au-dessus de l'ombilic, et le descendant, dans la fosse iliaque, forment un cordon étroit, dur, tranchant et susceptible de faibles déplacements dans le sens normal à sa direction. La succussion produit de rares bruits de clapotage, pas de flot. La percussion dénote une sonorité intense, de tonalité moyenne, au niveau de l'estomac et du cæcum, avec timbre subrésonant ; les deux zones de sonorité dénotent, par leur étendue, une certaine capacité de ces deux réservoirs ; au-dessous de l'ombilic, la percussion révèle une sonorité simple, élevée, mais franche, nettement éloignée de la matité. Pas de mobilité hépatique. Debout, aucun de ces caractères ne se modifie ; la forme abdominale est seulement un peu plus arrondie. Le foie et les reins gardent leurs situations respectives.

Abdomen arrondi. — Il forme une masse imposante qui se continue insensiblement en haut avec la base élargie du thorax, s'étale un peu sur les flancs, dont les contours s'arrondissent, et fait, au niveau de l'ombilic, une saillie plus ou moins prononcée, qui aboutit par une pente douce au pubis et aux aines. Avec les décubitus latéraux, la forme se modifie sensiblement, la masse tendant à se déplacer dans le sens qu'indique l'action de la pesanteur.

Une sensation nouvelle frappe, dès l'abord, l'observateur qui pose ses mains sur cet abdomen : ce n'est plus cette résistance élastique qui se laisse vaincre pour rebondir instantanément ; c'est une résistance faite surtout de *dureté*, de *rigidité* qui arrête la main.

Une exploration plus profonde et surtout patiente nous révèle un côlon ascendant de contours indécis, remarquable surtout par sa rigidité, c'est-à-dire par sa tension entre ses deux points extrêmes de fixation. Il est de volume anormal, et, dans certains cas, lorsque cette tension de rigidité n'est pas trop accusée, il donne l'impression d'une masse allongée, irrégulière et subempâtée. Le transverse n'est pas perçu. Le descendant n'est perçu que dans sa portion tout à fait inférieure et sous la forme d'une grosse corde, plus ou moins irrégulière, d'un *boyau* vide et rigide, dont le ressaut brusque et violent constitue la principale caractéristique clinique.

La succussion épigastrique ne révèle rien, ni clapotage ni flot. La percussion est presque négative : un son métallique et dur au niveau de l'estomac, une très-discrète résonance au niveau du cæcum et de la matité sur tout le reste de la surface abdominale ; au total, un ventre qui ne sonne pas, des anses digestives qui ne vibrent pas; telles sont les rares données de la percussion.

Debout, la masse abdominale se projette un peu en avant, surtout à l'épigastre, les flancs se rectifient et toute la région prend une rondeur régulière. La faible sonorité révélée par l'estomac et le cæcum s'atténue encore, sans modification des autres caractères. La tonalité est partout élevée et peu différenciée au niveau des réservoirs gastrique et cæcal. Pas de mobilité, ni rénale, ni hépatique, que la main soit à même de percevoir, en raison de l'épaisseur de l'abdomen.

Voyons, maintenant, ce que deviennent ces trois types d'abdomen en passant de l'état d'équilibre fonctionnel à l'état de déséquilibre momentané, c'est-à-dire à l'*état subaigu digestif*.

Deux traits objectifs caractérisent l'*état subaigu* du premier : les segments coliques, ascendant et descendant, sont franchement affaissés, de forme rubanée et de calibre à peine différencié, ce qui entraîne une accentuation de l'état d'empâtement à la palpation superficielle ; en second lieu, le tympanisme est généralisé, à l'estomac, au cæcum et au grêle, de timbre éclatant, de tonalité élevée et sensiblement uniforme.

Le second s'affaisse, se déprime, devient franchement empâté. Les segments du côlon changent de caractères : l'ascendant, dégonflé, forme un magma uniformément crépitant ; le transverse ne se perçoit plus et le descendant se réduit à un ruban flou, crépitant, de calibre peu différent de celui de l'ascendant. La succussion révèle du flot gastrique plutôt que du clapotage. A la percussion, résonance basse gastrique, résonance moyenne cæcale, son simple, élevé, du grêle.

Chez le troisième, la forme n'est pas modifiée d'une façon appréciable; mais, avec la diminution de la tension rigide des segments, l'empâtement acquiert tout son relief ; le côlon ascendant forme une grosse masse bosselée, laissant deviner un amas stercoral auquel les tuniques intestinales sont intimement accolées ; le transverse reste imperceptible ; quant au descendant, c'est un boyau pâteux qui donne toujours sous la malaxation des crépitations à grosses bulles ; l'estomac enfin donne à la succussion une sensation de flot extrêmement nette et très prédominante sur le bruit de clapotage. La percussion révèle une tonalité basse générale, comme fait caractéristique, avec maximum, toujours, au niveau du grêle et avec un timbre, à l'épigastre, qui rappelle la sonorité du carton-pâte. Ni tympanisme ni véritable résonance.

Dans la position verticale, ces trois abdomens voient leur forme se modifier dans le sens que commande l'action de la pesanteur; mais le phénomène le plus variable, c'est la *sonorité* qui diminue d'éclat et d'intensité chez les deux premiers et s'accroît chez le troisième jusqu'à présenter les caractères de la résonance basse ou même grave.

Ces faits abdominaux, exposés sobrement et dans leurs grands linéaments, sont suffisants pour nous permettre de dégager le mode réactionnel du tube digestif sous ses formes fondamentales.

Nous devons nous appliquer à faire un exposé général, d'une seule tenue, sans revenir sur les cas cliniques, ce qui amènerait des redites et obscurcirait un texte dont la clarté et la simplicité sont, avant tout, nécessaires. Il s'agit de notions essentielles, premières assises en quelque sorte de toute la clinique digestive.

Le premier problème que soulève l'exploration externe du tube digestif est celui de la *tension abdominale* (palpation superficielle) ; le second problème est celui de l'affaissement de la cavité du canal digestif (palpation profonde). On nous concédera que ces deux problèmes peuvent se fondre en un seul : quelles sont les conditions physiologiques qui assurent au canal alimentaire une perméabilité fonctionnelle suffisante, sinon invariable ?

B. Palpation superficielle. — Tension abdominale. — Puisqu'il s'agit d'une cavité de forme cylindrique que les aliments doivent parcourir d'une extrémité à l'autre, la *perméabilité* est la première qualité physiologique qui s'impose à l'esprit comme condition d'une élaboration digestive suffisante; à défaut de cette perméabilité qui assure aux aliments tous leurs relais sécrétoires ou autres, il n'y a pas de digestion possible. Et cette question de la perméabilité se dresse impérieuse, obsédante devant le clinicien instruit des faits de l'exploration externe : à chaque instant, dans les états morbides les plus divers, il constate les variations de volume du paquet formé par les anses digestives, les modifications de calibre du côlon et de l'estomac, depuis l'affaissement complet avec accolement des parois et anéantissement apparent de la lumière du canal jusqu'à la distension monstrueuse de l'estomac, du cæcum et du grêle, en passant par ces mille formes intermédiaires dans lesquelles la moindre variation de calibre coïncide avec des transformations de l'état digestif dans le sens du mieux ou dans le sens du pire.

Or, cette perméabilité est fonction d'un double système musculo-élastique : un système musculaire *in-*

trinsèque formé des tuniques musculo-digestives, un système musculo-élastique *extrinsèque* formé par les ligaments suspenseurs des anses digestives et par les plans musculaires de la paroi antéro-latérale de l'abdomen.

Le parallélisme fonctionnel de ces deux systèmes assure la perméabilité constante, idéale du canal alimentaire. Mais qu'un choc digestif survienne, la surcharge, par exemple, que va-t-il se produire? Les deux systèmes vont être inhibés : le ventre se déprimera, les anses digestives s'affaisseront et la lumière de notre canal disparaîtra momentanément. Avec le relèvement, les deux systèmes vont-ils marcher de la même allure, agir parallèlement? Non. Les conditions de ce relèvement sont trop inégales, trop disproportionnées, trop capricieuses parce que soumises à nos conditions sociales, et c'est un système qui, recevant la dose d'excitation qui lui convient, prendra le pas sur l'autre et assurera à notre canal la perméabilité compatible avec une digestion suffisante. Sans compter que là, pas plus qu'ailleurs, n'existe la *symétrie :* chaque individu naît et évolue avec l'inégalité anatomique de ces deux systèmes et fait appel à l'un plus qu'à l'autre pour le maintien de sa statique digestive. Et chaque rechute vient accentuer cette inégalité d'action des deux systèmes, de telle sorte que, d'une part, avec la prédominance du système anatomique intrinsèque, nous voyons l'*état spasmodique* s'accentuer (forme cæcale en boudin, sténose en tuyau de pipe du descendant, etc.), que, d'autre part, avec la prédominance du système anatomique extrinsèque, la main perçoit un relâchement progressif de la forme des segments et une tension croissante de ces segments sur leurs ligaments et de l'abdomen tout entier, contracturé en cuirasse rigide.

Si nous envisagions l'organisme dans son évolution, nous verrions les deux systèmes prédominer à tour de rôle, et marquer véritablement deux périodes distinctes dans la résistance musculaire de l'appareil digestif. De même, pour le dire en passant et pour stigmatiser à nouveau l'individualité de l'*état subaigu*, cet épisode morbide se caractérise surtout par la résistance spasmodique de celui des deux systèmes musculaires sur lequel a porté le choc pathogène.

Mais il arrive que toute une série d'individus sont faiblement doués au point de vue musculaire : ce système anatomique est incapable du moindre effort ; chaque fois que l'excitation dépasse sa réceptivité physiologique, il s'affaisse, frappé d'insuffisance fonctionnelle. La fibre musculaire digestive participe à cette infériorité organique, et ce sont des états subaigus digestifs subintrants, par surcharge alimentaire ou par fatigue musculaire. En ce cas, ni la tension spasmodique du canal ni la rigidité des segments digestifs et des parois abdominales ne constituent le fond du tableau clinique au cours de l'état subaigu. Ce sont d'autres éléments qui entrent en scène : chez l'un, c'est l'élément nerveux (extrême variabilité dans les phénomènes objectifs, surtout dans les faits de sonorité abdominale, disproportion entre l'état objectif d'affaissement et le bien-être général ou vice versâ), chez l'autre, c'est l'élément sécrétoire (abondance du liquide gastrique se traduisant par un flot énorme, quelquefois par des vomissements copieux et répétés, exagération des phénomènes sécrétoires intestinaux avec gargouillements cæcaux ou diarrhée profuse, etc.). Le fait clinique dominant chez de tels sujets, c'est le caractère effacé, l'importance diminuée des gros signes notés dans le cas de prédominance musculaire, tels que la distension cæcale, le spasme colique, la distension gastrique, la rénitence abdominale. Tous ces signes sont à peine variables pour l'observateur, et l'amélioration subjective est considérable que l'exploration externe trouve encore les signes d'un affaissement notable et de l'abdomen et des anses gastro-intestinales. Le travail de relèvement a son siège principal ailleurs que dans les plans musculaires. Plus tard, au moment de l'équilibre parfait, c'est encore en ne tenant qu'un compte accessoire des signes objectifs musculaires, que le clinicien pourra estimer l'élasticité digestive de l'individu.

On s'explique de la sorte que tel sujet dont le tube digestif semble, à l'exploration externe, doué de forces bien précaires, présente cependant une résistance et une élasticité à peu près sans défaillance. Le tube digestif est construit sur le plan de l'organisme : il est, avant tout, anatomiquement asymétrique ; sa source d'élasticité est musculaire dans un cas, nerveuse dans l'autre, suivant que le porteur de ce tube digestif est lui-même un type musculaire ou un type cérébral. Nous préciserons toutes ces données au chapitre III, à propos des types évolutifs.

C'est ainsi que cette question de la *tension abdominale*, qui a engendré déjà tant de *nébuleuses* au delà du Rhin et sollicité vainement la curiosité de quelques médecins français, se réduit à un fait clinique à la fois simple et divers : simple, c'est la résistance de l'abdomen à la main qui cherche à le déprimer, résistance diminuée, absente ou accrue ; divers, cette résistance peut être *faible* avec une grande élasticité fonctionnelle, *notable* avec une fonction précaire, *considérable* avec une fonction à peu près éteinte, etc., etc.

La tension abdominale est fonction des tissus musculaires et fibro-élastiques qui entrent dans la constitution de l'appareil digestif. Or, ces éléments anatomiques ont un rôle éminemment variable suivant la structure générale de l'individu et suivant l'élément des milieux ambiants qui exerce l'action inhibitrice. Le clinicien prévenu est seul capable de donner à cette *tension abdominale* l'importance qu'elle mérite, après avoir compris le sens dans lequel elle évolue et la place exacte qui lui revient dans le tableau d'ensemble des signes objectifs.

En résumé, au choc pathogène, quel qu'il soit, succède immédiatement l'*affaissement* de l'anse digestive. Tel est le fait pathologique tout à fait initial. Mais cette anse ne reste point affaissée : elle réagit dans une très faible mesure d'abord, puis dans une mesure qui s'accroît à chaque heure, à chaque minute, et, peu à peu, la main perçoit un retour progressif à une forme de plus en plus arrondie et à une tension toujours grandissante ; c'est la perméabilité qui revient et, parallèlement, le travail fonctionnel qui réapparaît dans les divers départements anatomiques. Et quand la perméabilité antérieure est atteinte, la fonction est complète et l'anse digestive a retrouvé sa tension primitive, c'est-à-dire sa résistance et son élasticité.

C. Palpation profonde. — Morphologie des segments digestifs. — Avec l'exploration *profonde* de l'abdomen, nous nous trouvons en face d'un second problème clinique, celui de la *forme* et des *qualités physiques* des segments du tube digestif. En traitant de la tension abdominale, nous avons montré que les réactions musculaires digestives et extra-digestives créent par leur prédominance tout un ensemble symptomatique de signification décisive. Mais cette prédominance, que nous pouvons dès maintenant qualifier d'évolutive, n'est qu'une des formes de l'évolution humaine. D'autres formes se surajoutent dans lesquelles la fibre musculaire, sans être prédominante à proprement parler, joue cependant un rôle important et doit être prise en considération ; il n'est pas de cas, en définitive, où la fibre musculaire n'intervienne dans une mesure suffisante pour créer un jalon clinique à la portée de l'observateur. Le clinicien, quelle que soit la prédominance évolutive ou symptomatique, doit donc tirer de la forme des segments digestifs un enseignement immédiat et précis.

Les segments, dont les variations de forme s'objectivent à l'exploration externe, sont l'*estomac* et le *côlon*.

La forme de l'estomac se révèle par le bruit de clapotage, le flot et le ballottement, c'est-à-dire par des phénomènes qui ne nous permettent de conclure qu'indirectement à la forme de l'organe exploré.

Le côlon, au contraire, est immédiatement saisissable à la main dans ses trois segments, ascendant, transverse et descendant. C'est la portion du tube digestif qui donne au clinicien les enseignements morphologiques les plus variés et les plus positifs.

D'ailleurs, les signes objectifs recueillis de part et d'autre n'acquièrent toute leur signification que s'ils sont groupés méthodiquement de manière à éveiller dans l'esprit de l'observateur l'idée de la *réactivité générale* du tube digestif.

Deux états extrêmes s'observent communément. Dans l'un, le côlon ascendant forme un boudin bien en relief, nettement arrondi, crépitant à la pression digitale, se durcissant sous la malaxation, aisément mobilisable dans tous les sens ; le transverse, abaissé au-dessous de l'ombilic, et le descendant se présentent sous la forme d'un cordon étroit, tranchant, dur, d'une dureté variable, se résolvant parfois avec une fine crépitation pour réapparaître plus accusée encore ; les deux segments se mobilisent aisément. L'estomac se trahit nettement par un bruit de clapotage de timbre métallique et par un flot plus ou moins perceptible et bien localisé à l'épigastre.

Dans l'autre état, l'ascendant forme une masse allongée sans contours définis, siège de quelques gargouillements à grosses bulles, masse que la main est impuissante à mobiliser ou mobilise très faiblement ; le transverse se devine, plus qu'il ne se perçoit, le plus souvent par l'éclatement de quelques bulles gazeuses, au niveau d'une région anormalement tendue dans le voisinage de l'ombilic ; le descendant apparaît sous la forme d'une corde épaisse, de consistance semi-pâteuse, de contour irrégulièrement arrondi, déjetée vers la ligne médiane, profonde et immobilisée par la tension de ses deux extrémités ; l'estomac enfin ne se révèle que par un bruit de clapotage très profond, d'une localisation indécise.

Dans le premier cas, tous les signes de l'hyperexcitabilité fonctionnelle, dans le second, ceux de la torpeur physiologique. Le boudin cæcal avec la forme cylindrique qui résiste à l'écrasement, les côlons transverse et descendant formant un fil dur et tranchant indiquent la contraction énergique des tuniques musculaires ; le timbre métallique du clapotage et le flot au niveau de l'estomac dénotent pareillement et la tension spasmodique des parois ventriculaires et l'abondance des sécrétions intra-gastriques. D'un autre côté, la forme grossière, indécise des segments coliques, ascendant, transverse et descendant, le calibre accru du canal intestinal, le clapotage gastrique difficile, l'absence du flot sont autant de signes évidents d'une fonction plus ou moins torpide, d'une flaccidité plus ou moins avancée des tuniques gastro-intestinales, d'une rareté manifeste des sécrétions digestives. Et, pour conclure, nous nous trouvons, dans un cas, en face d'un tube digestif doué d'un pouvoir réactionnel exagéré, dans l'autre, en face de tuniques digestives qui sont frappées d'une indifférence physiologique véritable.

C'est ainsi que, déjà, nous entrevoyons tout le parti clinique à tirer de la notion des *variations de forme* des segments digestifs : à mesure que l'éréthisme fonctionnel croît, à mesure que la réceptivité spécifique se différencie et s'accuse, la forme naturelle de l'organe se précise ; les réservoirs se tendent et s'arrondissent, le côlon transverse et le descendant prennent un aspect de plus en plus filiforme, le calibre général de tout le tractus diminuant parallèlement. Au contraire, avec l'engourdissement progressif de sa sensibilité, avec l'extinction de ses qualités de réceptivité spécifique, le tube digestif voit sa forme caractéristique s'effacer peu à peu ; les réservoirs perdent leur prééminence morphologique ; il se produit une sorte de relâchement général de toutes les tuniques musculaires qui aboutit à un accroissement de calibre et tend à créer peu à peu une cavité uniforme avec effacement des différenciations gastro-cæcales.

Tel est l'enseignement que nous devons à l'exploration externe profonde, enseignement de haute portée, puisqu'il nous ouvre sur la fonction digestive des horizons nouveaux et nous permet d'estimer instantanément la valeur générale d'un tube digestif : *formes différenciées* équivalent à fonction active ; *formes mal différenciées* signifient fonction en voie d'extinction.

Nous avons de la sorte une mesure du pouvoir réactionnel du tissu digestif en face des chocs qui peuvent l'atteindre ; car l'excitabilité fonctionnelle ne saurait s'accroître sans entraîner une augmentation parallèle de la sensibilité dans tous ses modes, et il est aisé de comprendre qu'un appareil digestif hyperactif est un organe hyperesthésié qui va réagir violemment chaque fois qu'une excitation anormale le touchera. Au contraire, l'extinction de l'excitabilité fonctionnelle amène une indifférence proportionnelle aux chocs morbigènes.

C'est grâce à ces notions fondamentales que nous pouvons saisir et définir objectivement *l'état subaigu digestif* sous ses formes innombrables. En cas d'*hyperexcitabilité* fonctionnelle, le premier effet du choc se traduit par une exagération des réactions habituelles, le spasme augmente, les reliefs s'accusent, et si les chocs continuent, l'hyperexcitabilité s'accroît parallèlement aux signes objectifs de spasme, jusqu'à ce que, les limites de l'excitabilité étant atteintes, nous assistions à une véritable *détente* morphologique, c'est-à-dire à un *affaissement* du boudin cæcal qui forme une masse plus ou moins pâteuse, des côlons transverse et descendant qui deviennent rubanés et crépitants et de l'estomac qui ne donne plus le clapotage et le flot que d'une façon difficilement saisissable.

Dans le cas d'*hypoexcitabilité* digestive, le premier choc passe inaperçu. Que les chocs augmentent de violence et soient persistants, voilà la condition première pour que les réactions digestives arrivent à s'objectiver et sous une forme qui est la reproduction grossie de celle décrite plus haut ; le côlon tout entier n'est plus qu'un magma pâteux, de volume uniforme et considérable, donnant à la main l'impression de fèces ramollies, disséminées sur tout le trajet du canal et agglutinées à des parois épaissies et tuméfiées ; rien à l'examen de l'estomac, sauf parfois un léger flot, si la succussion est faite très énergiquement.

L'état subaigu minutieusement analysé vient ainsi confirmer, corroborer nos premières conclusions. L'excitabilité franche *s'aiguise*, en quelque sorte, aux premiers chocs pathogènes, et les premiers signes ne sont que l'exagération de signes préexistants ; on pourrait dire que les *premiers symptômes morbides* ne sont que l'accentuation des phénomènes considérés comme normaux; puis, à cette première période succède la période morbide à proprement parler, celle où l'effort de ressaisissement du tube digestif, ne trouvant plus d'élasticité physiologique à utiliser, aboutit à *l'inertie* avec réactions nouvelles de forme irrégulière. L'état d'excitabilité amoindrie constitue, par contre, un terrain tout d'abord infécond : pas de réaction appréciable, pas de germination de la graine morbide. Celle-ci n'agit enfin que par son accumulation et c'est, d'emblée, l'inertie digestive véritable, nous pourrions dire également, d'emblée, la *maladie confirmée sans symptômes prodromiques*.

Nous n'avons envisagé que deux états objectifs extrêmes, afin de donner à notre tableau clinique un relief suffisant, afin de faire saisir par l'esprit du lecteur les variations morphologiques du tractus gastro-intestinal dans ce qu'elles ont d'essentiel, afin de formuler une donnée véritablement *pratique*, invitant le clinicien dans chaque cas particulier à la recherche d'une sensation tactile, point d'appui certain pour l'esprit sollicité de tant de côtés. Mais entre ces deux états extrêmes se range une infinie variété d'états morphologiques que l'expérience nous apprend à discerner et à connaître ;

l'éducation du toucher étant faite, la signification de chaque cas particulier se déduit aisément des notions générales formulées plus haut. Il était, d'ailleurs, nécessaire que nous nous limitions dans la description des états morphologiques du tube digestif, en raison même de la nature des faits : le toucher ne peut saisir que des modifications objectives, en quelque sorte, grossières ; les nuances lui échappent, et le clinicien ne doit, d'autre part, s'appuyer que sur des faits absolument positifs, hors de toute contestation. Un cæcum arrondi et qui ne se laisse ni aplatir ni écraser, un cæcum semi-affaissé que la pression dégonfle aisément, un cæcum affaissé, sans netteté de contours, formant un magma irrégulier et pâteux, telles sont trois formes objectives que toute main exercée perçoit et différencie immédiatement ; pas de discussion possible, pas de place pour les interprétations fantaisistes. Ce sont des faits qui s'imposent à la bonne foi de tout observateur et sur lesquels il est permis de tabler sans crainte de la moindre déception.

D. Percussion abdominale. — Grâce à la palpation profonde, nous voilà donc en mesure d'estimer sûrement, positivement, scientifiquement, le degré d'excitabilité d'un tube digestif et de saisir tout au moins les grandes oscillations de cette excitabilité. Nous pouvons aller plus loin sans quitter le terrain de l'observation positive, le domaine des faits évidents, au-dessus de toute contestation.

C'est la *Percussion* qui va nous permettre de franchir ce nouveau pas. Dans le tome Ier de cet ouvrage, nous avons laborieusement édifié tout un chapitre sur les données de la percussion abdominale, données absolument nouvelles dont aucun écrit n'a, jusqu'à ce jour, fait la moindre mention ; nous avons formulé les lois de la sonorité abdominale, en nous appuyant sur les lois physiques de la vibratilité des membranes; nous avons dégagé les notions essentielles à posséder pour l'appréciation des qualités vibratiles de la membrane digestive et montré le rapport étroit qui existe entre les qualités de vibratilité et les qualités proprement fonctionnelles de cette membrane. Ici nous devons, comme pour la tension abdominale, comme pour la morphologie des segments digestifs, dégager, en quelque sorte, la *formule clinique* de la sonorité abdominale, c'est-à-dire mettre à la portée du praticien quelques jalons grossiers qui lui donnent immédiatement le sens des réactions digestives en face d'un cas particulier.

Les faits de sonorité constituent une des sources principales de nos acquisitions intellectuelles. C'est là un sujet que nous aborderons au cours de cet ouvrage.

Nous devons présentement envisager les faits de sonorité abdominale, c'est-à-dire étudier les qualités vibratiles des tuniques digestives.

La vibration d'une membrane, inerte ou vivante, est, à proprement parler, une *réaction* de cette membrane en face du choc qui l'a ébranlée. Or, nous savons que les tuniques ou membranes digestives *réagissent* synergiquement dans tous leurs éléments anatomiques constitutifs : telle réaction de la fibre musculaire correspond à une réaction *de même sens* de la fibre nerveuse, de la cellule glandulaire, du canal vasculo-lymphatique.

La vibratilité est, avant tout, une propriété inhérente à la fibre musculaire ; si cette notion était discutable, la clinique suffirait à la justifier, comme nous le verrons chemin faisant. Et le son, en nous révélant l'état fondamental de la fibre musculaire, nous donne du même coup une notion précise sur l'état fondamental de tous les éléments anatomiques qui entrent dans la composition de la membrane percutée.

Voyons à quelles variétés essentielles se réduisent tous les sons que le clinicien est à même de recueillir par la percussion abdominale. Nous l'avons dit tome Ier, le son abdominal affecte trois formes principales : le son simple, la résonance et le tympanisme. Ces qualités sont, dans une certaine mesure, indépendantes de la *tonalité*.

La *résonance* répond à une exagération de l'*intensité* du son, c'est-à-dire physiquement à une augmentation d'amplitude des ondes vibratoires, sans que le nombre de ces ondes dans l'unité de temps soit changé.

Quelle signification clinique immédiate se dégage de la constatation de la *résonance*, c'est-à-dire de l'augmentation d'étendue des plages vibrantes?

Tout d'abord, cette résonance est un phénomène essentiellement variable, variable d'un moment à l'autre, les conditions d'observation restant les mêmes, variable avec ces conditions, par exemple, avec les changements d'attitude du sujet. Cette *variabilité*, c'est-à-dire l'atténuation, l'accentuation ou la disparition de la résonance, peut se manifester et se manifeste généralement sans changement dans la tonalité; la résonance, en effet, répond à une double caractéristique *physique* et *clinique : physiquement, elle traduit une élongation de la fibre sans diminution de tension moléculaire ; cliniquement, elle indique une distension active, c'est-à-dire un effort de contraction qui n'aboutit pas.* C'est une détente de la fibre musculaire, mais une détente spéciale, de même nature que le spasme, bien que d'une objectivité inverse. En un mot, la fibre musculaire manifeste son pouvoir réactionnel sous une double forme : excitée, elle augmente d'épaisseur et diminue de longueur ou bien, inversement, elle augmente de longueur et diminue d'épaisseur. Dans ce dernier cas, sa vibratilité se traduit par le phénomène auquel nous avons donné le nom de *résonance*. Dans le premier cas, au contraire, l'étendue des plages vibrantes diminuant, nous avons d'abord une atténuation de l'intensité du son ; puis, le *nombre des plages vibrantes augmentant dans l'unité de temps*, nous avons parallèlement une élévation de la *tonalité*.

Cette élévation de la tonalité marche de pair, le plus souvent, avec la diminution de l'intensité. Cependant, à tous les degrés de la tonalité le phénomène de la résonance est susceptible d'apparaître, théoriquement tout au moins ; en pratique, il est un point dans la gamme des tonalités où la résonance est si faible qu'elle cesse d'être perçue, et nous avons coutume de caractériser du nom de *résonance contenue* cette résonance extrême, encore compatible, de l'avis de nos sens, avec l'élévation de la tonalité.

En définitive, la *résonance* traduit une des formes de l'excitabilité digestive au même titre que la diminution d'intensité avec élévation de la tonalité. A mesure que l'éréthisme fonctionnel augmente, nous avons l'un ou l'autre de ces phénomènes de sonorité suivant que la fibre musculaire est ou n'est pas, d'*emblée*, capable de répondre à l'excitation ambiante : avec la résonance, c'est l'effort de contraction qui avorte, c'est un mouvement de recul, mais c'est un mouvement proprement réactionnel ; avec l'élévation de tonalité, c'est la contraction qui aboutit, c'est le mouvement proportionnel à l'excitation reçue, d'emblée orienté dans le sens du choc impulseur.

Le défaut d'excitabilité de la fibre musculaire a son

équivalent de sonorité dans un abaissement parallèle de la tonalité.

Nous savons que la réceptivité digestive est éminemment variable avec chaque cas particulier; la palpation profonde nous a montré déjà quelques faits morphologiques précis qui nous révèlent certains degrés de cette excitabilité. Avec la sonorité, nous pénétrons plus avant dans cet intéressant problème biologique. C'est ainsi que les variations de la tonalité du son nous donnent la clef de la tonicité musculaire digestive, quelles que soient, d'ailleurs, les conditions ambiantes qui président aux oscillations de cette tonicité. Et, pour le dire dès maintenant, ces conditions ne sont pas toujours de nature alimentaire.

La fibre musculaire digestive appartient au système musculaire général de l'économie ; la contraction de cette fibre est toujours, dans sa forme, dans sa vitesse, dans ses multiples oscillations le reflet absolu des contractions qui s'accomplissent dans toute l'étendue du système musculaire. C'est dire qu'à côté de l'aliment qui, en tant que masse excito-motrice, conditionne pour une part la forme des contractions musculaires des tuniques digestives, il est d'autres influences, pareillement musculaires, qui dérivent d'ailleurs (système locomoteur, par exemple) et peuvent s'ajouter ou se substituer aux influences alimentaires pour modifier, parfois du tout au tout, les réactions sonores de l'appareil digestif. De telle sorte que, en présence d'une *tonalité élevée*, le clinicien doit, d'abord, conclure à une tension *active* de la fibre musculaire digestive, et, ensuite, rechercher l'origine de cette tension, soit dans l'exercice même de la fonction, soit dans le jeu des autres appareils musculaires de l'économie.

Déjà, à propos de la tension abdominale, nous avons montré la valeur toute relative de ce gros signe objectif, suivant la constitution anatomique des individus, suivant le point de départ de l'excitation momentanément prédominante. Les mêmes considérations s'appliquent au problème séméiologique de la sonorité.

Pour ne pas compliquer outre mesure une question qui se simplifiera et s'éclairera par l'étude de l'évolution, considérons, pour l'instant, l'homme comme un assemblage de deux systèmes étroitement corrélatifs, de deux fonctions absolument synergiques : la fonction musculaire et la fonction digestive, un système locomoteur et un système gastro-intestinal. Dans un cas, c'est le système digestif qui est prépondérant, soit par hérédité anatomique (prépondérance fondamentale), soit par excitation exagérée (prépondérance accidentelle). La sonorité abdominale traduira alors l'état fonctionnel de la fibre musculaire digestive, c'est-à-dire nous donnera la mesure exacte du degré de l'excitation produite par l'aliment sur les tuniques digestives. Si, au contraire, c'est le système musculaire qui commande, la contraction de la fibre musculaire digestive se met à l'unisson des contractions qui se passent en dehors du tube digestif, et la sonorité abdominale n'objective plus la fonction digestive, mais bien l'état de réactivité musculaire de l'économie tout entière. Nous savons, il est vrai, que toutes les fonctions sont synergiques, et, si nous connaissons l'état réactionnel du système musculaire, nous connaissons du même coup l'état réactionnel du système digestif. De telle sorte que les phénomènes de sonorité abdominale ne perdent rien de leur importance ; je dirai même que celle-ci s'accroît, puisque ces phénomènes, strictement appréciés, nous ouvrent des vues au-delà même de l'horizon digestif et nous permettent de remonter jusqu'à l'origine des faits.

Cette digression était nécessaire pour donner à cette question de la vibratilité des tuniques digestives toute l'ampleur et toute la signification qu'elle comporte.

En envisageant la fonction digestive proprement dite, *vibratilité* équivaut à *perméabilité ;* nous avons dit ce que nous devons penser de celle-ci et laissé pressentir qu'elle est la condition *sine quâ non* de toute dissociation moléculaire, aussi bien que de tout acte d'absorption. Etudier la *perméabilité* digestive ou mieux la *conductibilité* gastro-intestinale, c'est étudier l'acte initial, nécessaire de toute digestion, c'est, par conséquent, aborder le fond même de la question, mettre en évidence les conditions déterminantes de tout le mécanisme digestif. La sonorité, qui semble un phénomène si différent et si éloigné des actes *chimiques* considérés comme synthétiques de toute la fonction digestive, la sonorité, dis-je, nous apparaît maintenant comme le reflet le plus subtil de tous les phénomènes qui évoluent dans la cavité digestive, et la percussion, comme le procédé de choix pour recueillir les données décisives qui éclairent et dirigent. Déjà, cette double notion de l'*intensité* du son qui s'accroît avec la défaillance de l'effort réactionnel et de la *tonalité* qui augmente avec la plénitude de ce même effort, constitue une acquisition définitive, immédiatement utilisable au lit du malade.

Mais pénétrons plus avant dans notre problème de la sonorité digestive.

Tant que la fonction a un certain degré de stabilité, tant que la réaction est une réponse à peu près adéquate à l'action, les variations de la sonorité sont faiblement accusées et strictement limitées à des oscillations de l'*in-*

tensité ou de la *tonalité :* la fibre est *suffisante* et se *tend*, pour donner lieu à un son plus ou moins *élevé*, ou bien la fibre est momentanément *insuffisante* et se *détend*, pour donner naissance à une *résonance* généralement discrète. Et toute la phase digestive se caractérise par l'un ou l'autre de ces signes de sonorité.

Mais, avec l'instabilité fonctionnelle ou seulement dans l'effort disproportionné avec l'excitation, nous voyons apparaître une nouvelle modalité sonore, le *tympanisme.*

Le *tympanisme* est un son de timbre nettement musical, dont la tonalité, quelquefois moyenne, rarement basse, est élevée dans la généralité des cas. Dans le tome Ier, nous avons donné de ce timbre musical une explication physique qui nous semble toujours exacte et qui n'a pas été réfutée. Inutile d'y revenir. Ce que nous devons préciser ici, c'est la signification clinique du *tympanisme,* ce sont les conditions de vibratilité qui lui donnent naissance. Le mot de *tétanisation,* par lequel nous avons désigné l'état fondamental de la fibre mulaire vibrant tympaniquement, n'impliquait pas autre chose, dans notre pensée, qu'une comparaison plus ou moins saisissante, plus ou moins lumineuse. En réalité, il ne saurait y avoir *tétanisation,* à proprement parler, puisque la conductibilité alimentaire se continue et se conserve, même avec des phénomènes tympaniques très accusés et permanents.

La caractéristique clinique du tympanisme va nous en révéler la véritable nature, et cette caractéristique, c'est l'extrême *instabilité* du phénomène qui apparaît et disparaît avec une facilité et une brusquerie étranges, qui varie de franchise et de netteté suivant une foule de conditions extérieures ; c'est ainsi que de deux observateurs placés à une inégale distance du sujet, l'un, celui qui percute, perçoit un son tympanique, et l'autre perçoit un son simple ou résonant ou *vice versa ;* c'est ainsi qu'une pression un peu brutale de la main gauche sur l'abdomen fait disparaître le tympanisme et qu'une percussion rapide et légère est parfois nécessaire pour le mettre en évidence, notamment dans les cas où le tympanisme simule le son de petite flûte, ce que nous appelons le *tympanisme aigu*. Seule, une percussion très habile est à même de faire apparaître cette forme de tympanisme. Le tympanisme de tonalité moyenne auquel nous donnons le nom d'*amphorisme* et qui siège le plus souvent au niveau des réservoirs, estomac ou cæcum, est d'une mise en évidence moins délicate et d'une variabilité moindre ; néanmoins, il faut encore une certaine légèreté de percussion pour lui faire rendre tout son éclat.

En définitive, il est de toute vraisemblance que le timbre musical, dit tympanisme, est un élément surajouté au son fondamental et est constitué par des harmoniques, autrement dit par des ondes vibratoires cavitaires de propagation.

Le tympanisme est d'une fréquence extrême au lit du malade. Et si son explication physique est sujette à controverses, sa signification clinique et les indications pratiques qui en dérivent ne laissent pas le moindre doute dans notre esprit. Nous percutons, ne l'oublions pas, une vaste cavité *vivante*, c'est-à-dire réagissant dans une mesure dont rien ne peut nous donner l'idée exacte. Essayons néanmoins d'analyser les conditions dans lesquelles se produit le *tympanisme*, et, connaissant ces conditions, nous en saurons le *déterminisme*, sinon la nature essentielle.

La fibre musculaire est douée d'une contractilité fixe, c'est-à-dire peut fournir tel travail, sous telle forme, dans un temps donné; après quoi, le repos est nécessaire, sinon elle s'affaisse et devient inerte pour un moment. Telle est la théorie. Pratiquement, rien de pareil : la contractilité est éminemment variable, suivant le mode de dépense, suivant la forme du travail ; autrement dit, il semble que cette qualité contractile s'écoule par plusieurs sources, notamment *se dépense dans une grande mesure en efforts d'adaptation.* Jamais, en effet, le milieu naturel n'est exactement adapté ni adaptable à l'élément anatomique qu'il vivifie. Et le propre de la vie est, précisément, en face d'un milieu fixe, de créer une infinité de formes de mouvement visant cette adaptation. Mais, soit que le milieu se montre par trop défavorable, soit que nous ayons affaire à un élément anatomique de vie précaire, c'est-à-dire faiblement élastique, il arrive que l'excitation naturelle fait choc et que le mouvement d'adaptation, brusquement suscité, épuise d'un coup toute l'élasticité disponible : le tympanisme apparaît, avec ses variations de netteté, d'éclat, faciles à comprendre.

En définitive, pratiquement, le *tympanisme* marque la limite extrême d'excitabilité compatible avec le travail fonctionnel ; si les excitations s'accumulent, la fibre musculaire cède, la cavité s'affaisse et la fonction s'éteint en même temps que le tympanisme.

Mais qui dit tympanisme dit excitabilité momentanément accrue, *état fonctionnel paroxystique,* c'est-à-dire, en fin de compte, notable provision d'élasticité fondamentale, dont il s'agit de régler plus sagement la dépense, dont nous devons faire un usage plus discret, si nous voulons avoir une fonction et plus durable et plus complète. Aussi, le tympanisme est-il, avant tout, le signe de l'*état subaigu,* c'est-à-dire de cet effort brusque de ressaisissement après un choc d'une violence inaccoutumée. Telle est la signification qu'une observation clinique attentive de plus de quinze années nous autorise à assigner à ce phénomène de chaque jour.

Une comparaison, empruntée au domaine des images mentales, va, nous l'espérons, mieux faire saisir notre pensée. L'élasticité fonctionnelle est l'attribut essentiel de la vie, et, par élasticité fonctionnelle, nous entendons cette faculté dont jouissent les éléments du corps humain de se mouvoir à l'unisson des éléments de la nature extérieure, de varier à l'infini leurs formes réactionnelles pour s'adapter aux formes incessamment mobiles de l'ambiance cosmique. Mais cette *élasticité*, cette souplesse, constitue un idéal vainement poursuivi, et c'est dans un cercle plus ou moins étroit de réactions sensiblement uniformes que s'exerce la vie du plus grand nombre d'individus. Que l'observateur envisage successivement le cerveau, l'appareil respiratoire, l'appareil digestif ou le système musculaire, il ne trouve généralement qu'un petit nombre de *capacités*, en dehors desquelles l'organisme se tend, puis s'écroule. L'exploration digestive met bien en relief cette vérité expérimentale. L'observation psychologique, à son tour, la corrobore par des faits innombrables. Scrutez la vie psychologique d'un individu et vous la trouverez généralement très simple, très réduite, et, de plus, dominée par une seule idée, sorte de centre attractif, qui donne à toutes les images mentales une orientation uniforme. Ce n'est plus l'individualité cérébrale qui s'adapte au milieu social, mais bien celui-ci qui est déformé et modelé suivant les exigences de la cérébralité individuelle. Et si le milieu social ne répond pas aux réactions psychiques de notre individu, celui-ci s'éteint peu à peu dans une agonie plus ou moins spasmodique. Un rapprochement s'impose avec le tube digestif, que nous trouvons, à chaque instant, stigmatisé par un tympanisme plus ou moins éclatant, indice de ce défaut d'élasticité ou plutôt indice de cette utilisation *totale* de l'élasticité existante, pour faire face aux exigences fonctionnelles ; la fonction digestive est sans souplesse et ne peut s'accomplir que grâce à la répétition constante des mêmes actes de paroxysme physiologique.

Si nous récapitulons les formes réactionnelles des tuniques musculaires digestives qui s'objectivent à la percussion, nous trouvons :

1° *La tunique musculaire, qui se tend progressivement et donne un son de plus en plus élevé et de moins en moins intense.*

2° *La tunique musculaire, qui se distend progressivement et donne une résonance de plus en plus franche et de plus en plus basse.*

3° *La tunique musculaire, qui se tend ou se distend brusquement jusqu'aux limites de son élasticité et donne un son de timbre tympanique, d'éclat variable.*

Telles sont les trois formes fondamentales de la sonorité abdominale, auxquelles peuvent se ramener toutes les manifestations recueillies par l'oreille du clinicien. Toutefois, dans cet ordre d'idées comme dans tout ce qui concerne les phénomènes biologiques, l'expérience seule est maîtresse et sait élargir l'horizon du praticien, au point de lui permettre de saisir une infinie variété de sons, qui constituent autant de signes objectifs d'une signification particulière. Deux sons de même tonalité, d'égale intensité, peuvent se différencier néanmoins très nettement : l'un est dur, l'autre est moelleux. Deux sons tympaniques ont une signification différente, suivant qu'ils sont franchement *musicaux* ou au contraire *métalliques*. La résonance elle-même, avec une même tonalité, se présente sous une forme vibrante, dans un cas, sous une forme contenue, dans l'autre. Enfin la *matité* mérite toute l'attention du clinicien, parce qu'elle peut résulter, soit d'un excès de tonalité, soit d'un abaissement extrême de cette même tonalité. L'oreille de l'observateur doit donc faire son éducation, et ce n'est que par une longue expérience et grâce à une acuité longtemps exercée qu'elle arrive à différencier une quantité de sons suffisante pour répondre aux besoins de la pratique journalière.

Jusqu'ici c'est la physique de la fibre musculaire en général que nous nous sommes efforcé d'étudier : partout où se trouve une fibre ou un plan musculaires susceptibles de vibrer à la percussion, nous obtiendrons l'une des trois modalités sonores envisagées plus haut.

Il nous reste à appliquer ces notions d'acoustique élémentaire au tractus gastro-intestinal et à montrer, d'une façon précise, le parti que le clinicien peut en tirer au lit du malade. Déjà, nous avons fait pressentir au lecteur que la fibre musculaire digestive ne reçoit pas que des excitations *alimentaires*, qu'elle fait partie d'un vaste système dont les ramifications s'enchevêtrent et s'enlacent au sein de tous les appareils organiques, et qu'à ce titre ses manifestations physico-biologiques ne sont qu'un des aspects d'un consensus fonctionnel, généralisé à l'organisme tout entier. Telle est une première notion essentielle à laquelle nous devrons revenir souvent au cours de cet ouvrage.

Il est d'autres notions, en quelque sorte plus particulières, que nous ne devons pas oublier davantage.

Le canal digestif n'est pas pourvu, sur tout son trajet, de plans musculaires uniformes : la fibre musculaire est surtout abondante dans les tuniques des réservoirs, de l'estomac d'abord, du cæcum ensuite, puis elle diminue nettement d'importance dans le côlon, pour se réduire à un minimum dans le grêle.

A ces *différenciations anatomiques* correspondent des *différenciations physiologiques* faciles à comprendre : plus le rôle du plan musculaire est important, plus les réactions de ce tissu multiplient les signes objectifs et, partant, donnent, à la percussion, une grande abondance et une riche variété de modulations sonores.

La clinique nous enseigne, d'ailleurs, que l'aire sonore abdominale se divise immédiatement, à un premier essai de percussion, même inhabile et rudimentaire, en trois zones nettement différenciées par l'intensité du son : son intense à l'épigastre (estomac), moins intense dans la région iliaque droite (cæcum), faible dans tout le reste de l'abdomen (grêle). Nous ne reviendrons pas sur ces faits que nous avons étudiés longuement dans le tome Ier et que nous supposons bien connus. Notre but, ici, est de dégager quelques types de sonorité abdominale, constitués par l'association en divers damiers de sons variés comme tonalité, comme intensité et comme timbre, et de montrer à quelles aptitudes *réactionnelles* précises correspondent ces modalités cliniques.

Dans un but de clarté, nous écarterons toute influence extra-digestive et nous supposerons nos plans musculaires exclusivement actionnés par l'*excitation alimentaire.*

1° Le son est franc, moelleux, très légèrement résonant ou tympanique au niveau des réservoirs, de l'estomac surtout ; les tonalités des trois zones sont nettement différenciées, mais comprises dans une même octave et celle-ci est éloignée des deux extrêmes ; comme étendue superficielle, c'est la zone du grêle qui l'emporte de beaucoup, puis vient la zone épigastrique et enfin, la plus réduite de surface, la zone sous-hépatique ou cæcale. La sonorité est invariable, quelle que soit la durée de l'examen, et ne se modifie que très faiblement par l'ingestion alimentaire : les sons augmentent d'intensité à mesure qu'on s'éloigne du repas, sans modification appréciable de la tonalité.

Le travail fonctionnel s'accomplit sans effort et ne met en jeu qu'une portion de l'élasticité disponible.

2° Le son est de faible intensité, franchement tympanique au niveau des réservoirs et submat au niveau du grêle ; les tonalités sont extrêmes et se répartissent sur deux ou trois octaves; il y a disproportion d'étendue dans les trois zones de sonorité, au détriment des réservoirs qui semblent refoulés, en haut pour l'estomac, en dehors pour le cæcum, par la zone submate du grêle, celle-ci accaparant la plus grande partie de l'aire abdominale.

La sonorité varie de timbre au cours de l'examen et le tympanisme semble avoir son maximum d'éclat dans les instants qui suivent l'ingestion alimentaire.

L'effort fonctionnel atteint son maximum d'intensité et met en jeu toute l'élasticité digestive disponible.

3° Le son est maigre, de tonalité plutôt basse; la percussion ne provoque partout que de faibles vibrations; le damier se dessine mal, tant il y a uniformité d'intensité, de tonalité et de timbre ; pas de tympanisme; une résonance basse et discrète au niveau de l'estomac seulement ; les trois zones sont d'étendue sensiblement égale et les tonalités ne sont séparées que par un ton ou un demi-ton. La sonorité semble s'appauvrir de façon uniforme à mesure qu'on s'éloigne du repas.

Il n'y a pas ou presque pas de travail fonctionnel; l'indifférence physiologique est évidente ; l'élasticité mise en jeu par le contact alimentaire est une quantité pour ainsi dire négligeable.

De ce tableau clinique une première conclusion se dégage : à mesure que l'effort fonctionnel s'accroît, les sons se différencient au point de vue de l'intensité, de la tonalité et même du timbre ; l'uniformité de son ou la tendance à l'uniformité traduisent l'indifférence physiologique. Cette conclusion est à rapprocher de celle que nous devons à la palpation profonde : les différenciations morphologiques s'accusent parallèlement à l'augmentation de l'excitabilité digestive ; l'uniformité de calibre répond à un minimum d'excitabilité fonctionnelle.

Abordons maintenant l'*état subaigu digestif*. Celui-ci, vu à travers les variétés de la sonorité abdominale, semble insaisissable objectivement, tant il revêt d'aspects différents, avec le moment de la journée, avec les individus, avec les âges, avec les chocs pathogènes, etc., etc. Il est nécessaire, ici, non plus de schématiser, mais de suivre la nature dans toutes ses manifestations ; notre état subaigu digestif, considéré dans ses réactions sonores, cesse d'être une manière d'être locale pour devenir le reflet de la moindre déviation physiologique survenant sur un point quelconque de l'économie. A plusieurs reprises, déjà, nous avons signalé et cherché à définir la *synergie fonctionnelle* de l'organisme humain. Nulles manifestations objectives ne sont plus propres à faire comprendre et à justifier cette loi biologique que les modalités sonores de l'abdomen.

Le mouvement moléculaire est le phénomène irréductible de la vie. Ce mouvement revêt des formes, décrit des trajectoires qui varient, cela se conçoit, avec la morphologie anatomique de la cellule vivante. Il est évident que la fibre nerveuse est le siège d'un mouvement moléculaire de forme, de vitesse, etc., bien différentes de celles qui caractérisent le mouvement moléculaire dans la fibre musculaire, dans la cellule osseuse, etc. Tous ces éléments anatomiques, juxtaposés pour constituer l'organisme, donnent à l'observateur, qui embrasse cette fédération cellulaire d'une vue d'ensemble, une sorte d'impression *kaléidoscopique*, correspondant à un défilé d'images successives qui se transforment les unes dans les autres et forment un véritable circuit fermé. Mais le circuit n'est point isolé ; il a des points de contact avec le milieu cosmique qui constitue lui-même un tourbillon analogue. Et, par ces points de contact, le mouvement extérieur se trouve en continuité avec le mouvement intra-organique. De telle sorte que l'organisme humain n'est qu'un des aspects de ce circulus cosmique qui répond à la vie universelle.

Cette conception générale, qui semble un hors-d'œuvre philosophique, est, au contraire, une donnée élémentaire qui découle de l'observation clinique et projette sur celle-ci une lumière nécessaire. La physiologie expérimentale nous enseigne que les divers appareils de l'organisme peuvent retentir les uns sur les autres *par voie réflexe :* une excitation portée sur les voies biliaires modifie la circulation pulmonaire et trouble le rythme du cœur ; une excitation portée sur le plancher du quatrième ventricule modifie la fonction glycogénique du foie et détermine l'apparition du sucre dans les urines ; tout un livre de physiologie a été écrit pour montrer l'influence des excitations de l'écorce grise sur l'appareil musculaire, sur le cœur, sur les sécrétions, etc. Sans contester ces faits expérimentaux, nous leur refusons toute analogie avec les faits cliniques, et nous prétendons qu'ils n'apportent qu'un bien faible appoint pour la compréhension des faits humains.

L'homme, observé dans son milieu cosmique, c'est-à-dire dans les conditions assignées par la nature, se révèle comme un ensemble moléculaire doué d'un mouvement général harmonique : ce mouvement s'accélère ou se ralentit, est régulier ou irrégulier, suivant que les mouvements ambiants ont une action contraire ou favorable, ralentissante ou accélératrice. Et cette influence des milieux ambiants est soumise à deux ordres de conditions bien déterminées : *a*) conditions de localisations prédominantes ; *b*) conditions d'intensité d'action.

a) — L'organisme se prête inégalement aux diverses influences ambiantes : tel organisme est surtout sensible par sa surface digestive, tel autre par sa surface pulmonaire, etc.

C'est alors le milieu ambiant, qui s'adapte à la surface sensible, dont l'action sera prépondérante pour modifier l'allure générale du mouvement moléculaire.

Les autres éléments cosmiques ne perdent pas leur action, mais celle-ci n'a, pour ainsi dire, qu'un rôle d'*entretien* du mouvement moléculaire et reste sans effet sur l'*allure* qui est tout entière déterminée par l'influence prépondérante.

b) Il arrive que les divers éléments, qui constituent le milieu cosmique, sont distribués dans une proportion qui ne correspond pas à la constitution de l'organisme : tel individu, par exemple, est d'une sensibilité respiratoire prédominante et se trouve obligé de vivre dans un milieu où l'air est mou et stagnant. L'allure du mouvement moléculaire sera commandée, dans ce cas, non plus par la réceptivité de l'organisme, mais bien par la prédominance de tel ou tel élément extérieur, c'est-à-dire par l'*intensité d'action* d'un des éléments du milieu cosmique.

En définitive, le mouvement moléculaire de nos éléments anatomiques, qui est, avant tout, l'effet de la vitesse acquise, c'est-à-dire de l'hérédité, est entretenu et modifié dans son allure par les milieux ambiants, et ceux-ci se résolvent eux-mêmes en autant de formes de mouvements qu'ils présentent de formes matérielles.

D'un autre côté, ce mouvement, en vertu de sa préexistence, garde, pour une part, son indépendance : indépendance vis-à-vis du milieu cosmique, indépendance des appareils les uns vis-à-vis des autres, si l'on veut les individualiser par la pensée. Le cœur a son mouvement propre, dont le rythme ne dépend nullement des mouvements alternatifs d'expansion et de resserrement de son voisin, l'appareil respiratoire ; de même, l'image mentale, qui résulte du mouvement moléculaire de la cellule grise, est indépendante du bol alimentaire qui circule dans le canal digestif. Et, par indépendance, nous entendons que l'un ne gouverne pas l'autre ; nos cellules sont autant d'individus qui travaillent côte à côte et s'ignorent, jusqu'au moment où une perturbation, venue du dehors et ayant touché l'un d'eux, s'est généralisée instantanément à la colonie tout entière.

La continuité, qui crée l'*unité* de l'organisme, est ainsi pour nos éléments anatomiques l'unique condition de leur dépendance réciproque. Et nous pourrions dire que cette continuité est encore pour notre organisme individualisé l'origine exclusive de sa dépendance vis-à-vis du milieu cosmique. D'ailleurs, tout ne se propage-t-il pas, dans la nature, par *continuité?* Prétendre, suivant l'opinion des physiologistes, que telle action emprunte telle voie pour aboutir à tel point de l'organisme, c'est ne voir que les apparences des choses, que les effets prédominants, c'est transporter les lacunes, les insuffisances de nos sens dans les faits de la nature. En réalité, une excitation, portant sur un point quelconque de l'organisme, a une répercussion immédiate sur l'ensemble, mais les perturbations consécutives ne sont point les mêmes partout, même en tenant compte des différences de formes des tissus.

Chez tel animal ou tel individu, l'excitation d'emblée généralisée n'amènera de trouble apparent que sur tel point, parce que, par hérédité ou par accident, ce point est doué d'un maximum de réactivité ; mais, à une observation attentive, le trouble de l'ensemble ne saurait échapper, qu'il s'agisse d'une excitation de laboratoire, c'est-à-dire d'une excitation artificielle, qu'il s'agisse d'une excitation naturelle, c'est-à-dire d'une modification du milieu cosmique. Le choc pathogène qui abat l'organisme, c'est l'ouragan qui couche un champ de blé ; tous les épis sont touchés, mais il en est, ce sont les plus beaux et les plus lourds, qui sont complètement renversés, tandis que d'autres, plus légers et plus courts, ne sont qu'inclinés sur leurs tiges. Et si chaque épi est autorisé à accuser son voisin de l'avoir renversé, il n'est pas d'observateur qui ne s'explique les choses, et qui ne comprenne, de plus, que le mal est d'autant plus grand que les épis sont plus serrés, c'est-à-dire que la continuité matérielle donne plus de prise à la cause dévastatrice.

Etroitement unis les uns aux autres, nos éléments cellulaires ont une double vie : une vie propre, qui se maintient et circule librement dans chaque appareil ; une vie de communauté, en vertu de laquelle tous les appareils se communiquent sans secousses leurs énergies respectives ; et l'ensemble de ces éléments cellulaires et de ces appareils organiques forme, avec une harmonie préétablie, un tout rigoureusement individualisé qui se continue avec la nature extérieure.

Le moindre trouble local va donc se répercuter sur l'ensemble, et la clinique, en nous révélant les variations de la sonorité abdominale, c'est-à-dire de la *vibratilité* des tuniques digestives, va nous permettre de saisir sur le fait cette répercussion.

Les définitions que nous avons données jusqu'ici de l'état subaigu digestif reposent sur des faits limités, d'une nature spéciale, tels que l'*empâtement* du tube digestif, le *spasme des segments coliques*, l'*affaissement de l'abdomen*. Avec la sonorité abdominale, la notion de l'état subaigu va prendre une extension considérable, envahir la pathologie tout entière et englober tous les faits, petits et grands. La vibratilité des membranes vivantes se trouve être un attribut extrêmement précieux pour l'observateur auquel elle révèle des modifications moléculaires, insaisissables par tout autre moyen de recherche, capables même d'échapper à la sensibilité consciente de l'individu qui en est le siège.

Quel que soit le degré d'affaissement de l'anse digestive consécutif à un choc pathogène, la réaction de ressaisissement est immédiate, et c'est cette réaction qui répond essentiellement à ce que nous appelons l'*état subaigu digestif*. En vertu de la *synergie fonctionnelle,* tous les organes de l'économie ont été touchés parallèlement à l'anse digestive et réagissent de même pour ressaisir leur équilibre, et cette réaction constitue, par définition, l'*état subaigu général*. Cliniquement, l'effort de réaction est un effort généralisé à tous les éléments anatomiques de l'organisme, mais cet effort se manifeste avec une intensité objective qui varie avec chaque région du corps humain, avec chaque appareil, souvent même avec chaque portion ou système anatomique d'un même appareil. Nous passons sous silence les manifestations subjectives, dont les variations sont innombrables dans certains cas. Mais, quelles que soient ces manifestations, que la prédominance objective soit ici ou là, la vibratilité des tuniques digestives est toujours modifiée dans une mesure suffisante pour stigmatiser le nouvel état organique.

Les variations de cette vibratilité semblent même indépendantes de l'état organique grossier du tractus gastro-intestinal : c'est ainsi que nous avons un *tympanisme éclatant* ou une *résonance grave*, aussi bien avec un tube digestif dont les segments ne forment plus qu'un magma mollasse qu'avec un tube digestif aux parois amincies, aux segments arrondis et tendus ; que l'organisme soit dans le plein épanouissement de sa période de formation ou aux derniers instants de sa déchéance, la sonorité apparaît vibrante ou éteinte, suivant l'éréthisme du moment, toujours apte à traduire la réaction fonctionnelle, cette réaction fût-elle la dernière. Aussi, grâce à la sonorité, pouvons-nous dissiper bien des incertitudes et compléter bien des diagnostics : voici un ventre pâteux et affaissé, les segments du côlon ont une forme rubanée, et la perméabilité digestive paraît fortement compromise ; mais il arrive que la percussion nous révèle un damier avec ses trois zones bien différenciées, une sonorité partout franche, suffisamment moelleuse, de l'amphorisme gastrique avec un certain degré de distension, une résonance contenue du cæcum et un son franchement élevé du grêle. Que conclure? Qu'il s'agit d'un individu aux réactions musculaires prédominantes, chez lequel, par conséquent, il y a disparité entre les phénomènes d'atonie proprement dite et les autres phénomènes digestifs, les phénomènes nerveux entre autres, ceux-ci étant encore capables d'assurer la fonction et n'étant nullement éteints dans la proportion que semble indiquer l'état de la tension musculaire. Il en est, d'ailleurs, de la sonorité abdominale comme de tous les signes objectifs : ceux-ci n'ont de valeur que par leur assemblage et par leur coordination ; ils se complètent et s'éclairent mutuellement.

En dernière analyse, la vibratilité d'une membrane vivante apparaît comme une qualité éminemment subtile, *oscillant avec la vie,* indépendamment de toutes les modifications grossières qui déforment la structure anatomique de l'élément cellulaire.

Arrivons aux faits cliniques qui vont donner à toutes ces idées le relief nécessaire, en nous permettant de faire défiler devant les yeux du lecteur toute une série de tableaux de sonorité, répondant aux états anatomo-physiologiques les plus divers.

OBSERVATION I

Résonance basse, intense et vaste distension gastriques, son faible, élevé, du tiers inférieur de l'abdomen, chez un enfant atteint de diarrhée par usage prolongé du lait.

Un enfant de trois ans est atteint d'une diarrhée, qui résiste à toutes les médications. Le ventre est large et tombant. La sonorité gastrique se présente sous la forme d'une résonance basse, intense, occupant une surface qui va de l'appendice xiphoïde à deux ou trois travers de doigt au-dessus du pubis et représente les deux tiers de la superficie abdominale. Le tiers restant donne un son faible, élevé, sans différenciation cæcale appréciable.

Résonance basse signifie distension extrême de la fibre musculaire ; la cavité gastrique cède sous l'effort de. contraction et s'agrandit d'une façon démesurée, impuissante qu'elle est à faire progresser son contenu. Pourquoi ce relâchement de la fibre musculaire chez un être aussi jeune, dont la vie est encore très simple? L'usage du lait, soit pur, soit mêlé à tous les aliments, pendant les deux ou trois années qui suivent le sevrage, voilà la condition diététique de ce relâchement gastrique, que l'expérience nous a enseignée. Si nous supprimons le lait, l'estomac se ressaisit rapidement, reprend des dimensions ordinaires et traduit son relèvement par une sonorité de tonalité moyenne et très faiblement résonante ; le cæcum réapparaît à la percussion, avec un son un peu plus élevé que celui de l'estomac et avec une résonance également très faible ; auparavant irrité, rétracté, de sonorité faible élevée, il a maintenant sa dimension habituelle et toute son élasticité fonctionnelle. La diarrhée a disparu, et le ventre, diminué de volume, garde sa forme dans toutes les attitudes.

OBSERVATION II

Constipation chez une jeune fille, à l'époque de la puberté ; résonance basse cæcale avec son élevé de l'estomac. Retour du damier normal et disparition de la constipation, avec l'établissement du flux menstruel.

Une fillette de quatorze ans se plaint de constipation, d'inappétence, de ballonnement et de vague pesanteur dans l'abdomen. Ce sont les menstrues qui se préparent et dont l'arrivée est laborieuse.

Une vaste zone de résonance cæcale empiète en haut sur la région hépatique et atteint la ligne médiane dans la région sous-ombilicale, résonance de tonalité basse, contrastant avec le son de l'estomac qui est faible, non résonant, plutôt élevé ; la zone du grêle est submate.

Les menstrues arrivent : toute cette symptomatologie, y compris les phénomènes de sonorité, se transforme aussitôt ; l'estomac s'ouvre à nouveau et devient sonore; parallèlement, le cæcum se ressaisit et traduit son nouvel état par une sonorité à peine résonante, de tonalité moyenne, plus élevée que celle de l'estomac. Bref, nous retrouvons la forme commune du damier normal.

OBSERVATION III

Résonance gastrique, basse, intense, avec rétraction cavitaire, chez un jeune homme faisant une poussée de croissance.

Un jeune homme de seize ans croît démesurément, mange de même, maigrit de façon inquiétante et se plaint de maux de tête. Le ventre est creux, rétracté. A la percussion, nous trouvons un damier caractéristique : résonance gastrique intense et basse, ne dépassant pas inférieurement le rebord costal, indiquant par conséquent un estomac en voie de rétraction, et son élevé, faible, de tout le reste de l'abdomen, avec tonalités voisines du cæcum et du grêle.

Que signifie cette forme, d'ailleurs assez fréquente, de la sonorité abdominale? L'estomac est petit, et cependant il donne une résonance à la fois intense et basse. Ce dernier phénomène nous indique à coup sûr l'effort fonctionnel amenant une *distension* de la fibre musculaire; mais cette distension est minime, parce que la fibre musculaire ne dispose pas de toute son élasticité. Et cette restriction dans la dépense de l'élasticité s'explique d'une double façon : d'abord, avant toute excitation fonctionnelle, la fibre musculaire en état subaigu a déjà dépensé notable quantité de son élasticité pour répondre spasmodiquement aux excitations qui l'assaillent de divers côtés ; à ce moment, elle est tendue et donne à la percussion un son faible et élevé ; ensuite, arrive l'excitation alimentaire sous une forme solide et copieuse, ce qui crée un aiguillon nouveau, de forme disconvenante, et, partant, d'action violente, et la distension se produit, utilisant toute l'élasticité restante, toute l'énergie contractile des tuniques musculaires.

Changez ce jeune homme de milieu social ; faites cesser les études et fonctionner l'appareil musculaire.

Le tableau de la sonorité abdominale va se modifier rapidement dans le sens suivant : nous verrons l'estomac se distendre, la résonance s'affaiblir, la tonalité s'élever, en même temps qu'apparaîtront des sonorités moins élevées, plus différenciées d'intensité et de ton au niveau du cæcum et du grêle. Et le mieux général suivra : engraissement, relèvement abdominal, disparition des maux de tête et régularisation de l'appétit.

Nous avions réservé pour cet exposé clinique l'interprétation de ce fait physiologique, à savoir le *double mode réactionnel* de la fibre musculaire qui, sous l'influence des mêmes excitations, est apte à se *tendre* et à se *distendre*. La compréhension de ce phénomène découle naturellement de l'observation qui précède : excitée, la fibre musculaire réagit et se *tend*. Cette limite de tension atteinte, une nouvelle excitation amène une réaction *en sens inverse*, c'est-à-dire une *distension*. Supposons cette distension poussée jusqu'à ses limites extrêmes ; en face d'une nouvelle excitation, l'effort réactionnel résultant serait l'*inertie*, c'est-à-dire l'affaissement morphologique et l'indifférence physiologique.

OBSERVATION IV

Sonorité basse, subuniforme, généralisée, à la suite de l'accouchement. Retour progressif du damier normal.

Une femme récemment accouchée, présente un abdomen d'aspect effondré ; les anses digestives sont affaissées, la palpation profonde le montre sans peine. A la percussion, nous trouvons une sonorité de tonalité basse partout, d'intensité moyenne, et les trois zones ne se différencient que très faiblement ; on a, de prime abord, l'impression d'une sonorité uniformément basse, c'est-à-dire d'un état parétique. Mais peu à peu, avec le repos, avec une alimentation sagement réglée, les trois zones se différencient au double point de vue de l'intensité et de la tonalité, et le damier ordinaire franc réapparaît, pour marquer le retour des forces et de toutes les fonctions.

Que notre accouchée reste *faible*, ce qui est un cas trop fréquent, et nous voyons le *tympanisme* caractériser l'effort réactionnel des réservoirs (estomac et cæcum), parallèlement avec les différenciations extrêmes des tonalités.

Cette sonorité basse presque *uniforme*, qui suit l'effort de parturition, caractérise bien cette détente de la fibre musculaire allant jusqu'aux confins de l'inertie.

Cette détente va mieux apparaître encore à la suite d'un paroxysme pathologique violemment douloureux, comme la colique hépatique.

OBSERVATION V

Sonorité abdominale, dans un cas d'accès subintrants de coliques hépatiques, avec ictère.

Une jeune femme présente des accès subintrants de *coliques hépatiques,* avec ictère.

L'état, qui suit l'accès, est le suivant : damier normal assez différencié par les tonalités, bien que les trois tons fassent partie de la même octave, mais avec une intensité uniforme et faible ; c'est un son maigre et dur ; on a l'impression que les tuniques digestives sont presque dépourvues de leur pouvoir réactionnel vibratile, qu'elles sont frappées d'une sorte de contrainte dans l'immobilisation.

Mais voici l'accès qui va éclater : un peu de résonance basse apparaît, prédominante tantôt au cæcum, tantôt à l'estomac, et le grêle semble avoir un son plus élevé et plus franc.

La fibre musculaire digestive reflète admirablement l'état de sa compagne des voies biliaires : immobilisation, faite de spasme et d'inertie, en dehors des accès, immobilisation, raideur telles que les excitations de la vie, même adoucies, parfois surtout adoucies, ne réussissent qu'à engendrer un faible degré de distension, qui marque aussitôt l'épuisement de l'élasticité disponible; c'est alors la *crise,* qui aboutit, du côté des voies biliaires, à une dissociation de l'effort fonctionnel, c'est-à-dire à l'emprisonnement spasmodique du calcul excitateur.

OBSERVATION VI

Tympanisme, dans l'accès de migraine.

L'accès de migraine est généralement suivi d'un moment de faiblesse générale. Parfois, celle-ci est permanente, avec des accentuations post-migraineuses.

Dans ce cas, le tympanisme de l'estomac et du cæcum est habituel, et il augmente d'éclat, avec les paroxysmes de l'asthénie musculaire. Zones étroites de tympanisme éclatant, au niveau de l'estomac et du cæcum, et vaste zone de submatité, occupant le reste de l'abdomen, tel est le damier caractéristique de la fibre musculaire *irritable*, dont l'effort réactionnel est disproportionné à l'excitation, dans sa brusquerie tout au moins, et épuise d'un coup l'élasticité disponible, quitte à laisser ensuite la provision s'en renouveler pour recommencer le même travail d'épuisement brutal, d'une manière indéfinie; d'où, pour l'observateur, ce tympanisme constant, avec des oscillations d'éclat, d'une perception toujours facile.

OBSERVATION VII

Sonorité abdominale chez l'obèse. La dyspnée d'effort de l'obèse expliquée par la dissociation fonctionnelle.

L'un des premiers inconvénients de l'obésité est généralement la dyspnée d'effort. A ce moment, l'obésité est progressive et l'appétit formidable.

Les résultats de la percussion abdominale sont curieux. Ni tympanisme, ni résonance, ni sonorité franche : le ventre semble mat et de cette matité dure, nettement désagréable à l'oreille du clinicien. Avec une percussion très attentive, on arrive cependant à distinguer les trois zones du damier normal : zone épigastrique, qui donne le son le moins dur, de ton élevé ; zone cæcale, de sonorité indécise ; zone du grêle, franchement submate. Les trois tonalités sont voisines, appartiennent à la même octave, la plus élevée.

Qui dit gros appétit dit fonction digestive élastique. Or, chez notre sujet, tous les signes de sonorité démontrent l'état de tension permanente de la fibre musculaire et, partant, le défaut d'élasticité fonctionnelle du tube digestif. Et l'on conçoit, que la fibre musculaire respiratoire, présentant la même réactivité affaiblie, soit incapable d'un effort de contraction.

Mais l'analyse de ce fait clinique met en évidence une sorte de contradiction physiologique grossière, qui a dû frapper l'esprit du lecteur : voici un système musculaire qui cède au moindre effort dans ses fibres respiratoires et qui, au contraire, supporte, mieux que cela, appelle la surcharge dans ses fibres digestives.

A côté et au-dessus de l'explication classique, qui met la dyspnée d'effort, chez l'obèse, sur le compte d'une diminution progressive du champ d'excursion diaphragmatique en raison de l'augmentation de volume de l'abdomen, il est une compréhension plus physiologique du phénomène, qui dérive de la loi de synergie fonctionnelle.

1° La dyspnée d'effort n'est point proportionnée au volume de l'abdomen ; elle s'observe cliniquement dans les cas les plus divers au point de vue de la morphologie abdominale. Tel est un premier point hors de conteste, sur lequel nous n'insisterons pas.

2° Une condition générale, d'ordre physiologique, la *restriction de l'élasticité musculaire*, peut seule nous donner la clef de cette manifestation fonctionnelle, quels que soient d'ailleurs les phénomènes cliniques concomitants. Et nous nous trouvons ainsi, de nouveau, en face de ce fait grossier : surcharge nécessaire à la fibre musculaire digestive, insuffisance de la fibre musculaire respiratoire au plus léger effort.

L'interprétation la plus immédiate peut se traduire d'un mot : il y a *dissociation fonctionnelle.*

Cette notion fondamentale de la *dissociation fonction-*

nelle, sur laquelle nous aurons à revenir souvent au cours de cet ouvrage, exige dès maintenant quelques commentaires.

L'organisme humain est, anatomiquement, construit sur un type asymétrique : asymétrie des formes, asymétrie des appareils les uns par rapport aux autres, asymétrie enfin des diverses parties qui composent un même appareil.

En ce qui concerne le système musculaire, il est évident que la fibre musculaire est plus ou moins abondante suivant la *région* qu'elle est appelée à desservir ; de là une première asymétrie. Mais celle-ci est en quelque sorte nécessaire et se conçoit compatible avec une symétrie de l'ensemble, qui exige une distribution régionale des éléments anatomiques exactement proportionnelle aux exigences de chacun des milieux ambiants : dans tel appareil, destiné surtout à réagir contre les chocs physiques, la fibre musculaire sera prédominante ; dans tel autre, appelé à réagir contre les éléments du milieu social, la fibre musculaire sera reléguée au dernier plan, pour céder la place à la cellule grise et à la fibre nerveuse. C'est ainsi que, dans cette conception purement idéale de la symétrie organique du corps humain, la fibre musculaire, mathématiquement distribuée au prorata des besoins fonctionnels de chaque appareil, doit manifester un tonus uniforme, aussi bien dans la régularité que dans le désarroi de ses multiples attitudes réactionnelles. Et nous aurions cliniquement, quelle que soit la condition pathogène, une insuffisance, d'emblée généralisée, de toutes les manifestations musculaires de l'organisme.

Si les choses ne se passent point de la sorte, c'est qu'à côté de l'asymétrie de distribution régionale, il est une autre asymétrie, celle-ci, contingente, individuelle, c'est-à-dire créée par les milieux extérieurs dans lesquels l'organisme doit vivre : tel individu se trouve, dès les premiers instants de sa vie, en conflit avec le milieu physique ; toute la période de formation se passe dans ces conditions d'exclusivisme réactionnel, ce qui implique une morphologie progressivement absorbante de l'élément musculaire, au détriment, bien entendu, des autres éléments anatomiques et avec une localisation plus ou moins monstrueuse au niveau de la région immédiatement impressionnée par les éléments cosmiques ; une fois la formation terminée, l'organisme reste *fixé dans sa forme.*

C'est un type *musculaire ;* c'est l'individu dont le système musculaire est l'appareil anatomiquement prédominant, dont les réactions musculaires l'emportent sur toutes les autres en durée et en puissance et, par conséquent, dont toutes les fonctions ne pourront rester équilibrées qu'autant que le milieu ambiant fournira une somme supérieure d'excitations musculaires. Il est clair que ce type anatomique ne peut se créer que par une série d'influences ancestrales.

Mais poussons plus loin notre analyse.

A côté de cette grande asymétrie, que nous pourrions appeler *morphologique,* parce qu'elle marque son empreinte sur la forme de l'organisme, il y a la petite asymétrie, à laquelle le qualificatif de *fonctionnelle* pourrait convenir, puisque, le plus souvent, elle ne se révèle à nous que par des phénomènes d'ordre fonctionnel. Pour bien définir cette dernière, continuons notre étude de la fibre musculaire et de sa distribution régionale. Présente dans presque tous les systèmes anatomiques de l'économie, cette fibre se multiplie tout particulièrement dans une région propre pour former le système musculaire, et nous venons de montrer que l'exubérance morphologique de ce système par rapport aux autres crée un type anatomique que nous avons désigné sous le nom de type musculaire ; mais cette exubérance de l'élément musculaire n'est point elle-même homogène, c'est-à-dire que tous les leviers osseux de l'organisme ne sont pas actionnés avec la même prédominance de force : tel groupement musculaire l'emporte sur les autres, et ceux-ci, à leur tour, apparaissent inégaux au point de vue et de la forme et de la puissance fonctionnelle. Tout le monde saura distinguer le *marcheur* du travailleur *manuel*, pour ne citer qu'un exemple d'une constatation grossière.

En dernière analyse, à un coup d'œil d'ensemble jeté sur l'organisme apparaît la *grande asymétrie*, créée par la confluence anormale en certaines régions des mêmes éléments anatomiques et décelée par des aspects morphologiques qui donnent, à tel organisme la forme d'un *bloc musculaire*, à tel autre la forme d'un *bloc nerveux*, etc., etc. ; à un coup d'œil d'ensemble jeté sur l'appareil prédominant, apparaît la *petite asymétrie*, également créée par la confluence anormale en certains points des éléments anatomiques propres à cet appareil et décelée soit par des aspects morphologiques dissemblables, soit le plus généralement par des prédominances fonctionnelles nettement localisées. Nous aurons à rappeler cette forme de l'asymétrie humaine, quand nous étudierons les *transformations morbides*. Pour le moment, nous sommes en mesure de préciser ce que l'on doit entendre par *dissociation fonctionnelle*.

Sans entrer dans tous les développements que comporte la pathogénie de l'obésité, nous savons que l'un des phénomènes essentiels de cet état réactionnel de l'organisme est la distension progressive du tube digestif, l'augmentation générale de son calibre au niveau de ses divers segments, estomac, grêle et côlon. L'exploration profonde nous a montré que, parallèlement à la distension, il y a tendance à l'*uniformisation de calibre ;* or, celle-ci est le signe caractéristique de la fonction réduite, du travail minimum, de la réaction hypotonique. De là, chez l'obèse, le besoin d'une excitation *massive* pour entretenir le tonus digestif, et ce besoin d'excitation massive croît proportionnellement à la distension du canal alimentaire, jusqu'à ce que la fibre musculaire digestive, ayant épuisé son élasticité de distension, soit devenue inexcitable et s'affaisse. Mais, avant cette réaction ultime, il est un moment où cette fibre musculaire digestive, seule ou presque seule de toutes les fibres musculaires de l'économie, semble répondre régulièrement aux excitations du milieu extérieur ; à ce moment, l'obèse ne vaut guère qu'à la table ; la moindre marche entraîne de la lassitude, le moindre effort de la dyspnée et, nous pourrions ajouter, la plus légère tension d'esprit de la courbature cérébrale ; le besoin de sommeil est constant, et vivre devient une tâche pénible, comme en témoignent les poussées fréquentes de sueurs abondantes et généralisées. Il semble que l'appareil digestif surnage seul au milieu de ce désarroi général. En réalité, la fibre musculaire digestive, supérieurement développée, est capable de réagir, grâce à la surcharge alimentaire, alors que les autres appareils, moins bien doués au point de vue musculaire, manifestent leur insuffisance motrice pour une excitation quelconque, même légère. Il semble, en un mot, si l'on s'en tient aux apparences cliniques, qu'à mesure que la capacité digestive augmente, le champ fonctionnel de tous les autres appareils diminue, se rétrécisse. Si l'on va au fond des choses, l'élasticité fonctionnelle diminue parallèlement dans tous les appareils, mais, en raison de l'asymétrie organique, il arrive qu'une excitation exagérée, portée sur le point prédominant, est une condition d'équilibre général, tandis que toute excitation, pour ainsi dire, portée sur un autre point devient *ipso facto* une condition de déséquilibre général. Voilà ce qu'est, en réalité, le phénomène de la *dissociation fonctionnelle*.

Dans le cas particulier, chez l'obèse, la suralimentation par ingestion massive est la condition essentielle d'équilibre physiologique ; et, à un moment voisin de la déchéance finale, cette surcharge alimentaire reste la dernière et unique source d'énergie vitale.

Considérée aux deux pôles de sa vie équilibrée, c'est-à-dire de sa propriété de réagir en face de l'aliment, la fibre musculaire digestive se présente, chez l'obèse, sous deux formes, que la sonorité seule peut objectiver avec précision : *non distendue*, cette fibre réagit puissamment et traduit cette puissance réactionnelle par une sonorité franche, avec de nombreuses variations et de tonalité et d'intensité et de timbre ; *distendue*, cette fibre voit diminuer sa puissance réactionnelle et sa sonorité s'appauvrir ; et ce double processus va en augmentant, jusqu'à ce que la distension, qui est elle-même un mode réactionnel, ayant absorbé toute l'élasticité de cette fibre, le choc ou contact alimentaire ne puisse amener d'autre résultat que l'inertie, c'est-à-dire la détente passive et l'affaissement morphologique.

OBSERVATION VIII

Stase stercorale avec état parétique, tonalité basse, uniforme de l'aire abdominale. Dissociation fonctionnelle digestive.

Une stase stercorale s'est installée progressivement et insidieusement chez une femme de soixante ans, amenant des phénomènes d'abord d'inappétence simple, puis d'inappétence avec spasmes fonctionnels douloureux, régurgitations et vomiturition. L'état général paraît franchement mauvais : maigreur extrême, teint jaune, faiblesse profonde, voix éteinte, anurie presque complète. Le diagnostic de néoplasme a été fait et l'intervention chirurgicale proposée comme dernière ressource.

Le ventre est ballonné et donne, à la percussion, une *sonorité basse uniforme*, sans résonance ni tympanisme ; une grosse masse est perçue dans la fosse iliaque gauche, de consistance dure, ligneuse, de forme irrégulière.

Une demi-verrée d'huile est introduite dans le rectum, matin et soir. Au bout de huit jours, la tumeur devient crépitante et perd sa dureté ; quelques vents s'échappent par l'anus. A la percussion, large surface de *résonance* basse, couvrant la presque totalité de l'aire abdominale et répondant au côlon, limitée par trois zones étroites de sonorités différenciées, l'une de tonalité élevée révélant en haut l'estomac, l'autre de tonalité moins élevée correspondant au cæcum, enfin la troisième sus-pubienne de tonalité basse correspondant au grêle.

Puis les selles apparaissent, d'abord multiples, filiformes, molles ; bientôt calibrées et régulières ; l'appétit renaît, les spasmes gastro-œsophagiens disparaissent, les urines reviennent, l'état général se relève ; la tumeur stercorale se ramollit et diminue peu à peu, puis cesse d'être perceptible. A la percussion, trois zones très distinctes de sonorité : amphorisme gastrique d'étendue moyenne, résonance cæcale *contenue*, et son simple élevé de toute la région sous-ombilicale.

Quels moyens, en dehors de la percussion, de saisir la nature essentielle de cet état grave, auquel on ne peut classiquement assigner d'autre dénomination que celle de *stase stercorale* et que nous désignons par l'expression, plus essentiellement physiologique, d'*état parétique* du tube digestif? Et quel moyen plus instructif d'assister au relèvement de l'organisme que la notation successive des formes de la sonorité abdominale?

Type musculaire, notre malade a vécu de travail et de mouvement jusqu'à 58 ans. A ce moment, sa fibre musculaire commence à réagir dans le sens de l'inertie, d'où faiblesse générale et, dans le domaine digestif, inappétence. Le mouvement redouble, l'alimentation diminue, double condition pathogénique qui aboutit, d'une part, à l'état subparalytique du tube digestif, d'autre part, à l'accumulation des fèces dans le segment descendant. Cette accumulation vient créer là un corps étranger, sorte d'épine locale, suscitant des réactions constantes, violentes même du tube digestif, d'où le syndrome digestif qui occupe, finalement, toute la scène morbide alors que les conditions déterminantes *initiales* sont ailleurs, dans le système musculaire général.

L'expérience nous enseigne que l'irritabilité de l'élément anatomique varie dans ses manifestations objectives avec la nature du milieu cosmique excitant. Telle forme réactionnelle extrême, suscitée par la répétition d'une même excitation, cédera la place à une autre forme plus modérée, par la simple substitution d'un excitant d'une autre nature.

L'état parétique, avec stase stercorale, observé chez notre malade, va nous permettre, une fois de plus, de vérifier cette loi expérimentale.

Les matières fécales, au cours d'états subaigus subintrants, se sont accumulées dans le segment colique descendant et là forment un corps dur qui constitue un foyer d'excitation permanente pour le tube digestif. Celui-ci, en raison des mauvaises conditions générales, ne tarde pas à réagir dans le sens de la *dissociation fonctionnelle*, c'est-à-dire de l'emprisonnement de plus en plus étroit du bloc fécal. Finalement, nous aboutissons à l'état parétique, dont la caractéristique est un *son uniformément bas dans toute l'aire abdominale*. Et ce qui donne à cette forme de sonorité son importance clinique, ce n'est pas tant la tonalité plus ou moins basse que l'*uniformité*, quelle que soit la région percutée, cæcum, estomac ou grêle. On conçoit que les moindres modifications du tonus musculaire soient capables de diminuer le nombre des plages vibrantes dans l'unité de temps et, partant, d'abaisser la tonalité du son ; par contre, seul l'épuisement progressif et profond de ce même tonus musculaire peut amener l'effacement du damier sonore, c'est-à-dire appauvrir la vibratilité des tuniques musculaires digestives, au point de réduire au même niveau, pour l'oreille de l'observateur, les sons rendus par des cavités aussi différentes anatomiquement les unes des autres, que le sont l'estomac, le grêle et le côlon. On peut dire que l'uniformité de son, c'est, essentiellement, la vibratilité de la tunique digestive réduite à sa plus simple expression, c'est une de ses qualités fondamentales tellement diminuée que les oscillations cessent d'en être perceptibles à nos sens. Nous allons voir dans un instant le tonus musculaire se présenter sous une forme diamétralement opposée, qui dénote le *paroxysme* réactionnel, comme la forme précédente stigmatise l'*épuisement* réactionnel.

Mais cet épuisement réactionnel ou état parétique n'est pas un épuisement au sens absolu du mot ; il suffit de *varier* les excitations pour avoir une reprise de la fonction, ainsi que les injections d'huile, portées sur le point le plus excité du trajet colique, nous ont permis de le constater : circulation des gaz (vents), ramollissement du bol fécal (empâtement et crépitations) et retour du damier sonore sous deux formes successives.

Tout d'abord, une large zone de résonance basse, occupant la région proprement ombilicale, tend à accaparer la scène, puisqu'elle se limite, en haut et à gauche, par une petite zone de son élevé, clair, correspondant à l'estomac rétracté, en bas et à droite, par une zone également très réduite de son élevé, obscur, et en bas, au-dessus du pubis, par une troisième petite zone sonore de tonalité basse.

Cette vaste zone de résonance basse traduit la distension du côlon en amont de l'obstacle fécal. Il n'est pas inutile de faire remarquer en passant que cette étendue de la zone résonante est notablement exagérée par rapport au volume réel du côlon. C'est un fait constant, en clinique, que le segment le plus vibratile donne une zone de sonorité qui déborde ses limites anatomiques, par la raison très simple que l'ébranlement, résultant du choc percuteur, se diffuse à tous les organes sous-jacents, mais ne donne à l'oreille que le son le plus intense ; si, par exemple, nous percutons une région peu sonore, mais voisine d'une région très sonore, c'est le son de cette dernière qui l'emporte, étouffant les vibrations de la région directement sous-jacente au doigt. Pour avoir les limites exactes d'une cavité résonante, il importe donc d'empêcher la diffusion des vibrations produites par la percussion, et, pour empêcher cette diffusion, un moyen sûr, c'est d'appuyer suffisamment sur la région que l'on percute, de manière à assurer une propagation directe du choc à l'organe sous-jacent.

Pour revenir à notre cas particulier, nous avons, en définitive, quatre zones bien délimitées de sons différenciés. Sous l'influence d'excitations nouvelles (injections huileuses), la fibre musculaire s'est ressaisie peu à peu et chaque segment est arrivé à manifester son individualité physiologique ; tel est le sens précis de cette notation sonore.

Nous pouvons reprendre l'alimentation, c'est-à-dire rentrer dans la voie des excitations naturelles et délaisser parallèlement l'excitant artificiel (huile), que nous avions substitué momentanément à l'épine irritante morbigène constituée par le *bloc fécal*. De plus, à côté de l'alimentation naturelle, nous avons soin d'imposer le *repos au lit*, c'est-à-dire un minimum d'excitations pour le système musculaire général, dont l'asthénie a été le premier anneau de la chaîne morbide.

Par ces mesures d'hygiène rigoureuse, nous ne tardons pas à voir la sonorité reprendre les caractères que nous lui connaissons quand la fonction digestive est équilibrée : prédominance des zones sonores qui correspondent aux réservoirs (estomac et cæcum), et zone de son simple, plus ou moins élevé, occupant les régions sous-ombilicale et iliaque gauche.

Pour récapituler, reprenons les grands traits de cette observation, qui vont nous faire saisir la *dissociation fonctionnelle* sous une double forme.

Cette femme, type musculaire, pendant vingt ou

trente ans de sa vie, se livre à des travaux exagérés, ne craint aucune fatigue et jouit d'une santé en apparence parfaite. Toutefois, elle mange de moins en moins, se nourrissant, pour ainsi dire, de travail et d'exercices musculaires. Les dernières années surtout, elle oublie de manger, et elle est toujours debout, de plus en plus vaillante. A cette phase, l'analogie est frappante avec l'obèse : notre malade ne connaît plus que le mouvement, l'obèse ne connaît plus que l'aliment. Et si elle ne mange plus, c'est que la dissociation fonctionnelle commence : l'exercice à dose massive soutient son système musculaire et, partant, tout son organisme, mais l'excitant alimentaire ne suscite plus que la réaction d'inertie et brise momentanément tout ressort physiologique, d'où cet éloignement instinctif de toute alimentation et cette recherche constante du mouvement, jusqu'au jour où la réactivité elle-même du système musculaire s'est trouvée si limitée qu'une dernière expérience du mouvement a entraîné l'effondrement et du système musculaire et de l'économie tout entière. Dès ce moment, toutes les tentatives thérapeutiques à rebours (1) ont exaspéré successivement à peu près tous les systèmes organiques ; puis l'accumulation et le durcissement relatif des matières fécales ont fini par constituer l'épine irritative et principale, et celle-ci a amené peu à peu l'*état parétique digestif*, dernier épisode, forme ultime et passagère d'un drame biologique qui a occupé toute la vie du sujet.

En résumé, une première *dissociation fonctionnelle* correspond à l'impossibilité de l'alimentation et marque le déclin de l'état général ; une deuxième *dissociation fonctionnelle* est créée par l'accumulation des matières fé-

(1) Une seule forme thérapeutique était nécessaire : *le repos*.

cales, qui entretiennent une forme d'excitabilité digestive croissante telle que, malgré le repos, à ce moment complet, tout contact alimentaire est impossible.

La première, d'ordre naturel, vise deux appareils différents, le système musculaire et le système digestif, et en détruit l'harmonie en face de leurs excitants naturels; la seconde ne vise que deux portions d'un même appareil, le côlon, d'une part, l'estomac et le grêle, d'autre part, et en brise l'unisson au détriment de l'aliment, au profit d'un corps devenu étranger, le *résidu alimentaire.* De même que, dans le premier cas, il est arrivé un moment où le mouvement a abouti à la réaction d'inertie musculaire, de même, dans le second, en l'absence de toute intervention thérapeutique, nous aurions assisté à une réaction d'inertie colique, prodromique d'une ou de plusieurs nouvelles poussées réactionnelles, qui auraient eu raison finalement de l'obstacle fécal et auraient rendu à l'appareil digestif sa liberté fonctionnelle. C'est ainsi que nous saisissons, sous une de ses formes, la *natura medicatrix* des Anciens.

OBSERVATION IX

Etat subaigu avec prédominance des phénomènes sensitifs.
Damier inverse.

Une femme de quarante ans, de taille au-dessus de la moyenne, d'apparence maigre, d'une impressionnabilité ordinaire extrême, souffre d'une névralgie de la face rebelle à tous les traitements ; cette névralgie dure depuis plusieurs mois, empêche le sommeil, diminue l'appétit et accentue l'amaigrissement.

L'abdomen est déprimé, tendu, dur ; les segments sont flous et plus ou moins gargouillants ; la percussion révèle un damier caractéristique : petite zone gastrique de tympanisme aigu; zone cæcale également tympanique, mais de tonalité moins élevée et de timbre moins éclatant ; enfin, large zone de résonance basse, occupant tout le reste de la surface abdominale.

L'analyse de cette forme de réaction sonore des tuniques digestives, comparée à la forme la plus communément observée, va nous ouvrir tout un horizon sur la fonction digestive et, partant, sur la physiologie générale de l'organisme humain.

Rappelons que nous avons désigné sous le nom de *damier sonore normal* la forme de sonorité la plus commune, qui se caractérise par une intensité de son maximum au niveau des réservoirs, particulièrement de l'estomac, et par une sonorité de faible intensité, mais de tonalité élevée, au niveau du grêle. En un mot, ordinairement, là où les tuniques musculaires ont leur maximum d'épaisseur et leur summum de réactivité fonctionnelle, là s'objective la vibratilité, avec toute son ampleur et avec toute la variété de ses modulations de ton et de timbre ; là, au contraire, où les tuniques musculaires ne jouent qu'un rôle secondaire, la percussion n'éveille qu'un son faible, élevé, maigre et presque sans variations appréciables.

Avec les modifications de l'aliment, d'abord, des autres excitants cosmiques, ensuite, nous pouvons obtenir des changements notables dans les relations réciproques de ces trois zones de sonorité :

a) La tonalité gastrique peut s'abaisser nettement, pendant que la tonalité cæcale s'élève et se rapproche de celle du grêle.

L'estomac, dans ce cas, est celui des trois segments du canal alimentaire qui manifeste le *maximum de réactivité.*

b) C'est, au contraire, la tonalité cæcale qui s'abaisse, en même temps que la tonalité gastrique s'élève, mais celle-ci reste plus proche de la tonalité cæcale que de la tonalité du grêle.

Ici, nous avons le damier qui indique la prédominance fonctionnelle du réservoir cæcal.

c) Les trois zones sonores présentent des *tonalités voisines,* quelle qu'en soit la hauteur, mais avec minimum épigastrique et maximum sous-ombilical.

L'excitation est violente, traumatique, en quelque sorte, et entraîne une réaction d'ensemble, uniforme, qui enlève à chacun des segments sa liberté, ou une partie de sa liberté, de réagir suivant ses qualités propres.

Avec ces trois formes fondamentales de damier sonore, nous pouvons en obtenir une infinité d'autres en faisant varier l'intensité et le timbre de l'une ou de l'autre des zones ou des trois zones associées. Mais notre damier sonore garde toujours sa caractéristique essentielle de damier normal, c'est-à-dire reste une combinaison de zones sonores telle que la vibratilité paraît commandée, avant tout, par la richesse en fibres musculaires des plans percutés. Au contraire, dans la forme de damier notée chez notre malade, les réactions sonores sont inversement proportionnelles à l'abondance des fibres musculaires dans les segments percutés. De là, la dénomination de *damier inverse* sous laquelle nous avons coutume de désigner cette apparence symptomatique.

En analysant les faits révélés par la palpation superficielle, notamment en étudiant la tension abdominale, nous avons vu que celle-ci a une importance séméiologique décisive dans certains cas, effacée dans d'autres ; la tension abdominale est essentiellement un fait musculaire, et n'a de valeur pour l'estimation de la fonction digestive qu'autant que la fibre musculaire intervient dans les actes de cette fonction. Or, s'il est toute une catégorie de faits dans lesquels la fibre musculaire digestive joue un rôle prépondérant, il en est d'autres où son influence passe au second ou au troisième plan. L'analyse des conditions déterminantes du damier inverse va nous permettre de dégager l'un de ces groupes de faits cliniques.

La névralgie est une insuffisance localisée du système sensitif. Or, nous avons vu, au début de ce chapitre, que le système sensitif est au seuil de l'appareil musculaire, comme la vue et l'ouïe sont au seuil de l'appareil cérébral, comme l'olfaction est au seuil de l'appareil respiratoire, comme le goût enfin est au seuil de l'appareil digestif. Sans entrer ici dans des développements que nous réservons pour les chapitres suivants, nous pouvons dire que la sensibilité est le régulateur du mouvement, que la fibre sensitive est la compagne nécessaire de la fibre musculaire ; partout où il existe un plan musculaire, on trouve un appareil de réceptivité sensitive, étroitement uni avec celui-ci et destiné à percevoir l'aiguillon excito-moteur, c'est-à-dire à transformer le choc extérieur en une vibration de même sens que celle de la fibre musculaire pour en permettre, en quelque sorte, l'assimilation par cette dernière.

Mais, en vertu de la dissymétrie de l'organisme humain, il arrive que ce système sensitif acquiert, dans son évolution phylogénique, une prépondérance anatomo-physiologique à la fois sur le système musculaire et sur tous les autres systèmes de l'économie, pour donner naissance à une sous-division du type musculaire que nous appellerons le type *musculo-sensitif*.

En état d'équilibre fonctionnel, cet individu vit d'émotions : la bonté, la générosité, le désintéressement constituent le fond de son caractère ; la pitié est le moteur de sa vie, pitié pour ses semblables, ou pitié pour les animaux ; il est l'apôtre et l'initiateur de toutes les œuvres philanthropiques.

En état de déséquilibre fonctionnel, c'est un douloureux : ce sont, à chaque instant, souffrances morales ou douleurs physiques ; il transforme tout en *douleur* et ne trouve que sujets de tristesse et de larmes là même où il n'existe que motifs de joie; physiologiquement, toutes les manifestations morbides revêtent chez lui la forme douloureuse, parfois opiniâtrement douloureuse.

Mais ce déséquilibre ne vient qu'après *saturation* du système sensitif. Ce dernier, à l'exemple de tous les systèmes prédominants, se présente ou peut se présenter, pendant de longues années, comme un appareil multiplicateur d'émotions de puissance croissante, comme un centre d'attraction de plus en plus active pour les éléments extérieurs qu'il doit assimiler ; c'est après cette phase de suractivité fonctionnelle que survient la phase des réactions d'inertie, c'est-à-dire la douleur constante, de formes et de localisations très diverses. Avant cette période nous pouvons assister à des *claudications sensitives*, par dissociation fonctionnelle passagère. Le système musculaire proprement dit est l'origine la plus ordinaire de cette dissociation fonctionnelle, par la raison bien simple que notre sujet, en sa qualité de musculaire, recherche le mouvement parallèlement à l'émotion. Il arrive alors des moments où l'émotion n'est tonique qu'à dose massive et où le mouvement, à la dose ordinaire, entraîne immédiatement une réaction d'inertie, c'est-à-dire un affaissement général avec réaction d'insuffisance sensitive ou douleur. C'est dans cette période de claudication intermittente, précédant l'épuisement final, qu'apparaissent ces localisations douloureuses tenaces, que rien n'explique, que rien ne guérit, et qui disparaissent comme elles se sont installées, sans raison déterminante saisissable.

Le clinicien qui n'a pas la connaissance de l'exploration externe, et en particulier de la percussion, ne peut se raccrocher à aucun phénomène objectif et en est réduit aux théories pures, comme aux interventions empiriques. Avec la connaissance de la physiologie abdominale, au contraire, nous sommes à même de démêler tous les fils de l'écheveau, et la constatation du damier inverse apparaît comme le centre de toutes nos inductions pathogéniques.

En effet, la fibre musculaire splanchnique, tout comme la fibre musculaire périphérique, ne se contracte qu'à bon escient, c'est-à-dire après avertissement de sa compagne, la fibre sensitive : l'estomac sent, avant de se contracter. La sensibilité est à l'origine de *tous* nos mouvements. Or, chez le musculo-sensitif, il y a prépondérance *générale* de la fibre sensitive, aussi bien dans les viscères profonds qu'à la périphérie du corps, prépondérance fonctionnelle tout au moins, jusqu'à ce que les études histologiques aient mis en évidence la prépondérance anatomique. C'est cette prépondérance sensitive que la découverte du damier inverse met hors de contestation :

1° L'estomac supporte et accepte avec bénéfice *la multiplicité* des repas, toutes conditions égales d'ailleurs, mais rejette la surcharge alimentaire ;

2° Dès que l'équilibre sensitif général est retrouvé, immédiatement le damier inverse disparaît pour faire place au damier normal.

En résumé, il semble bien que nous puissions interpréter le damier inverse comme le stigmate gastro-intestinal d'une sorte d'hyperesthésie généralisée ; tant que l'équilibre sensitif existe, le tonus musculaire de l'appareil digestif présente des réactions équilibrées, comme d'ailleurs le tonus musculaire de tous les autres appareils de l'économie ; mais dès que l'appareil sensitif tombe en *inertie*, les tuniques musculaires suivent et se contractent, avec d'autant plus de force que l'appareil sensitif adjacent est plus important, nous pourrions dire, par conséquent, qu'elles *perçoivent* mieux le choc alimentaire. De là, la rétraction de nos réservoirs (estomac et cæcum) avec son faible, élevé, plus ou moins tympanique. Quant à la fibre musculaire du grêle, frappée du même coup, elle ne saurait réagir autrement que dans le sens de l'insuffisance, c'est-à-dire donner lieu à un autre son qu'à la résonance, en vertu de cette loi que nous avons énoncée plus haut, en étudiant la fibre musculaire digestive en général : une première excitation ayant épuisé la force de *tension*, c'est la *distension* qui répond à toute nouvelle excitation.

Il est superflu de répéter ici que cette conception pathogénique du damier inverse ne saurait englober tous les faits de la clinique : seul le déterminisme sensitif en constitue l'élément fixe. Toutes les autres conditions sont éminemment variables, et, si nous avons pris *le type musculo-sensitif* pour sujet de notre dissertation, c'est qu'il réalise sous une forme complète et grossière les conditions d'apparition de cette réaction vibratile et permet ainsi de mieux fixer les idées. Mais le damier inverse est monnaie courante dans la pratique médicale ; il peut coexister avec les ensembles symptomatiques les plus divers, parfois même les plus opposés. Il implique toujours, d'ailleurs, la signification fondamentale d'*hyperesthésie gastro-intestinale* et commande généralement la réduction de masse, à chaque ingestion alimentaire.

OBSERVATION X

Mosaïque sonore. — Cette forme de sonorité abdominale traduit essentiellement la richesse des réactions musculaires chez les individus dont la réactivité organique est orientée dans le sens de la vitesse (fragmentation de l'effort).

Voici un homme toujours vigoureux qui est arrivé par un labeur incessant à se faire une brillante situation sociale ; il touche à la cinquantaine et déploie toujours sans défaillance la même activité générale, quand un choc moral violent vient le frapper tout à coup : immédiatement il est pris de vertiges, il perd le sommeil, il prend le dégoût du travail, et il souffre de crampes alternativement localisées au thorax et à l'abdomen ; enfin il maigrit peu à peu et prend le teint jaune et les traits tirés.

L'exploration abdominale nous révèle, entre autres signes objectifs une forme nouvelle de sonorité que nous caractérisons par le terme de *mosaïque*, pour indiquer la multiplicité et la variété des zones de sonorité : à une percussion rapide, cinq, six, sept, huit notes différentes surgissent immédiatement et confondent tout d'abord l'esprit habitué au trio du damier normal ou du damier inverse ; puis, ces notes se différencient à la fois comme ton, comme timbre et comme intensité ; sans compter qu'elles changent incessamment et se substituent les unes aux autres, avec une mobilité qui met au défi l'oreille de l'observateur.

Mais à une percussion attentive et prolongée, un caractère général se dégage : le timbre tympanique et la tonalité élevée prédominent. Puis la topographie se précise : trois notes occupent la zone gastrique, trois également la zone sous-hépatique, une la région iliaque gauche, et une la région sous-ombilicale. Telle est la forme sous laquelle se présente la *mosaïque sonore*, chez le malade que nous avons sous les yeux. Quel enseignement en tirer?

Cherchons d'abord à pénétrer dans l'intimité physiologique de ce fait clinique si curieux, en contradiction apparente avec les données de l'anatomie et de la physiologie.

Et d'abord, l'observateur digne de ce nom ne saurait manifester la moindre surprise en face de cette multiplicité des zones de sonorité abdominale. N'est-ce point une loi que chaque fait apparaît d'abord simple et irréductible, puis, avec une observation plus habile, *se segmente* en quelque sorte en un certain nombre d'autres faits qui paraissent à leur tour simples et irréductibles ; et chacun de ces faits, tombant sous des sens plus affinés ou servis par de meilleurs procédés, se divise à son tour en faits nouveaux, et cette segmentation progressive continue, sans autre limite que l'acuité de nos sens et la perfection de nos instruments adjuvants. Le fait simple et irréductible n'est qu'une conception de notre esprit, sans réalité objective. Considérée du point de vue intrinsèque, cette segmentation des faits n'est pas moins instructive : deux faits de même nature, soumis au même observateur, apparaîtront à des stades différents de leur segmentation suivant le terrain qui se trouve être le substratum de ces faits. Exemple : deux individus de même âge, de même type physiologique, subissent un même choc digestif ; chez l'un, les réactions sonores ne se modifieront que dans le sens de l'*intensité*, qui sera diminuée, chez l'autre, elles se modifieront au double point de vue de l'intensité, qui sera diminuée, et de la tonalité, qui sera accrue.

C'est ainsi que des faits de même nature, reconnaissant des conditions génératrices supposées fixes, oscillent constamment entre deux pôles opposés, nos sens d'une part, l'élément anatomique substratum d'autre part. Or, c'est à l'analyse de cet élément anatomique que nous devons revenir toujours comme à la source principale des oscillations phénoménales, et c'est cette analyse, poussée d'un degré de plus, qui va nous donner l'explication de cette forme de sonorité digestive que nous avons désignée sous le nom de *mosaïque sonore*.

Procédons du simple au composé :

Dans le tome Ier, nous avons étudié la *bitonalité gastrique*, c'est-à-dire cette forme de réaction gastrique qui se traduit par deux zones de sonorité, l'une petite, sous-mammaire, de tonalité élevée, souvent tympanique, l'autre large, épigastrique, de tonalité moyenne, souvent de résonance très marquée. A côté de la bitonalité gastrique nous sommes en mesure de placer la bitonalité cæcale, qui se caractérise par une zone résonante ou amphorique sous-hépatique, de large surface, et par une très petite zone, généralement de tympanisme aigu, correspondant à la partie tout à fait inférieure du cæcum, c'est-à-dire de la région iliaque droite. Cette double bitonalité ne s'observe que très rarement chez le même sujet : c'est l'une ou l'autre qui apparaît, suivant que la portion prédominante du tube digestif est le réservoir stomacal ou bien le réservoir cæcal. Une condition pathogénique évidente est à l'origine de cette première segmentation d'une zone en quelque sorte normale de sonorité, c'est le choc musculaire. Chez de tels individus, l'appareil digestif cède dans son élément musculaire, et c'est en visant cette fibre musculaire que nous obtiendrons, avec l'effacement des bitonalités, le retour de l'équilibre fonctionnel. Tel est un premier degré de richesse des réactions musculaires : *bitonalité gastrique*, parfois *tritonalité* (fait exceptionnel), et *bitonalité cæcale.*

Nous nous acheminons ainsi vers la mosaïque, qui correspond au maximum de richesse des réactions musculaires. Toutefois, il ne suffit pas qu'un individu réponde à ce que nous appelons le *type musculaire* pour être le terrain habituel de la mosaïque sonore. Au-dessus des types organiques, définis plus haut, qui répondent à la dissymétrie de la nature et la reproduisent, il est deux groupes plus compréhensifs d'individualités physiologiques, qui se différencient par la *vitesse* des réactions : à une extrémité, nous trouvons la réaction rapide, à l'autre, la réaction lente. Et ce serait le cas de rappeler, en les opposant, les deux types extrêmes que forment, à ce point de vue, l'homme du Nord et l'homme du Midi.

En définitive, la *vitesse* du mouvement moléculaire constitue, en dehors de toute différenciation morphologique, un des caractères fondamentaux de l'élément anatomique.

Deux types musculaires peuvent être diamétralement opposés, au point de vue de la *vitesse* des réactions, l'un doué de mouvements lents, l'autre de mouvements rapides.

Deux types cérébraux peuvent présenter des manifestations intellectuelles dissemblables : chez l'un, c'est la lenteur de la perception et de l'élaboration, chez l'autre, c'est la conception rapide et primesautière.

Cette allure du mouvement moléculaire se retrouve identique, pour un même individu, dans tous les éléments de l'organisme, depuis l'appareil prédominant jusqu'au dernier appareil dans la hiérarchie organique, de telle sorte que la vitesse réactionnelle apparaît bien comme une caractéristique essentielle de deux types physiologiques : l'un, aux réactions rapides, recherche dans le milieu cosmique tout ce qui s'harmonise avec l'allure de ses fonctions, l'air vif et sec pour ses poumons, le mouvement accéléré pour son système locomoteur, l'aliment tonique pour son tube digestif et un milieu social à facettes multiples pour son cerveau ; l'autre, aux réactions lentes, se compose une vie avec des éléments exactement contraires, à tel point que l'esprit conçoit ces deux individus vivant côte à côte et s'ignorant, comme deux êtres sans point de contact.

La clinique nous enseigne qu'à ces différenciations physiologiques correspondent des différenciations morphologiques, nettement appréciables dans la généralité des cas : le musculaire *lent* se distingue par sa corpulence massive, par l'énormité de ses reliefs musculaires et par l'épaisseur de ses leviers osseux ; le musculaire *vif*, au contraire, présente une réelle gracilité de formes, des groupes musculaires de reliefs arrondis, mais sans aspect massif et des leviers osseux de faible épaisseur. Il semble, en un mot, que la rapidité réactionnelle de l'élément anatomique soit en raison inverse de sa masse.

Si nous poussons plus loin notre analyse, nous trouvons que la lenteur est compensée par la puissance de l'effort réactionnel, et que la vivacité implique la promptitude de l'épuisement fonctionnel. Il est certain, pour revenir à nos deux types musculaires, que nous demanderons à l'un et à l'autre des besognes bien différentes : au premier, conviendront les travaux qui exigent un effort prolongé et puissant, au second, nous donnerons les tâches qui exigent, avant tout, l'instantanéité et la mobilité de l'effort.

En définitive, toute réaction, tout effort fonctionnel, s'exerce à la fois *dans le temps* et *dans l'espace ;* ces deux éléments fondamentaux constituent réellement les deux plateaux d'une balance qui *cherchent à s'équilibrer*, et ce que l'on met dans le plateau du temps ne saurait être pris qu'au plateau de l'espace et *vice versa.* C'est une loi biologique : à mesure que la vitesse augmente, la masse va en décroissant, ou encore à mesure que le temps l'emporte, l'espace diminue ; et inversement, si la vitesse faiblit, la masse s'accroît ou bien si l'élément *temps* faiblit, l'élément *espace* prend de l'importance. Par cette conception fondamentale du mouvement moléculaire qui se passe dans l'intimité de nos éléments anatomiques, nous touchons aux relations de la forme et de la fonction, aux conditions qui font dépendre étroitement la fonction de la forme et la forme de la fonction ; l'une ne saurait se concevoir sans l'autre et la connaissance de l'une implique la notion de l'autre.

Ce problème si important au point de vue même de la pratique médicale n'a point une solution unique pour chaque individu : il ne suffit pas de connaître, à propos d'un type organique donné, les rapports qu'affectent chez cet individu les deux éléments primordiaux de chaque fonction, la *vitesse* et la *puissance.* Rappelons notre comparaison de la balance, et retenons que les deux plateaux ne sont pas immobiles: ils oscillent constamment, et ce sont ces oscillations, à la recherche d'un équilibre introuvable, qui constituent la *vie.* Tantôt, c'est la vitesse qui l'emporte, tantôt, c'est la puissance. En traitant de l'évolution, nous reviendrons sur ce sujet avec plus de détails et, tout en montrant ces oscillations alternatives dans un sens ou dans l'autre, nous établirons des prédominances individuelles, répondant à la constance *relative* des oscillations dans un sens toujours le même.

Qu'il nous suffise de bien préciser ici ce fait clinique que, dans certaines conditions, la vitesse s'accroît aux dépens de la masse et, partant, de la puissance, créant à l'organisme une nouvelle manière d'être qui peut, à son tour, être le point de départ d'une dissociation fonctionnelle, c'est-à-dire de la maladie. Mais cet accroissement de la vitesse aux dépens de la masse et de la puissance ne peut se faire que dans des limites déterminées pour chaque individu, et ce déterminisme individuel répond précisément aux catégories physiologiques que nous avons désignées au début de ce paragraphe : chez certains individus, cette vitesse est l'élément prédominant et peut s'accroître dans une proportion maximum ; chez d'autres, elle n'est plus qu'un élément secondaire et ne se modifie que dans d'étroites limites, quelle que soit l'intensité des excitations ambiantes.

Chez les premiers, tout choc violent aboutit à la mosaïque sonore ; chez les seconds, le même choc passe inaperçu, n'a qu'une faible prise sur l'organisme, ou au contraire l'abat, et entraîne l'état parétique, c'est-à-dire un état paroxystique diamétralement opposé à celui que traduit la mosaïque abdominale.

D'un côté, un paroxysme d'exaltation, de l'autre, un paroxysme d'épuisement en face du même choc extérieur : paroxysme d'exaltation qu'explique la réceptivité spéciale d'éléments anatomiques *orientés* dans le sens de la vitesse, paroxysme d'épuisement qui souligne une réceptivité inverse d'éléments anatomiques *orientés* dans le sens de la puissance.

Nous souvenant que les deux éléments *temps* et *espace* ont des oscillations inverses, il est aisé de concevoir, dans un cas, la fragmentation indéfinie de l'effort, la décomposition extrême des groupements musculaires avec l'accroissement de la vitesse, dans l'autre, l'homogénéité croissante de l'effort, la confluence jusqu'à l'unité des groupements musculaires avec le ralentissement de cette même vitesse.

En résumé, la multiplicité des zones vibratiles souligne un état réactionnel propre à tout un groupe d'individus, chez lesquels le système musculaire est l'appareil prédominant, mais avec cette restriction qu'il s'agit d'une prédominance fonctionnelle plutôt que morphologique, d'une réceptivité, qui appelle spécialement les chocs de vitesse et répudie les excitations massives.

En raison du rôle important dévolu à la fibre musculaire dans l'accomplissement des actes digestifs, dans ce que nous avons appelé la *conductibilité digestive*, on comprend aisément que ce dernier type musculaire se dévoile, à la percussion abdominale, par une véritable mosaïque de zones sonores différenciées. Il n'en est pas de même des autres types organiques. Du moins, la *mosaïque sonore*, susceptible, comme le damier inverse, d'apparaître dans les cas les plus divers, chez tous les types organiques, revêt son maximum de fréquence et de netteté chez le musculaire et n'apparaît que d'une manière exceptionnelle et transitoire chez tous les autres types, y compris le digestif. Sa présence, dans tous les cas, implique une notion de mobilité, d'instabilité fonctionnelles et commande la fragmentation et la variété des excitants cosmiques.

Nous avons vu que l'organisme, en face des excitations extérieures, réagit toujours dans le sens où il se trouve naturellement orienté ; ce qui signifie qu'à l'état d'équilibre fonctionnel comme à l'état de déséquilibre nous trouvons les mêmes tendances, les mêmes aptitudes réactionnelles, atténuées dans un cas, exagérées dans l'autre. A la lumière de ces données, nous voyons se ranger à la suite du *musculaire vif* toute une série de types physiologiques secondaires ayant la même caractéristique essentielle, la *mobilité ;* le cérébral qui touche à tout et n'approfondit rien, en opposition avec le cérébral qui toute sa vie creuse le même sillon ; le digestif qui ne trouve son plaisir que dans la variété de ses menus, en opposition avec le digestif qui s'épanouit en face des plats abondants, fussent-ils composés toujours des mêmes substances ; le respiratoire qui ne se porte bien qu'en changeant d'air, en opposition avec le respiratoire qui ne peut vivre *qu'au grand air,* quelle que soit, d'ailleurs, la composition de cet air.

Arrivés à ce point de notre exposé, nous devinons aisément toute la complexité des conditions qui sont à l'origine du moindre problème biologique, et le lecteur pressent toutes les difficultés de notre tâche qui est de lui faire parcourir les voies principales de la biologie humaine. Et cependant, c'est seulement par la connaissance de l'organisme que peuvent se résoudre les problèmes de la prophylaxie et de l'hygiène : « l'organisme est tout, le milieu n'est rien », pourrions-nous dire ici. De plus, cet organisme doit être étudié et connu dans son ensemble, si l'on veut avoir une exacte notion de chaque fonction spéciale ; car toutes les fonctions sont étroitement synergiques, toutes les réactions de l'économie s'exécutent dans un sens univoque et présentent les mêmes caractères fondamentaux.

E. — Conclusions physiologiques. — Réunissant en un faisceau compact toutes les données objectives qui précèdent, nous devons maintenant, dans une étude d'ensemble, aborder le fond même de la question qui est le but de cet ouvrage, à savoir le *problème de la digestion.*

De l'appareil digestif, comme de tous les appareils de l'économie, le clinicien ne saurait avoir d'autre idée que celle qui repose sur les faits recueillis par les sens. Toute idée préconçue est funeste, et ne peut qu'engendrer l'erreur. Chercher, à propos de la digestion, à pénétrer les phénomènes de décomposition moléculaire des aliments, c'est user d'une méthode qui procède de cette idée *a priori :* les aliments sont une source de molécules rénovatrices qui se substituent à nos propres molécules transformées en déchets par l'usure fonctionnelle. C'est encore, je le sais, user d'une méthode qui procède de faits expérimentaux, de constatations de laboratoire faites sur les animaux. Dans les deux cas, l'erreur et l'insuccès sont certains : 1° la décomposition moléculaire relève d'une physicochimie transcendante, qui attend sa méthode et ses procédés ; 2° la physiologie expérimentale nous fournit quelques données précises sur les animaux, mais sur l'homme rien autre chose que des analogies, et la science ne saurait se contenter d'analogies.

La clinique, au contraire, servie par ses procédés, en particulier par le plus fécond de tous, l'exploration externe du tube digestif, nous donne une connaissance *globale* de l'organisme humain évoluant dans son milieu naturel, et cette connaissance repose sur des faits positifs grossiers, à la portée de nos sens, c'est-à-dire essentiellement discutables et contrôlables.

Que nous disent tous ces faits cliniques, au sujet de la fonction digestive?

1° Il est une catégorie d'individus chez lesquels cette fonction est *prédominante*, c'est-à-dire chez lesquels la région abdominale acquiert un développement morphologique supérieur au développement morphologique des autres régions, chez lesquels l'excitabilité digestive, autrement dit la sensibilité à l'aliment, prime toutes les autres sensibilités fonctionnelles, chez lesquels enfin le moindre choc anormal a son maximum de répercussion sur l'appareil digestif, qui s'en trouve modifié et dans sa morphologie et dans sa réceptivité spécifique. Ce sont ces individus qui nous semblent bien mériter le qualificatif de *digestifs*.

2° En vertu de la loi de *synergie fonctionnelle*, l'acte digestif cesse d'être un fait clinique simple, et devient une *résultante* et, par conséquent, un fait représentatif de *toutes* les fonctions de l'économie : accéléré, si celles-ci sont accélérées, ralenti, si elles sont ralenties, irrégulier, si elles sont irrégulières, perverti enfin, si le déséquilibre atteint son summum .

3° Cet acte digestif se traduit par des signes objectifs qui siègent sur l'appareil où il s'accomplit, ce qui revient à dire que la clinique recueille des *jalons* rappelant les modifications anatomo-physiologiques du tissu digestif; et, comme ces modifications sont au fond la fonction elle-même ou, tout au moins, évoluent dans le même sens que la fonction, nos jalons cliniques sont autant de données positives sur la qualité fonctionnelle de l'appareil que nous explorons.

4° Un procédé, l'exploration externe du tube digestif, nous apprend à recueillir méthodiquement tous ces jalons cliniques, particulièrement variables et mobiles chez un type organique, le *type digestif*.

Toutefois, en raison, d'une part, de la fréquence relative du type digestif, d'autre part, des écarts de régime si nombreux et si variés qui créent des localisations digestives accidentelles chez tous les types organiques, en raison, enfin, de la synergie fonctionnelle de l'économie, la moisson des signes abdominaux est le plus souvent abondante, quelle que soit la forme morbide observée, et le clinicien trouve dans l'application de notre procédé la presque totalité des indications propres à le diriger dans la voie thérapeutique. Enfin, en l'absence de toute subjectivité morbide, l'exploration externe du tube digestif est à elle seule capable de nous indiquer l'orientation générale de l'économie, de nous expliquer une foule de particularités physiologiques restées obscures jusqu'à ce jour, telles que les anomalies de la croissance, les irrégularités de développements organiques chez les enfants et les adolescents (rachitisme, etc.), les déviations fonctionnelles du système nerveux, etc.

C'est, qu'en effet, l'exploration externe du tube digestif nous a révélé du même coup une double notion :

a) — L'état de maladie ne diffère pas fondamentalement de l'état de santé; il n'existe, en réalité, qu'un état réactionnel de l'économie en face du milieu cosmique, état réactionnel constamment oscillant, soit en mouvement ascensionnel d'hypertonie, soit en mouvement descendant d'hypotonie.

b) — La maladie est indépendante du trouble subjectif, mais exclusivement créée par la dissociation fonctionnelle, et celle-ci répond à la réaction d'*inertie* d'un appareil excité au-delà des limites de sa réceptivité, réaction d'inertie qui se généralise instantanément à tous les autres appareils. Cette réaction d'*inertie* s'objective par l'affaissement des anses digestives, c'est-à-dire par l'effondrement de l'abdomen, gros signe objectif qui est à la portée de tous les observateurs et stigmatise tous les états morbides. Au chapitre suivant, nous montrerons les formes sous lesquelles se dissimule cet effondrement dans un certain nombre de cas, formes anormales que la connaissance de l'évolution individuelle explique et éclaire d'une façon admirable.

Ce n'est, d'ailleurs, que par un tableau de cette *évolution individuelle* que nous pourrons donner une idée complète de la fonction digestive. Nous devons, dans ce chapitre, nous contenter de dégager quelques types réactionnels digestifs, se différenciant nettement les uns des autres, et par là même créant de vrais points de repère pour l'esprit du lecteur.

Nous aurons en vue, dans cette description, notre *type digestif*, c'est-à-dire l'individu dont l'appareil digestif est en quelque sorte le *centre* de l'organisme, dont les réactions fonctionnelles ont leur maximum d'*objectivité* au niveau de cet appareil, dans la *sphère abdominale*.

Type digestif accéléré. — *Inspection.* — Dans le décubitus dorsal, le ventre forme un méplat, laissant saillir légèrement les rebords costaux et les crêtes iliaques. Dans la station verticale, le méplat disparaît, la région abdominale semble de *niveau* avec le reste du tronc.

Palpation. — *a*) *Superficielle.* — L'élasticité est diminuée, d'où une sensation de vague empâtement ; la rénitence est très faible.

b) *Profonde.* — Les segments sont nettement différenciés au point de vue morphologique : l'ascendant forme un petit boudin, très arrondi, plus ou moins gargouillant ; le transverse et le descendant sont en état de sténose filiforme, c'est-à-dire franchement spasmodique. Tous ces segments sont faiblement tendus et se laissent aisément déplacer dans le sens normal à leur direction.

La succussion révèle, dans la région épigastrique, un bruit de clapotage métallique. Pas de sensation de flot.

Les viscères pleins, tels que le foie et les reins, ne sont ni déplacés ni mobilisables par les mouvements respiratoires, que le sujet soit couché ou debout.

Percussion. — La percussion révèle un damier normal, constitué par trois notes appartenant à trois octaves différentes, la note gastrique à l'octave la plus basse, la note cæcale à l'octave moyenne et la note du grêle à l'octave supérieure. Les sons gastrique et cæcal sont de timbre franchement tympanique, et le son du grêle est un son simple, élevé, mais franc. Dans la position verticale, les sons ne se modifient pas.

L'étendue des zones sonores est restreinte pour l'estomac et pour le cæcum, très large pour le grêle, c'est-à-dire que la zone gastrique ne dépasse pas en bas le rebord costal et que la zone cæcale occupe à peine le tiers de l'aire abdominale, la zone du grêle occupant tout le reste de la surface de l'abdomen. Dans la position debout, ces surfaces respectives restent les mêmes.

De ces faits découlent quelques notions précises. L'abdomen *en méplat* indique un certain degré d'affaissement du canal alimentaire. L'empâtement, révélé par la palpation superficielle, confirme cette première donnée. Le défaut de rénitence trahit la précarité du système musculaire de notre appareil digestif et nous explique la réaction spasmodique, c'est-à-dire la rétraction musculaire, que la palpation profonde nous a montrée au niveau des segments coliques, et que la percussion a mise en évidence au niveau à la fois et de l'estomac et du cæcum. En fin de compte, tous les signes objectifs sont concordants pour indiquer un tube digestif légèrement affaissé, ne conservant sa forme qu'au prix de réactions exagérées, et par conséquent, dans un état d'éréthisme fonctionnel augmenté. C'est en définitive le tableau objectif de la *fonction accélérée*, appelant de faibles excitations cosmiques, autrement dit une ration alimentaire diminuée pour chacun des repas, le nombre de ceux-ci étant accrû proportionnellement.

Type digestif ralenti. — *Inspection.* — Le ventre forme une saillie régulière, arrondie et débordant les limites osseuses en haut et en bas. Debout, cette saillie se projette en avant et les côtés paraissent aplatis.

Palpation. — *a) Superficielle.* — C'est la tension qui domine, absorbant l'élasticité et laissant percevoir une rénitence accrue.

b) Profonde. — Les segments du côlon sont augmentés de volume ; l'ascendant forme une masse allongée de contours indécis, et le descendant un gros cordon tendu, aux parois épaissies. Le transverse se perd dans la masse des anses digestives. La succussion détermine difficilement un bruit de clapotage profond et discret. Pas de flot.

Percussion. — Partout la sonorité est sourde, obscure, de tonalité plutôt basse ; à une percussion attentive, c'est un damier normal avec tonalités faiblement différenciées et avec subrésonance des réservoirs. Debout, la sonorité ne se modifie pas. L'étendue des trois zones sonores est sensiblement la même, ou la prédominance de la zone de sonorité du grêle est à peine marquée.

Tout, dans ce cas, dénote des phénomènes réactionnels différents de ceux que nous avons trouvés précédemment. L'augmentation de volume de l'abdomen répond à l'augmentation de volume de la masse gastro-intestinale, c'est-à-dire à la distension du canal digestif. La palpation superficielle nous montre une tension et une rénitence accrues, double confirmation des données de l'inspection. La palpation profonde nous fait constater directement cette distension du calibre intestinal, et la percussion enfin achève la démonstration en nous donnant une sonorité faible et basse, à tonalités peu différenciées, ce qui répond physiologiquement à la distension générale des plans musculaires et à l'effacement relatif des différenciations, tant morphologiques que fonctionnelles. La réceptivité, la sensibilité spécifique, est donc réduite au profit de l'augmentation de surface de la cavité digestive. Les plans musculaires réagissent uniformément dans le sens de la distension, alors que, dans le cas précédent, ils réagissaient uniformément dans le sens de la rétraction. Cette réaction dans le sens de la distension est une étape dans la voie de l'hypotonie, alors que la rétraction est, au contraire, une étape dans la voie de l'hypertonie. On comprend que la réceptivité d'une cavité en état de distension hypotonique est exactement le contraire de celle d'une cavité en état de tension hypertonique et que les ingestions alimentaires massives et rares remplissent, dans le premier cas, les conditions essentielles de l'équilibre fonctionnel : *massives,* parce que l'excitation des plans musculaires est avant tout nécessaire en raison de leur prédominance anatomo-physiologique; *rares,* parce que l'accroissement de la surface digestive est, nous l'avons vu, le pendant nécessaire d'un travail fonctionnel proportionnellement ralenti.

Type digestif dissocié. — *Inspection.* — Dans la position couchée, l'abdomen a un aspect effondré, forme une sorte de cuvette dans laquelle semblent entassés pêle-mêle les plis et les replis de la paroi. Debout, celle-ci tombe en avant comme une besace, en même temps que l'épigastre et les flancs se creusent et paraissent s'évider.

Palpation. — *a*) *Superficielle.* — Empâtement franc, sensation de *chiffons mouillés*, ni élasticité, ni rénitence.

b) *Profonde.* — Les segments du côlon sont affaissés, les deux parois glissent l'une sur l'autre, et donnent une sensation de tuméfaction pâteuse avec gargouillements ou crépitations humides réveillés par la malaxation sur tout le trajet de l'organe ; absence complète de différenciations morphologiques.

Mobilité respiratoire du foie et du rein droit. La succussion donne un faible bruit de clapotage. La sensation de flot est prédominante.

Percussion. — Nous trouvons un damier normal, mais d'une composition étrange, déconcertante : à l'épigastre, zone de résonance basse, d'étendue moyenne ; au niveau du cæcum, son simple, de tonalité plutôt élevée ; au niveau du grêle enfin, *tympanisme* aigu.

Debout, le damier se transforme : la zone épigastrique devient submate, la zone cæcale résonante, de tonalité moyenne, le grêle reste tympanique mais d'un timbre moins franc, d'une tonalité moins élevée.

Tels sont les faits objectifs. Quelle en est la signification immédiate ? La fibre musculaire gastrique est *distendue* au maximum ; la fibre musculaire cæcale, est, au contraire, *tendue* d'une façon exagérée. Par conséquent, ces deux cavités, qui réagissent ordinairement dans le même sens, présentent ici les signes de la *dissociation fonctionnelle*, quel que soit, d'ailleurs, l'agent excito-moteur. Dès que le système musculaire général est excité (le sujet se tenant debout), nous voyons les phénomènes inverses se manifester, — résonance cæcale, submatité gastrique, — mais sous une forme qui traduit toujours la *dissociation physiologique*. Quant au grêle, il semble concentrer, avec son tympanisme aigu *peu variable*, le maximum de l'effort fonctionnel proprement dit, du *travail digestif*.

Et comme substratum anatomique de ces phénomènes si instructifs de vibratilité réactionnelle, nous trouvons cet affaissement des anses digestives, cet effondrement de l'abdomen, ces énormes modifications morphologiques, soit de la région, considérée dans son ensemble, soit des segments digestifs scrutés un à un. L'uniformité de calibre du côlon est, nous l'avons vu déjà, le stigmate essentiel de la fonction réduite jusqu'au voisinage de l'indifférence. En fin de compte, si l'analyse des sons nous donne la claire notion du mode fonctionnel qui est un mode *dissocié*, les autres signes physiques, en traduisant cette réaction profonde d'effondrement général de l'appareil digestif, nous apportent un complément d'information décisif, car ils nous donnent la note grossière de la *réactivité digestive* de l'individu : effondrement signifie réaction violente et celle-ci ne peut reconnaître que deux conditions, soit un choc anormal, soit une réactivité vive de l'organe frappé.

En résumé, dissociation fonctionnelle momentanée dans un appareil digestif ou violemment frappé ou doué d'une grande réactivité, telle est l'interprétation la plus adéquate des faits physiques révélés par le procédé de l'exploration externe.

Cette dissociation fonctionnelle, qui répond à la

moindre excitation ambiante d'où qu'elle parte et quel que soit l'appareil organique récepteur, commande un minimum d'intervention de la part de l'hygiéniste, notamment la diète liquide, au point de vue alimentaire, afin que, évoluant librement, la spontanéité de l'organisme prenne le dessus peu à peu et aboutisse au retour de l'équilibre digestif.

Nous venons d'esquisser à grands traits, à l'aide de données cliniques positives, trois *types fonctionnels de digestion :* le premier, *type accéléré,* répond à une rétraction générale du canal alimentaire, sorte d'état organique bien défini par le *strictum* de Stahl; le second, *type ralenti,* répond à une dilatation générale du canal alimentaire, qui trouve également une heureuse définition dans le *laxum* du même auteur ; le troisième, *type dissocié,* répond fondamentalement à un affaissement du canal alimentaire sur lequel se greffent des phénomènes réactionnels irréguliers, alternativement dans le sens du *strictum* et dans celui du *laxum.*

Ces trois types doivent être gravés dans la mémoire du praticien, comme trois formes essentielles, primordiales, autour desquelles gravitent les formes innombrables que la clinique fait surgir à chacun de nos pas.

Abordons maintenant un dernier point : les relations *immédiates* des signes objectifs avec le travail digestif.

Une proposition de physiologie générale domine toute cette question : *le maximum de travail correspond toujours au minimum d'effort fonctionnel.* Si nous analysons objectivement un tube digestif en équilibre fonctionnel, nous trouvons, en effet, tous les signes d'un état réactionnel digestif *discret :* pas de variations morphologiques de l'abdomen avec les attitudes; les segments coliques sont de forme arrondie, de consistance élastique, nullement dure ; ni clapotage, ni flot gastriques. Le son est franc, de ton moyen, d'un timbre moëlleux qui laisse l'oreille indécise entre le tympanisme et la résonance ; les trois zones du damier normal donnent des sons faiblement différenciés, soit comme tonalité, soit comme intensité. Enfin, phénomène capital, que l'observation se fasse près ou loin des repas, que le sujet soit couché ou debout, au repos ou en activité, le tableau objectif ne se modifie pas ou, du moins, ne se modifie que dans des limites extrêmement difficiles à saisir, pour nos sens. Telle est une première donnée clinique confirmative de la proposition physiologique énoncée plus haut.

Au contraire, à mesure que l'équilibre fonctionnel devient instable, la morphologie abdominale varie, les segments coliques et le réservoir gastrique deviennent le siège des spasmes de tension ou de distension, c'est-à-dire voient leur calibre se rétrécir ou se dilater, enfin les zones sonores se différencient au point de vue de la tonalité, de l'intensité et du timbre, et les moindres excitations du milieu cosmique ont leur répercussion sur l'appareil digestif et en modifient le tableau phénoménal.

La conclusion, c'est qu'à l'état d'équilibre la fonction digestive, comme toutes les fonctions, est insaisissable à nos moyens d'investigation ; la conclusion encore, c'est que les signes objectifs que nous sommes à même de recueillir nous donnent des renseignements non point immédiatement sur la désagrégation physico-chimique et l'absorption du bol alimentaire, mais bien sur les formes du pouvoir réactionnel digestif, qui conditionnent cette désagrégation moléculaire. Si, lorsque la fonction s'accomplit régulièrement, nous sommes incapables, à l'examen objectif, de savoir où en est la phase digestive, en revanche, quand le travail est irrégulier, rien n'est plus facile que de dénombrer et d'analyser ces irrégularités en les rapportant aux conditions alimentaires et autres qui les déterminent. Et comme les signes objectifs abdominaux, par leur nombre, leur variété et leur nature traduisent les moindres oscillations physiologiques de l'économie, l'observateur qui les connaît est à même de saisir l'orientation biologique d'un individu, bien avant l'apparition des phénomènes subjectifs et peut faire œuvre d'hygiène prophylactique, là où la médecine classique reste muette et impuissante. D'ailleurs, l'équilibre fonctionnel est une conception de notre esprit plus qu'une réalité : notre organisme est constamment oscillant dans un sens ou dans l'autre, dans le sens de l'accélération ou du ralentissement des actes vitaux, dans le sens de la rétraction ou de la dilatation des éléments anatomiques ; les ruptures d'équilibre sont de chaque jour, mais tant que la *spontanéité* physiologique est suffisante, c'est-à-dire tant que le champ de nos mouvements moléculaires reste large, il est exceptionnel que le choc pathogène aboutisse à autre chose qu'à une dissociation fonctionnelle momentanée qui passe inaperçue. La vie de certains individus est remplie de ces épisodes morbides fugitifs, méconnus, insoupçonnés même, qui dévient peu à peu tout le mouvement nutritif et créent prématurément un état d'usure d'autant plus difficile à expliquer physiologiquement que l'histoire du sujet, faite d'après les habitudes classiques, ne révèle rien de significatif.

Cependant, la connaissance de ces déséquilibres passagers, de ces dissociations fonctionnelles momentanées, est à la base de toute interprétation clinique ; c'est la clef indispensable qui nous ouvre le secret de tous les états organopathiques. Si l'évolution de chaque individu laisse dans son histoire des traces saisissables, et, partant, des jalons pour notre esprit, ce sont ces déséquilibres momentanés, inconscients, qui nous en donnent la raison dernière, la lumineuse explication. En effet, un premier déséquilibre survient, l'élément anatomique se ressaisit, mais avec une énergie diminuée ; obligé de faire face aux mêmes exigences du milieu cosmique, il compense sa perte soit par un accroissement de vitesse, soit par une augmentation de volume, suivant qu'il est orienté originellement dans le sens de la vitesse ou dans celui de la masse.

Un second déséquilibre entraîne des phénomènes réactionnels identiques et peu à peu surviennent des altérations morphologiques ou de nouvelles allures fonctionnelles, qui modifient la manière d'être de l'organisme : un ou plusieurs jalons évolutifs se trouvent créés. Mais il arrive un moment où la puissance réactionnelle est amoindrie au point de ne pouvoir plus compenser, ni par la vitesse, ni par la masse. Alors apparaît ce que nous appelons la réaction d'*inertie*, c'est-à-dire cet état organique d'écroulement des éléments anatomiques dans lequel la masse est informe et la vitesse nulle, ou, tout au moins, dans lequel ces deux éléments, forme et fonction, se trouvent ramenés à un état rudimentaire. Le temps du ressaisissement progressif correspond précisément à ce que l'on désigne communément sous le nom de période de maladie.

En résumé, c'est ainsi que se définit très physiologiquement ce que nous entendons par *compensation* : tant que le champ d'élasticité de nos molécules est suffisant, elles se relèvent de tout choc pathogène, et compensent la perte d'énergie qu'elles viennent de subir par une accélération de la vitesse ou par un accroissement de la masse. Tout pouvoir compensateur est épuisé, quand le champ d'élasticité se trouve modifié au point de ne plus permettre ni accélération de vitesse, ni accroissement de surface ; alors s'installe la maladie, c'est-à-dire un état rudimentaire de la forme et de la fonction qui va être le point de départ d'une compensation de forme nouvelle.

F. — Notions complémentaires sur les réactions broncho-pulmonaires. — Est-il besoin de rappeler ici la synergie absolue de la cage thoracique et des voies broncho-pulmonaires dans l'acte fonctionnel respiratoire? Inutile, encore, d'ajouter que nous nous trouvons en face d'une anatomie régionale différente de celle de l'abdomen. C'est l'élément ostéo-cartilagineux, d'action prédominante, qui maintient la béance des canaux bronchiques. Toutefois, la fibre musculaire joue un rôle qui n'est point à négliger : en individualisant dans une certaine mesure la contractilité bronchique, elle crée un véritable *tonus respiratoire* qu'il est possible d'apprécier cliniquement.

De plus, cette constitution anatomique entraîne, on le devine, une certaine *fixité morphologique* de l'appareil respiratoire ; de là, des modalités réactionnelles cliniquement obscures, en tous cas différentes de celles que nous avons appris à connaître en explorant le tube digestif.

Négligeant toutes les localisations pleuro-pulmonaires infectieuses ou dégénératives, cherchons à dégager le mode fondamental suivant lequel le canal aérien réagit aux chocs cosmiques directs ou indirects.

1° La percussion pulmonaire nous révèle deux états habituels du tonus respiratoire : l'un s'objective par une sonorité de tonalité basse et d'intensité légèrement accrue, l'autre par une sonorité opposée, de tonalité élevée et de faible intensité.

Cette constatation clinique concorde, d'ailleurs, avec l'état des *forces musculaires* de l'individu, faibles et déclinantes dans le premier cas, entières et croissantes dans le second.

2° Nous trouvons, à la percussion thoracique, toutes les modalités sonores que nous a révélées la percussion abdominale. C'est ainsi que le tympanisme et la résonance pulmonaires, moins francs que leurs homologues abdominaux, se distinguent aisément et stigmatisent des états fonctionnels identiques : un bronchitique emphysémateux, par exemple, présentera de la résonance ou du tympanisme suivant que ses fibres de Reissessen seront tétanisées ou simplement distendues. Il n'est pas jusqu'à la mosaïque sonore que nous ne retrouvions pour caractériser la dissociation fonctionnelle, dans certaines bronchites aiguës et généralisées.

Nous n'avons pas à insister ici sur les signes d'auscultation, râles sonores, sous-crépitants, crépitants, etc., qui répondent aux crépitations, aux gargouillements, aux bruits gastro-intestinaux. Ces bruits présentent dans les voies broncho-pulmonaires un maximum d'éclat, en raison de la violence du conflit hydro-aérique que produit le jeu de toutes les forces respiratoires.

3° Enfin, il est un fait clinique d'observation journalière, c'est la voussure progressive du dos, avec incurvation de la colonne dorsale et écartement des omoplates de la ligne apophysaire, chez toute une catégorie d'individus. Cette déformation, simplement ébauchée, coïncide parfois avec le déclin de l'hypermégalie abdominale.

Nous avons étudié les déformations de l'abdomen et montré qu'elles traduisent en somme un effort de distension qui n'aboutit plus. Cette pathogénie nous semble applicable, de tous points, aux déformations de la cage thoracique. Cette cavité se distend pendant une certaine période de la vie ; mais cette distension nous échappe généralement, parce que nous manquons des moyens de la reconnaître et de l'estimer. Puis, à un moment donné, la capacité de distension se trouve épuisée. La régularité de ce processus compensateur est alors remplacée par un effort réactionnel *dissocié*, qui amène la déformation lente et progressive de la région thoracique.

Nous avons dit que cette déformation du thorax peut coïncider avec celle de l'abdomen. Dans ce cas, les deux déformations évoluent généralement en sens inverse : là où la déformation abdominale prédomine, la forme du thorax est peu altérée et *vice versa*.

III. — Les Membres.

Tronc rectiligne, reliefs arrondis des membres, tel est le double trait morphologique du type musculaire. — Deux variétés de ce type : musculaire *long* et musculaire *court*. — Fonctionnellement, le type musculaire est non pas l'individu *fort*, mais l'individu qui *vit* de mouvement. — C'est à l'effacement des reliefs musculaires des membres que se mesure la déchéance de l'organisme. — Dilatations variqueuses au niveau des membres inférieurs ; leur signification.

Ce sont les membres et leurs régions d'attache qui englobent la plus grosse portion du tissu musculaire de l'économie ; c'est là que la fibre musculaire revêt les aspects morphologiques les plus divers et manifeste les réactions fonctionnelles les plus caractéristiques. C'est donc à l'analyse du *type musculaire* qu'il faut demander tous les éléments de cette étude sur les membres. Mais un travail semblable, est-il besoin de le dire, sort du cadre de cet ouvrage. Nous nous contenterons d'exposer les faits qui permettent de reconnaître le type musculaire, de le différencier des autres types organiques ; nous nous appliquerons surtout à mettre en évidence ces quelques notions essentielles que tout clinicien doit posséder, comme un premier noyau destiné à grossir avec l'expérience de chaque jour.

Nous examinons un sujet dans le décubitus dorsal : les proportions respectives du thorax et de l'abdomen s'équilibrent sensiblement, et le tronc n'est remarquable que par *ses lignes droites ;* aucun de ces « mouvements de terrain » qui retiennent l'attention. Le sujet découvre successivement ses membres supérieurs et inférieurs : immédiatement notre regard est attiré par le *relief*, plus ou moins accusé, mais toujours harmonieusement arrondi, de masses musculaires qui individualisent chaque segment des membres. Nous avons affaire au *type musculaire*.

Deux variétés de ce type doivent être signalées : le type musculaire *long* et le type musculaire *court*.

Le premier se distingue par la forme massive et anguleuse de ses leviers osseux; le muscle, d'un faible relief, passe au second plan. Chez le second, au contraire, c'est le relief du muscle qui prédomine, s'accusant surtout dans les groupements préposés aux actions de force, et laisse émerger des extrémités osseuses comparativement grêles ; ce sont ces formes qui justifient l'expression courante de « fines attaches ».

Une variété plus accidentelle est celle qui répond à la prédominance de l'un ou de l'autre des groupements supérieurs et inférieurs : tel individu, grand marcheur, se fait remarquer par le développement musculaire prépondérant de ses membres inférieurs ; tel autre concentre dans ses membres supéreurs à la fois toute sa force et toute son exubérance morphologique.

Un levier osseux que nous ne saurions passer sous silence, c'est la colonne vertébrale, avec ses masses musculaires qui s'échelonnent successivement dans les régions lombaire, dorsale et cervicale. Dans une étude sur l'évolution du type musculaire, les déviations de la colonne vertébrale trouveraient leur place naturelle, complétant, du reste, un tableau clinique d'ensemble qui a échappé jusqu'à présent à l'observation des chirurgiens.

Qui dit musculaire ne dit pas nécessairement individu doué d'une grande force physique, mais veut dire — individu qui *vit* surtout de mouvement —, et la gamme des musculaires va du portefaix, colosse toujours chargé d'énormes fardeaux, à la femme mignonne et frêle qui use le principal de son activité dans l'arrangement de ses bibelots. Parfois même, le musculaire est un être remarquablement faible, d'une faiblesse qui contraste étrangement avec le volume de la charpente squelettique; cette anomalie physiologique curieuse, importante à connaître, a son origine, pour le dire dès maintenant, dans une *formation irrégulière,* qui a laissé définitivement rétréci le champ de la contractilité musculaire.

Quoi qu'il en soit, le mouvement reste la source principale d'énergie pour le type que nous étudions, et les formes sous lesquelles le mouvement peut être capté sont innombrables, échappent à toute description didactique.

Chez les types organiques autres que le type musculaire, les masses musculaires des membres s'harmonisent avec la musculature générale du corps ; elles n'offrent, en conséquence, que des caractères morphologiques et fonctionnels de second ou de troisième plan.

Chez tous les individus, sans distinction de types organiques, c'est au niveau des membres, notamment des épaules, des hanches et des mollets, c'est-à-dire des régions où la fibre musculaire est surtout abondante, que l'*affaissement organique* acquiert son maximum d'objectivité clinique. Que de pauvres sujets, épuisés par une maladie aiguë grave ou par une cachexie néoplasique, mesurent la profondeur de leur déchéance au degré de flaccidité et d'effacement de ces saillies musculaires! La fibre musculaire, en vertu de sa constitution moléculaire, est éminemment variable dans ses qualités physiques : elle passe de la dureté ligneuse à la flaccidité extrême, du relief arrondi à la forme complètement étalée.

Enfin, la circulation sanguine des membres inférieurs emprunte à l'action de la pesanteur une certaine importance clinique : cette région est le siège de prédilection des varicosités cutanées et surtout de la dilatation variqueuse des gros troncs veineux. Ce sont là des phénomènes de même nature et de même signification que les *distensions* musculaires qui occupent d'autres régions de l'économie, le tube digestif, par exemple ; c'est une manifestation localisée du consensus musculaire de notre organisme. La recherche des varices des membres inférieurs est ainsi le complément naturel de l'examen objectif de l'abdomen.

IV. — La Tête.

A. — *Notions cliniques de physiologie nerveuse.* — L'analyse doit viser la connaissance du *tissu prédominant*, c'est-à-dire du tissu nerveux encéphalique. — Nécessité d'un fil conducteur, en raison de la faible *objectivité* de l'appareil cérébral. — La loi de synergie fonctionnelle de tous les appareils de l'économie constitue ce fil conducteur. — La synergie fonctionnelle trouve sa raison anatomique dans l'entremêlement, sur tous les points de l'organisme, des différents types cellulaires qui constituent le corps humain. — Chaque appareil organique comprend deux portions : une portion périphérique et une portion profonde. La première est destinée à colliger les excitations du monde extérieur ; elle est seule accessible à nos moyens d'investigation directe. — La pénétration de la fibre nerveuse dans toutes les régions de l'économie nous explique la *synergie sensitive*. — A la propriété d'excitabilité qui lui est commune avec tous les tissus, le tissu cérébral joint une propriété spéciale, la *sensibilité*. — Sensibilité générale et sensibilité spéciale.— La sensation ne comporte, en clinique, de signification valable qu'autant qu'elle est envisagée concurremment avec les autres signes dans le tableau d'ensemble tracé par l'observateur. — Les sensations lumineuses et auditives répondent à la fonction d'*élaboration intellectuelle ;* les sensations organiques répondent à la fonction d'*élaboration sensitive consciente*. — Deux types, suivant la prédominance de l'élément intellectuel ou de l'élément sensitif ; le premier puise son tonus dans l'assimilation des impressions lumineuses et auditives ; le second dans l'assimilation des impressions organiques.

Etat subaigu cérébral. — Etat fonctionnel qui le prépare et lui sert de terrain. Ce sont les formes diverses de cet état qui nous expliquent l'infinie variété des états subaigus cérébraux. — Rareté de l'état subaigu psychique, chez le type cérébral. — Pourquoi les états subaigus cérébraux ont leur point de départ habituel dans la sensibilité organique.

B. — *Signes objectifs céphaliques*. — Morphologie crânio-faciale envisagée chez les quatre types organiques : type cérébral, type digestif, type respiratoire et type musculaire. — *Facies humain :* Facies rétracté, facies dilaté, facies gras.— La configuration crânio-faciale nous indique la nature des excitants cosmiques qui conviennent aux différents organismes ; le facies trahit la réactivité nerveuse propre à l'individu, quelle que soit l'ambiance excitatrice. — Modifications des facies parallèles aux états subaigus cérébraux.

A. — *Notions cliniques de physiologie nerveuse*.— Dans l'étude d'une région nos efforts d'analyse et d'observation visent et doivent viser la connaissance du *tissu prédominant :* c'était le tissu digestif pour la région étudiée dans le paragraphe II ; ce sera le tissu nerveux encéphalique pour la région étudiée dans le présent paragraphe. Tous les éléments excentriques sont groupés en vue d'actions et de réactions synergiques dont l'élément cérébral est comme la clef de voûte : quand nous aurons éclairci les conditions déterminantes de la fonction nerveuse, les conditions secondaires qui déterminent le jeu des éléments périphériques vont s'éclaircir d'elles-mêmes et s'égrener sous nos yeux dans un sens facile à saisir.

Inversement, ces conditions secondaires constituent, ici comme pour la région abdominale, des éléments d'étude parfois prépondérants, seuls capables, dans certaines circonstances, de nous donner l'orientation de la fonction principale. En définitive, c'est toujours le même principe de recherche : il n'est pas d'éléments *secondaires* pour l'observateur ; tout ce qui tombe sous ses sens, tout ce qui est jalon grossier, évident, indiscutable, doit être recueilli et analysé minutieusement ; la synergie de tous les éléments anatomiques nous en fait un devoir strict, nécessaire. Chercher la lumière là où elle est et non là où notre raisonnement la suppose, telle est la règle fondamentale de toute observation positive. L'objectivité des faits est à mettre en opposition avec la prépondérance physiologique des appareils organiques : tel appareil joue un rôle considérable dans l'économie animale, mais il est sans *objectivité* pour nos sens ; *ipso facto*, il passe à un rang secondaire pour l'observateur, qui doit porter ailleurs ses efforts d'analyse.

Le cerveau rentre dans la catégorie de ces appareils primordiaux, qui sont doués d'une très faible objectivité et, partant, échappent à l'observateur dont la règle est de n'avancer qu'avec des faits réels et positifs.

C'est ainsi que les psychologues et les philosophes ont pu écrire, depuis des siècles écoulés, des volumes et des volumes sans que *la connaissance de la fonction cérébrale ait sensiblement avancé.*

Ces dernières années, le laboratoire est entré en scène, mais sans grand succès ; car le tissu nerveux, moins qu'un autre, se prête à ce déterminisme, qui l'isole de ses connexions avec les autres appareils ou lui impose des conditions de fonctionnement absolument différentes de celles qui lui sont naturelles.

Et les observateurs vont à l'aventure, notant de ci de là quelque fait intéressant, découvrant parfois un mode réactionnel suggestif pour les spéculations du théoricien ; mais rien ne naît qui serve de fil conducteur au praticien, aucune de ces notions fondamentales qui forment un terrain solide sur lequel il soit possible de s'aventurer sans crainte des fondrières.

Ce fil conducteur, nous allons le demander à l'observation clinique faite méthodiquement. Nous allons, de parti pris, délaisser tout le fatras de la littérature nerveuse, comme nous l'avons fait pour la littérature digestive, et nous appliquer à recueillir des faits que nous considérerons comme d'autant plus importants et décisifs qu'ils sont mieux à la portée de nos sens, c'est-à-dire susceptibles d'une analyse plus complète et d'une notion plus sûre. Nous délaisserons les conceptions *a priori*, quelque séduisantes, quelque anciennes, quelque universelles qu'elles soient. Nous nous contenterons de combler les lacunes de notre observation objective par les notions de physiologie générale que nous avons recueillies jusqu'ici ; et parmi celles-ci, la *synergie fonctionnelle* de tous les appareils de l'économie sera invoquée la première et la plus fréquemment mise à contribution, comme la loi dominante de toute la clinique humaine.

Nul appareil n'est mieux à même que l'appareil nerveux de mettre en évidence le rôle primordial de cette synergie fonctionnelle et d'en objectiver la réalité. En effet, s'il est vrai que chaque fonction est dévolue à un élément anatomique différencié, s'il est vrai que ces éléments anatomiques se groupent en masses compactes et distinctes sur certains points de l'organisme pour donner naissance à des appareils physiologiquement et morphologiquement différenciés, il n'est pas moins certain que de ces points nodaux irradient comme des fusées d'éléments anatomiques de même structure et de même fonction qui pénètrent l'organisme de part en part ; de telle sorte que l'observateur, étudiant une région quelconque de l'économie, y retrouve les éléments représentatifs de tous les systèmes anatomiques. On pourrait appliquer à la biologie la parole de Pascal : « Qui connaîtrait un grain de sable connaîtrait les lois de l'univers », et dire : Qui connaîtrait une région de l'organisme connaîtrait les lois de l'organisme tout entier.

L'appareil nerveux émet une infinité de prolongements qui parcourent en mille sens divers chacune des régions de l'organisme et enlacent, pour ainsi dire, jusqu'à la moindre de ses cellules constitutives. Ces filaments nerveux affectent une structure morphologique différente suivant la région qu'ils sont appelés à desservir : nerfs périphériques ou nerfs splanchniques (médullaires ou sympathiques).

En définitive, l'élément nerveux devient confluent dans un point de l'organisme, pour former la masse encéphalo-médullaire, mais il reste présent dans tout l'organisme et nous rappelle l'homogénéité structurale de la cellule primitive.

Il en est de même, du reste, de tous les autres systèmes anatomiques : la fibre musculaire est confluente autour des leviers osseux, mais reste présente dans tous les points de l'économie, sous une forme également en rapport avec les organes qu'elle dessert ; l'appareil vasculo-lymphatique possède de même ses masses centrales, le cœur, les gros vaisseaux, le canal thoracique, et les capillaires qui s'insinuent entre les éléments anatomiques jusqu'aux points les plus reculés de notre économie ; et les éléments préposés, soit à la digestion, soit à la respiration, dans des groupements centraux, trouvent eux-mêmes leurs homologues dans des cellules lointaines qui réagissent suivant le même mode fonctionnel. De telle sorte que cette synergie fonctionnelle, c'est-à-dire cette simultanéité réactionnelle de l'économie tout entière en face d'une excitation isolée, portant sur un point quelconque de l'organisme, trouve sa raison anatomique dernière dans cet enchevêtrement intime des différents types cellulaires qui constituent le corps humain.

Rechercher et placer dans la réaction *exclusive* d'un appareil, fût-il très prédominant, la raison et la localisation d'un trouble morbide est contraire aux données à la fois et de l'anatomie et de la physiologie.

Chaque appareil est, en réalité, formé de deux parties : une *partie périphérique*, destinée à colliger les excitations du milieu cosmique, une *partie profonde* en continuité matérielle avec la première, transportant au loin ces excitations cosmiques vivifiantes. La partie périphérique accapare la scène objective par sa double prédominance anatomique et physiologique ; la partie profonde échappe à la plupart de nos procédés d'investigation directe et nous serait à peu près fermée, si nous ne savions l'étroite corrélation qui unit et identifie ces deux parties dans un mouvement de même forme et de même allure. C'est un seul et même appareil dont les éléments sont ici abondants et là plus rares, constituant dans le premier cas un groupement périphérique important, prédominant, et dans le second un groupement profond effacé, d'ordre hiérarchique inférieur.

Tel individu, ayant des groupements musculaires périphériques prédominants, devra être considéré comme un musculaire dans toutes les portions de son économie, et, dès qu'une région quelconque subira un traumatisme, nous verrons les réactions musculaires locales prédominer sur les réactions des autres tissus.

Tel autre individu, sensitif parce que son appareil sensitif périphérique est anatomiquement et physiologiquement prédominant, manifestera un déséquilibre local par des phénomènes sensitifs, quelles que soient la nature du choc pathogène et aussi la localisation du retentissement morbide.

Chez un troisième, la *maladie* n'est ni douloureuse ni spasmodique, mais caractérisée par des phénomènes d'hypersécrétion salivaire, sudorale, bronchitique, intestinale, etc.

Chez un quatrième enfin, c'est le déséquilibre sanguin ou lymphatique : hémorrhagies abondantes, incessamment renouvelées pour des causes insignifiantes ou suppurations interminables que rien ne saurait prévenir, etc., etc.

Il était nécessaire de mettre en relief ce point capital de physiologie générale à propos de la pénétration de la fibre nerveuse dans toutes les régions de l'économie. Cette réalité anatomique donne corps, pour ainsi dire, à notre conception de la synergie fonctionnelle de l'organisme humain. Cette pénétration nous explique en outre la *synergie sensitive* de tous les points de l'organisme ; car le système nerveux est fondamentalement un appareil de fonction sensitive.

Mais, à ce sujet, faisons quelques distinctions immédiatement nécessaires.

L'irritabilité est la qualité fondamentale de l'élément nerveux, cellule grise ou fibre nerveuse, comme de tout élément anatomique. Cette irritabilité répond, en dernière analyse, à la facilité avec laquelle peut *varier* le mouvement moléculaire : si une excitation légère suffit à accélérer ce mouvement, l'irritabilité est exquise ; s'il faut une excitation forte pour amener cette accélération, l'irritabilité est faible.

Mais cette irritabilité, c'est-à-dire cette propriété de traduire les influences extérieures d'une façon plus ou moins accusée, n'est qu'une condition fondamentale de la fonction et non la fonction elle-même ; celle-ci réside essentiellement dans la *forme* du mouvement moléculaire, forme qui est immuable et ne cesse qu'avec l'arrêt du mouvement, c'est-à-dire avec la mort. Cette forme dépasse les influences du milieu cosmique, et rien ne saurait transformer une cellule hépatique, par exemple, en une cellule nerveuse, quand bien même ces deux cellules auraient une composition moléculaire identique au point de vue chimico-physique.

A propos de tous les éléments anatomiques, il est donc nécessaire de distinguer l'*irritabilité réactionnelle* de la *forme réactionnelle*. Deux cellules sont douées du même degré d'irritabilité réactionnelle et fonctionnent suivant deux formes tout à fait différentes : l'une fait de la douleur, l'autre fait du suc pancréatique, avec la même excitation cosmique, comme condition initiale, et avec un mouvement moléculaire de même vitesse et de même amplitude.

La différenciation de la forme réactionnelle n'est nulle part plus grande que dans le système encéphalique. Empressons-nous de dire que nous n'avons nullement l'intention d'en entreprendre ici une esquisse même sommaire.

Nous devons seulement bien préciser quelques données d'ordre essentiel.

L'irritabilité de l'élément nerveux, ou encore l'excitabilité du système nerveux présente cette particularité d'être perçue par le sujet; de là le nom de *sensibilité* qui lui est donné communément. Or l'*excitabilité* est tout à fait distincte de la *sensibilité :* celle-ci est une fonction, celle-là est une propriété générale commune à tous les éléments anatomiques de l'organisme.

Expliquons-nous.

Chaque appareil organique comprend ce que nous avons appelé un *vestibule,* c'est-à-dire une surface qui sert de trait d'union entre cet appareil et le milieu cosmique, ou, plus précisément, transforme les excitations cosmiques en une force assimilable, acceptable par l'appareil qu'elles doivent vivifier.

L'encéphale est, à ce point de vue, richement doté : l'appareil *visuel* et l'appareil *auditif* lui forment une double porte d'entrée, donnant accès aux excitations cosmiques. En somme, la *lumière* et le *son* constituent les deux aliments naturels de la substance cérébrale, et ce sont les combinaisons infiniment variées de ces deux formes de la matière qui règlent essentiellement les oscillations du tonus psychique. Jusqu'à présent, l'appareil nerveux ne diffère pas des autres appareils : donnez-lui sa double ration d'excitation lumineuse et acoustique dans les proportions indiquées par ses besoins et vous aurez l'équilibre du tonus cérébral, comme vous avez l'équilibre du tonus digestif avec une ration alimentaire exactement mesurée.

Mais au tissu nerveux est dévolue une fonction spéciale, la fonction de *sensibilité.* Cette fonction de sensibilité peut se définir de la façon suivante : l'excitation cosmique frappe la surface respiratoire, une double réaction se produit, — réaction fonctionnelle de l'appareil broncho-pulmonaire, réaction synergique de tous les appareils de l'économie, y compris le cerveau qui enregistre une *sensation ;* l'excitation cosmique frappe l'appareil digestif, une double réaction se produit, — réaction fonctionnelle digestive, et réaction fonctionnelle sensitive cérébrale ; l'excitation cosmique frappe les terminaisons sensitives, une double réaction se produit, — réaction fonctionnelle du système musculaire et réaction sensitive cérébrale, etc., etc.

De sorte que chaque appareil de l'économie a son représentant sensitif cérébral, et cette fédération de centres sensitifs cérébraux répond à une fonction bien différenciée, la fonction de *sensibilité générale.* Le cerveau lui-même, en tant qu'appareil récepteur d'excitations lumineuses et sonores, réagit d'une double façon, dans le sens fonctionnel, c'est-à-dire comme assimilateur de la lumière et du son, et dans le sens sensitif, c'est-à-dire comme enregistreur de l'intensité du choc cosmique. En dernière analyse, la fonction de sensibilité générale se réduit à un ébranlement du système nerveux corrélatif de l'*intensité* des excitations, d'où qu'elles viennent, ébranlement qui a sa répercussion *consciente* sur un groupe d'éléments anatomiques du système encéphalique.

Nous permettre d'apprécier l'*intensité* du choc cosmique, tel est bien le rôle fondamental du système sensitif. Toutefois, à l'intensité se surajoutent des caractères secondaires qui dépendent, en particulier, du point de départ de cet ébranlement : c'est ainsi que l'ébranlement des papilles linguales donne lieu à une sensation spéciale, dite gustative, l'ébranlement des cellules olfactives produit une sensation également caractéristique, dite odeur, etc. Des appareils spéciaux, d'une disposition anatomique définie, sont en définitive préposés à la transformation de certains chocs cosmiques en perceptions caractéristiques nous permettant d'accepter ou de régler ces éléments excitants, suivant que la sensation est agréable ou désagréable. De plus, en dehors des appareils olfactif et gustatif dont la disposition anatomique commande, pour ainsi dire, la nature de la sensation, il est d'autres conditions, incessamment variables, qui font que deux sensations ne se ressemblent jamais : ce sont essentiellement des conditions de réceptivité périphérique, c'est-à-dire d'état anatomo-physiologique de la région qui reçoit le choc, et de réceptivité centrale, c'est-à-dire d'état anatomo-physiologique de la cellule sensitive cérébrale. Ajoutons l'infinie variété des excitants cosmiques. Et nous comprendrons que le système sensitif ou subjectif est le domaine le plus vaste, le plus mobile, le plus dangereux où puisse s'aventurer le clinicien. La *sensation* ne comporte une signification vraie et valable qu'autant qu'elle vient se ranger naturellement dans le tableau d'ensemble tracé par l'observateur. Que d'erreurs grossières, que d'interprétations inexactes, que de fausses routes thérapeutiques imputables à la *douleur*, prise comme guide par des observateurs dépourvus d'esprit méthodique !

Si à chaque appareil est, en quelque sorte, annexé un appendice sensitif que l'éducation développe et affine et dont le rôle est de mesurer la ration d'excitants cosmiques qui convient à cet appareil, la clinique nous enseigne que l'appareil le plus richement pourvu à ce point de vue est sans contredit l'*appareil musculaire* auquel est annexé tout le système sensitif cutané avec ses ramifications articulaires ; et c'est pourquoi le déséquilibre du système musculaire, si fréquent chez la femme, entraîne parallèlement cette abondance de troubles sensitifs, apanage caractéristique de ce sexe.

Nous réservant de traiter cette question au chapitre de l'évolution, nous devons seulement noter ici ce type sensitif auquel nous avons fait allusion à propos du *damier inverse;* ce type sensitif serait mieux dénommé *sensitivo-musculaire,* parce que fondamentalement il s'agit d'un type musculaire chez lequel, du fait de l'hérédité ou du fait de circonstances accidentelles, le système sensitif a pris le pas sur le système musculaire et imprime à l'organisme tout entier une allure caractérisée par la facilité et la prédominance des manifestations sensitives, aussi bien dans la fonction *régulière* que dans le déséquilibre morbide.

Le sensitif-est, en définitive, une variété de type musculaire, qui n'a gardé de son type anatomique primitif que la prédominance du tissu sensitif, le tissu musculaire ayant été relégué au second plan. Mais il faut bien savoir que chaque fonction a son équivalent sensitif et que la valeur de cet équivalent est représentée par celle de la fonction elle-même : le digestif trouve ses jouissances les plus profondes dans les plaisirs de la table, le musculaire dans la culture des sports, le cérébral dans les spéculations intellectuelles et le respiratoire dans la vie de plein air. Dans le même ordre d'idées, mais dans un sens opposé, le déséquilibre de l'appareil prédominant est la source principale des douleurs physiques ou morales, suivant qu'il s'agit de l'appareil nerveux ou de l'un des autres appareils.

En dernière analyse, nous sommes en mesure de délimiter avec une précision satisfaisante le champ d'influence biologique dévolu au système encéphalique. Appareil d'assimilation des excitations lumineuses et sonores qui lui sont transmises du dehors par un double vestibule, la vue et l'ouïe, le cerveau trouve dans ces éléments cosmiques le tonus physiologique que le poumon trouve dans l'air, le tube digestif dans l'aliment, etc. Ce tonus, du reste, est indépendant de la forme sous laquelle les excitations lumineuses et sonores sont assimilées, c'est-à-dire transformées, élaborées et incorporées à la substance grise elle-même. Ce travail d'élaboration répond à la fonction essentielle de la cellule cérébrale, comme la digestion, c'est-à-dire la décomposition moléculaire, l'absorption et l'assimilation, répond à la fonction essentielle de la cellule digestive. C'est à ce travail d'élaboration que correspond la *forme spécifique* du mouvement moléculaire.

Mais, à côté de cette fonction qui représente l'acte physiologique le plus perfectionné, existe la fonction de *sensibilité* en vertu de laquelle le cerveau *enregistre* tout ce qui se passe en lui et en dehors de lui, dans l'économie tout entière, et l'enregistre en caractères variables depuis la sensation subconsciente jusqu'à la douleur aiguë. Toute une gamme de sensations est destinée à répercuter la gamme des impressions subies par nos éléments anatomiques du fait, soit de leur contact avec la matière cosmique, soit de leurs contacts réciproques dans les profondeurs de l'économie. Cette fonction de sensibilité est une nouvelle source d'excitations vivifiantes pour la substance cérébrale.

De sorte que le cerveau est finalement un *réservoir* de sensations :

1° Sensations lumineuses et auditives, qui répondent à la fonction d'élaboration intellectuelle.

2° Sensations organiques, qui répondent à la fonction d'élaboration sensitive consciente.

La fonction intellectuelle et la fonction sensitive affectent entre elles des rapports intéressants à analyser et à connaître.

L'élément intellectuel et l'élément sensitif ne sauraient se partager également le territoire cérébral : la dissymétrie préside à l'édification de toutes nos formes organiques. Pouvons-nous ici ramener cette dissymétrie à un phénomène simple, c'est-à-dire à la loi qui la commande?

Deux cas s'observent en clinique : dans le premier, c'est le groupement des éléments intellectuels qui l'emporte morphologiquement, et c'est la fonction d'élaboration des impressions lumineuses et auditives qui accapare la scène physiologique ; la fonction sensitive est reléguée au second plan par l'infériorité à la fois de son groupement anatomique et de ses modes réactionnels. Cette formule cérébrale correspond à un type organique défini que nous désignons sous le nom de type *cérébral*.

Un second cas se présente dans lequel le groupement des éléments intellectuels le cède au groupement des éléments sensitifs au double point de vue anatomique et physiologique ; l'élaboration intellectuelle, l'attraction cérébrale pour l'élément cosmique constituent une fonction d'étendue limitée, de faible amplitude, douée d'une *force élastique* manifestement inférieure. Le tonus cérébral trouve ailleurs que dans l'assimilation des impressions lumineuses et auditives sa principale ration d'entretien ; il la trouve dans les sensations organiques, dans l'assimilation des impressions qui lui viennent des diverses régions de l'économie ; et comme cette source d'impressions vivifiantes est inégale, puisqu'elle provient d'appareils dissymétriques, nous voyons le tonus cérébral osciller surtout avec les excitations alimentaires chez le digestif, avec les excitations atmosphériques chez le respiratoire, avec les excitations sensitivo-motrices chez le musculaire, alors que, chez le *cérébral*, le tonus psychique est manifestement dépendant de la fonction cérébrale elle-même, visuelle et auditive. Ici encore une dichotomie s'impose : deux sous-types dans le type cérébral, le sous-type *visuel*, le sous-type *auditif*, suivant la prédominance de l'un ou de l'autre de ces groupements cellulaires.

Pour pousser l'analyse d'un degré encore, il y a entre les sensations intellectuelles et les sensations organiques une différence radicale : les premières agissent sur le tonus cérébral par la mise en jeu du mécanisme essentiel de l'organe, tandis que les secondes n'ont en quelque sorte qu'une action de répercussion vibratoire, qui est *plaisir* si c'est l'unisson avec le mouvement primitif, qui est *douleur* si c'est la discordance avec ce mouvement primitif.

Un exemple : Un intellectuel puise sa force non pas tant dans les sensations que peut lui procurer le jeu équilibré de ses appareils organiques, que dans la multiplication et les mille combinaisons de ses impressions visuelles et auditives; c'est le succès de ces combinaisons, c'est la féconde et heureuse association de toutes ces données visuelles et auditives (*images* visuelles et auditives en langage psychologique) qui éveillent surtout la sensibilité générale et tonifient l'encéphale, et les autres impressions organiques sont à ce point de vue d'une influence négligeable.

De tout ce qui précède il résulte que, chez tous les types organiques, le cerveau reçoit deux courants d'excitations vitales : l'un, qui vient directement du milieu cosmique et agit par la mise en jeu de l'élément intellectuel à la fois fonctionnant et sentant ; l'autre, qui vient du milieu organique et n'agit que par l'ébranlement sensitif sans l'aide de l'élaboration intellectuelle. Ces deux courants sont inégaux : la prédominance du premier crée le type cérébral ; la prédominance du second répond aux autres types organiques que nous avons définis précédemment.

Ces deux sources du tonus cérébral bien précisées, étudions maintenant ce tonus, comme nous avons étudié le tonus digestif.

On sait que, dans notre langage, *tonus* équivaut à *excitabilité* de l'appareil ou *irritabilité* de l'élément anatomique. Ces trois termes sont équivalents.

Le tonus, ce n'est pas la fonction, c'est l'*allure* de la fonction. La fonction est étroitement liée, ne fait qu'un avec la forme de l'élément anatomique que nous ne pouvons transformer, qui est créée et entretenue par l'hérédité.

Par contre, l'allure de la fonction est en rapport avec le milieu cosmique et commandée par lui dans une certaine mesure ; et comme ce milieu cosmique est le plus souvent modifiable à notre gré, nous pouvons d'abord *expérimenter*, c'est-à-dire faire varier ce milieu cosmique, afin d'étudier les qualités réactionnelles de la cellule vivante, et ensuite *intervenir* pour mettre l'unisson entre l'élément anatomique et le milieu qui le fait vivre.

D'ailleurs, cette distinction entre le tonus et la fonction, imposée par les besoins de la description, est plus artificielle que réelle : l'un ne peut varier sans que l'autre ne se modifie parallèlement ; nous l'avons vu en étudiant le tonus et la fonction de l'élément digestif. Cette donnée fondamentale nous permet de pénétrer plus avant dans la connaissance de l'élément nerveux cérébral.

Théoriquement, quand l'excitation cosmique est adéquate au tonus cérébral, le libre jeu de la fonction est assuré, et celle-ci s'accomplit intégralement, tout comme l'équilibre de la digestion est déterminé par le juste rapport entre le tonus digestif et l'excitation alimentaire. Par conséquent, de même que pour connaître la fonction digestive, il devrait suffire d'assister passivement à la libre satisfaction de ses besoins, de même pour apprécier la fonction cérébrale, il devrait suffir d'assister passivement à la libre satisfaction des besoins physiologiques correspondants.

Mais c'est là une conception purement idéale : le rôle de l'observateur et de l'hygiéniste est un rôle essentiellement actif, parce que la disparité est de règle entre la réceptivité cérébrale d'une part, les excitations cosmiques et les impressions organiques d'autre part. Cette disparité est une source d'entraves au libre jeu de la fonction, et le médecin doit *intervenir* pour écarter ces entraves et pour assurer au travail fonctionnel un maximum de liberté.

Voyons ce que nous enseigne une analyse psychologique sommaire.

Tonus cérébral exagéré. — Les impressions visuelles et auditives déterminent une réaction vive, rapide, d'où image mentale rapetissée, heurtée dans ses reliefs, floue dans ses détails.

Tonus cérébral diminué. — Les impressions visuelles et auditives entraînent une réaction faible et lente, d'où image mentale agrandie, uniforme, sans reliefs caractéristiques. Et l'on conçoit que la résultante d'un travail fonctionnel s'exerçant sur des images de l'une ou de l'autre catégorie traduira fidèlement la réaction initiale telle que la présente notre analyse schématique.

Telles sont les deux voies opposées qui aboutissent au déséquilibre de la fonction cérébrale.

Mais il est un point plus essentiel à connaître encore pour le thérapeute, c'est l'état réactionnel que nous avons dégagé par l'exploration du tube digestif et désigné sous le nom d'*état subaigu*.

La substance cérébrale, tout comme les autres tissus, est le siège de ces modifications anatomo-physiologiques qui répondent à l'*état subaigu*. Il existe un *état subaigu cérébral*, évoluant parallèlement aux états subaigus digestif, pulmonaire, musculaire, etc. Dans un instant nous en montrerons les signes objectifs. Essayons immédiatement d'en étudier le mécanisme en nous appuyant sur les données de clinique générale que nous devons à l'exploration du tissu digestif.

Un choc sensitif ou intellectuel, disproportionné avec la réceptivité du moment, frappe la cellule grise : l'élasticité disponible est tout entière absorbée ; une réaction d'inertie répond à ce choc, autrement dit l'élément anatomique tombe un instant dans l'indifférence physiologique pour se relever progressivement et récupérer étape par étape sa réactivité antérieure, utilisant et assimilant un nombre croissant d'excitations cosmiques. Au cours de cet état subaigu, le clinicien assiste au retour parallèle et de la sensibilité organique et de la réactivité fonctionnelle proprement dite, et son rôle se définit par la connaissance de cette double modalité physiologique. Il doit, par conséquent, *graduer* les impressions organiques au même titre que les excitations visuelles et auditives.

Cette notion si simple et si féconde devrait être à la base de toutes nos interventions dans les psychopathies qui ne sont que des états subaigus cérébraux dont les formes sont dépendantes de l'évolution individuelle.

L'état subaigu cérébral, comme ses équivalents des autres appareils, n'est point, n'est jamais, au cours d'une vie équilibrée cérébrale, un épisode isolé, exclusivement en rapport avec la nature ou l'intensité du choc pathogène. L'état subaigu cérébral est généralement, au contraire, le dernier acte, la réaction ultime d'une cellule grise qui s'est *chargée* pendant des mois ou des années et dont le ressaisissement sera, par conséquent, subordonné à tout ce passé de mouvements progressivement accélérés ou ralentis. Le cerveau, mieux qu'un autre appareil, en raison de sa fine structure et de sa réactivité extrême, nous permet de saisir la réalité du fait clinique que nous avons signalé déjà à propos de l'état subaigu digestif, à savoir : l'étroitesse du champ de réaction de nos appareils en face des actions cosmiques, étroitesse en quelque sorte acquise et créée par le défaut d'adaptation ordinaire entre notre organisme et son milieu naturel. Nos éléments anatomiques ne pouvant librement se mouvoir, ni prendre toute leur expansion native, sont, à vrai dire, dans un état de *tension constante,* à laquelle l'habitude imprime une sorte de fixité, ce qui nous vaut l'illusion de la pleine liberté fonctionnelle. Essayez de changer les habitudes digestives ou musculaires d'un individu qui atteint la quarantième année; ce sera l'écroulement immédiat de l'organisme. Mais voulez-vous avoir bien plus encore la sensation du *heurt violent,* de l'*obstacle matériel,* mettez le cerveau du même individu en face d'une idée ou d'un groupe d'idées nouvelles. Et c'est là la raison dernière des difficultés toujours grandes, parfois insurmontables, qu'éprouve le novateur à faire accepter ses idées.

Dès la vingt-cinquième ou la trentième année, l'intelligence humaine reste *tendue*, oscillant faiblement dans un cercle étroit de représentations mentales acquises pendant la formation, et ce cercle est la mesure définitive des nouvelles acquisitions. C'est la *fixité des idées*, phénomène de même nature que la *fixité d'une idée*. Mais le premier phénomène est qualifié de liberté intellectuelle ; le second est considéré comme pathologique.

Cet état cérébral, que nous pourrions comparer à une sorte d'état de *contracture*, répond, si l'on va au fond des choses, à un état subaigu incomplètement effacé, s'étant figé à l'une de ses étapes de ressaisissement, soit parce que l'âge s'est opposé à un relèvement complet, soit parce que la fixité du milieu cosmique ne s'est pas prêtée à la mobilisation de toutes les forces organiques.

Quoi qu'il en soit, c'est généralement dans cet état de tension que le choc pathogène trouve la cellule grise et, suivant que la réactivité habituelle présente une allure accélérée ou ralentie, la réaction d'inertie est plus ou moins profonde et l'effort de relèvement plus ou moins rapide.

De là, une infinité de formes de l'état subaigu cérébral, forme torpide, forme aiguë, forme superficielle, forme profonde, forme localisée ou généralisée, etc., etc. Ce n'est point ici le lieu d'entrer dans tous les détails que comporte un pareil sujet.

Une dernière donnée clinique mérite cependant d'être envisagée et interprétée à la lumière des faits qui précèdent. Le *type cérébral*, nous l'avons dit, se distingue par la prédominance de la fonction intellectuelle sur toutes les autres fonctions de l'organisme ; ce qui signifie pratiquement que le type cérébral est doué d'une élasticité psychique capable de neutraliser la plupart des chocs pathogènes nerveux de la vie. L'expérience nous apprend que ce type réalise, au point de vue social, une véritable supériorité; les grandes catastrophes seules peuvent l'abattre. Le médecin ne verra donc que bien rarement un état subaigu d'origine psychique chez le type cérébral ; et, dans ce cas, son intervention sera insignifiante, tant la spontanéité se charge, à elle seule, de ramener l'équilibre fonctionnel.

A un autre point de vue, le choc intellectuel *pur* est également une rareté, pour la raison très simple qu'en dehors du type cérébral, la faible réceptivité habituelle de l'intelligence équivaut à une sorte d'indifférence physiologique qui neutralise la plupart des chocs psychiques. Les états subaigus cérébraux ont leur point de départ ordinaire dans un des grands appareils de l'organisme, autres que le cerveau. C'est là d'ailleurs que celui-ci puise la plus grande partie de son tonus physiologique. Tant vaut l'appareil prédominant, tant vaut la substance cérébrale. L'hypertonie permanente de l'appareil digestif ou de l'appareil musculaire, c'est l'hypertonie cérébrale, c'est-à-dire cet état d'*optimisme* constant qui ne doute jamais, affirme toujours, jouit du bonheur parfait ; l'hypotonie des mêmes appareils, c'est l'hypotonie cérébrale, c'est-à-dire le *pessimisme* avec son cortège de doutes, de craintes, d'hésitations et de tristesses.

Ces états psychologiques fondamentaux, d'observation courante, nous en saisissons la pathogénie essentielle, et rien maintenant n'est plus aisé que d'en comprendre la marche, que d'en démêler toutes les formes : tel individu, toute sa vie d'une franche gaieté, d'un heureux caractère, devient tout à coup, avec l'effondrement de son tube digestif, triste, maussade et irritable ; tel autre, jouissant habituellement d'un caractère égal, mais d'une santé fragile, pressent la maladie, à l'apparition d'idées noires, avec dégoût pour l'activité professionnelle ; un troisième enfin est frappé d'aboulie chaque fois que son organisme subit une dépression, etc. Nous pourrions multiplier encore ces exemples, mais ils suffisent pour la clarté de l'exposé.

En résumé, deux réactions essentielles du tissu nerveux, de la cellule grise, sont à l'origine de ces manifestations : avant la maladie, réaction exagérée ; pendant la maladie, réaction insuffisante. Cette insuffisance est d'autant plus grande que l'exagération était elle-même plus accusée. Quant au point de départ, il est généralement dans la sphère sensitive et au niveau d'un des trois grands appareils suivants : tube digestif, système musculaire, appareil broncho-pulmonaire.

En terminant cet exposé de physiologie cérébrale, signalons deux modes réactionnels opposés de la cellule grise, qui vont nous permettre de préciser encore le sens de cette sorte d'état subaigu permanent, ou mieux de tension chronique, qui est la manière d'être habituelle de l'élément nerveux :

Le premier de ces modes se signale par des oscillations insignifiantes, quelle que soit l'excitation cosmique ; ce sont ces individus au masque immobile, au regard froid, à l'attitude figée, que rien n'émeut ni ne touche, — *impavidum ferient ruinæ.*

Le second de ces modes se fait remarquer par le nombre, l'amplitude et la variété de ses oscillations, sans aucun rapport avec la nature et l'intensité de l'excitation cosmique ; la physionomie constamment en mouvement exprime tour à tour les sentiments les plus opposés pendant que le reste du corps prend des attitudes étranges et incessamment changeantes. Et toute cette mimique ne semble répondre à aucune cause, à aucun changement dans le milieu ambiant.

Ces deux tendances réactionnelles aboutissent par des voies différentes, — l'immobilité dans un cas, l'agitation perpétuelle dans l'autre, — à un résultat physiologique identique : minimum de prise du monde extérieur sur l'élément anatomique du cerveau. Il semble que ce minimum de prise soit la véritable condition de la liberté fonctionnelle de nos cellules grises, du moins dans la pratique courante de la vie. Dès qu'un cerveau prend véritablement contact avec l'ambiance naturelle, il fait un *état subaigu* d'abord, puis se relève d'une façon incomplète, oscille entre l'équilibre et le déséquilibre, entre l'hyper et l'hypotonie, et peu à peu se fige dans une attitude réactionnelle amoindrie, compatible avec le milieu routinier dans lequel il va évoluer jusqu'à la mort. Cette troisième forme réactionnelle si commune n'est pas sans répondre à une nécessité biologique, qui équivaut *finalement* à une économie de travail et à une mise en réserve des forces non dépensées.

Que notre type *indifférent*, calme ou agité, que la vie ordinaire ne touche pas ou touche à peine, vienne à subir un choc extraordinaire : c'est sa mort.

Au contraire, notre type *sensible*, constamment ballotté par les petits chocs émotifs de chaque jour, sera capable de résister à ce choc extraordinaire, en raison de sa *réserve* de forces élastiques.

B. — Signes objectifs céphaliques. — Toutes les notions que nous devons aux faits objectifs, si variés, si nombreux, révélés par l'exploration externe du tube digestif, nous les avons appliquées aux autres appareils de l'économie, cherchant à récolter en même temps quelques signes *objectifs* locaux qui les confirment ou les infirment ; c'est ainsi que nous avons obtenu les données de physiologie nerveuse que nous venons d'exposer et les signes objectifs céphaliques que nous allons énumérer maintenant.

1° La morphologie crânio-faciale nous offre quelques jalons décisifs. Nos quatre types organiques peuvent être inscrits dans cette région avec une netteté frappante.

Nous diviserons la région en quatre portions distinctes :

a) La zone fronto-pariétale.

b) La zone naso-malaire.

c) La zone massétérine.

d) La zone occipitale.

Chaque type organique se caractérise cliniquement par la prédominance plus ou moins marquée de l'une de ces zones.

Type cérébral. — La zone fronto-pariétale présente un développement maximum dans tous ses diamètres. La courbe du front est arrondie, harmonieuse, aussi bien dans le sens vertical que dans le sens horizontal ; la ligne d'implantation des cheveux est rejetée en arrière et la ligne des arcades sourcilières abaissée, de telle sorte que le reste de la face offre un aspect réduit, et la région massétérine une forme effilée.

L'ensemble de la physionomie rappelle un tronc de cône à base supérieure.

Type digestif. — Dans un second type ayant la même forme conique, mais avec base inférieure, nous notons la prédominance morphologique de la région massétérine.

Les angles du maxillaire sont projetés en dehors, le

menton est puissant, la bouche grande, les lèvres sont épaisses, toute la partie inférieure basale de la face est largement épanouie. La région naso-malaire est de proportion moindre; mais surtout la calotte fronto-pariétale est comme aplatie, le front est fuyant et les tempes sont effacées.

Type respiratoire. — Dans un troisième type, la région intermédiaire ou naso-malaire s'étend en haut et en bas au détriment des zones fronto-pariétale et massétérine qui se rapetissent et se réduisent. Deux troncs de cône, juxtaposés par leurs bases, donnent une idée de la physionomie que nous avons en vue. Le nez est puissant, massif, avec des ailes arrondies ; et les pommettes forment deux saillies élargies, rejetées vers le lobule auriculaire. Là, est manifestement le plus grand diamètre horizontal de la face.

Type musculaire. — Les trois zones sont d'égales dimensions sensiblement. La physionomie est oblongue. Les angles sont droits ; le front vertical se termine brusquement par une ligne horizontale d'implantation des cheveux. Le plus grand diamètre ici est vertical. Le crâne dans son ensemble tend à la dolichocéphalie, avec saillie prononcée des bosses occipitales.

Tous ces caractères objectifs se précisent peu à peu *pendant la phase de formation individuelle,* puis ils restent fixes jusqu'au terme de la vie.

2° Une autre classe de caractères morphologiques englobe dans son évolution les deux phases de la vie individuelle. Il s'agit plus exactement de signes objectifs nous renseignant sur les modes réactionnels du tissu encéphalique, quel que soit le type organique envisagé. Ces signes répondent aux variétés d'aspect sous lesquelles nous apparaît le *facies humain.*

C'est le facies *rétracté :* les pommettes sont saillantes, les joues creuses ; le nez est aminci, plus ou moins effilé ; les tempes sont évidées et délimitées inférieurement par un relief marqué des arcades zygomatiques ; les commissures labiales sont abaissées ; enfin les globes oculaires paraissent enfoncés, l'œil est humide et brillant et l'ouverture palpébrale, mi-close, s'incline de haut en bas et de dedans en dehors. La physionomie exprime la *mélancolie.*

C'est le facies *dilaté :* les joues sont pleines, arrondies, colorées chez les uns, pâles chez les autres ; tout relief osseux est absent ; les commissures labiales sont relevées et les lèvres se développent épaisses et charnues; le menton est « à plusieurs étages » ; les paupières sont largement ouvertes, les globes oculaires proéminent et la conjonctive oculaire présente un aspect rouillé caractéristique. La physionomie est épanouie et exprime le *contentement intérieur.*

C'est enfin le facies *gras :* pas de saillie, pas davantage de rondeur nettement dessinée ; partout une surface lisse, sans ondulations ni méplat ; le teint est uniformément *mat ;* les conjonctives oculaires sont plus ou moins infiltrées de graisse, celle-ci se *collectant* de préférence aux deux extrémités de l'axe horizontal de la cornée. La physionomie est sans expression et offre le masque de l'*indifférence.*

A ces trois types, que la clinique nous montre plus ou moins francs ou bien plus ou moins fondus et entremêlés, s'oppose le facies propre à l'organisme équilibré : ni maigreur, ni tuméfaction, ni graisse ne viennent altérer la forme, entraver le jeu des muscles faciaux ; chaque région de la face garde son individualité expressive et reste apte à se modifier pour traduire les nuances de l'état psychique, corrélatives des mobilités de l'ambiance sociale.

En définitive, la *configuration crânio-faciale* nous donne des indications sur les tendances générales de l'organisme ou plus précisément sur la nature des excitants cosmiques qui conviennent à nos organismes : il faut à celui-ci la bonne chère, à celui-là les spéculations de l'esprit, à un troisième le mouvement, à un quatrième enfin la vie de plein air.

Le *facies* trahit la réactivité nerveuse, propre à l'individu, quelle que soit d'ailleurs l'ambiance excitatrice : l'individu au facies rétracté n'élabore que de la tristesse, même avec des éléments de bonheur, tout le cours de sa vie ; l'individu au facies dilaté, toujours satisfait, toujours heureux, ne prévoit ni douleur physique ni épreuves morales ; enfin l'individu au facies gras passe indifférent, avec une vie cérébrale que rien ne peut troubler et dont les sources paraissent insondables. La caractéristique de ces trois états psychiques réside dans la *fatalité* des processus cérébraux. De là, pour le thérapeute, l'étroite obligation de ne rien demander à la spontanéité individuelle, mais de modifier patiemment le milieu social jusqu'à ce qu'il s'adapte à la réceptivité de l'individu ; sinon, les tendances naturelles s'accusent chaque jour et marchent constamment, à une allure variable, vers la dissociation morbide.

Un dernier point, pour terminer cette étude sommaire des facies humains, vise l'*état subaigu cérébral.*

A chaque épisode subaigu, et dans le cas particulier les chocs pathogènes sont de tous les jours, nous voyons le facies rétracté s'accuser davantage et le ressaisissement se montrer de moins en moins perceptible.

De même, bien qu'il s'agisse d'une objectivité inverse

de la précédente, le facies dilaté trahit ses insuffisances passagères par une *bouffissure* croissante jusqu'à ce que, sous l'influence d'un choc violent survenant à une phase extrême de l'évolution, l'organisme s'effondre brusquement et que parallèlement se fonde, en quelques jours ou quelques semaines, toute la bouffissure faciale qui se trouve alors remplacée par les formes squelettiques simples.

Le facies gras garde son masque d'immobilité expressive jusqu'aux derniers moments de l'évolution individuelle ; l'épisode subaigu se dessine à peine par une teinte plus terreuse et par une plus grande fixité de physionomie ; la maladie terminale amène une fonte graisseuse partielle qui altère la physionomie sans la transformer.

V. — Appareil cardio-rénal.

L appareil cardio-rénal occupe une situation *centrale* dans notre organisme et se trouve sans *contact direct* avec l'ambiance cosmique.— La dissociation cardio-rénale doit être interprétée à la lumière des faits qui ont évolué à la *périphérie* de l'organisme.

L'accélération du courant sanguin est le phénomène objectif qui répond à l'*affaissement* du tube digestif. — Les altérations du rythme cardiaque surviennent après une période plus ou moins longue de distension progressive et silencieuse du canal cardio-vasculaire et en traduisent les efforts de ressaisissement morphologique. — Exagération du choc précordial, galop cardiaque, arythmie.

Le liquide n'augmente la diurèse qu'autant qu'il est toléré par le tube digestif.

La glycosurie est un signe objectif qui tire sa valeur du groupement symptomatique dont il fait partie.

L'albuminurie est un phénomène essentiellement *variable*, et cette variabilité affecte toujours une *allure périodique*.

Chaque fois que la maladie est caractérisée, l'examen du cœur et des urines constitue l'appoint objectif principal de toute observation clinique. Et dans un grand nombre de cas, cet appoint est suffisant pour permettre au médecin de comprendre et de suivre son malade.

Cependant l'appareil cardio-rénal est de tous les

appareils de l'économie celui dont les manifestations fonctionnelles sont le moins saisissables à notre observation, soit à cause de la nature même de ses fonctions, soit à cause de sa situation *centrale* dans l'organisme humain, situation qui l'isole des contacts directs du monde extérieur et par conséquent le soustrait, pour ainsi dire, à notre expérimentation clinique.

La médecine classique a donc commis une erreur de méthode en appliquant ses procédés de recherche à un appareil profond, de fonctionnement peu objectivé, avant de les avoir appliqués aux appareils périphériques que notre observation peut saisir immédiatement et sur lesquels nous avons une *prise expérimentale directe.* Cette erreur est imputable au fait que l'homme n'est connu du médecin que sous la forme du *malade ;* on ne voit pas la nécessité que le médecin soit doublé d'un biologiste, ou mieux que le médecin soit essentiellement un biologiste et accidentellement un thérapeute.

Quoi qu'il en soit, la méthode exige que nous appliquions notre observation à la découverte des signes objectifs ayant pour siège les appareils périphériques, qu'en d'autres termes nous saisissions sur le fait en même temps le choc cosmique pathogène et la première réaction dissociée de l'organisme humain ; elle exige encore que nous assistions à l'évolution de ce conflit pathologique, pour mesurer rigoureusement les progrès du mal soit en surface, soit en profondeur : *en surface,* les appareils périphériques épuisent successivement dans un ordre hiérarchique leur excitabilité physiologique ; en *profondeur,* les symptômes cardio-rénaux sollicitent l'observation lorsque les manifestations objectives périphériques deviennent discrètes ou absentes.

La dissociation cardio-rénale, à laquelle nous aboutissons toujours, n'a de signification claire et complète que si elle est interprétée à la lumière des troubles fonctionnels qui ont évolué à la périphérie de l'organisme.

En définitive, l'organisme humain, nous l'avons dit déjà, est en continuité matérielle avec le reste de la nature : tant que le circulus moléculaire se fait aisément de l'un à l'autre, l'équilibre de toutes nos fonctions persiste ; il se rompt dès que ce circulus est entravé ; et pour saisir cette première rupture, il faut l'observer là où elle est, c'est-à-dire à la *périphérie* de notre agrégat cellulaire.

Telle est la raison du plan que nous avons suivi dans notre exploration du corps humain. Les grands appareils périphériques classés et analysés, nous devons maintenant compléter notre travail par une étude de l'appareil central cardio-rénal.

Il s'agira, bien entendu, d'une étude rapide et sommaire, ne comprenant que les données générales mises en évidence par nos procédés d'investigation clinique.

1° L'appareil cardio-vasculaire n'est pas sans analogie avec le tube digestif. Canal vecteur du liquide sanguin, il comprend deux portions : la première, avec son réservoir, le cœur gauche, distribue le sang rouge nourricier ; la seconde, avec son réservoir, le cœur droit, ramène le sang noir résiduel. De même, nous avons deux portions différenciées dans le canal vecteur du bol alimentaire : la première, l'intestin grêle, avec son réservoir, l'estomac, distribue le bol nourricier ; la seconde, le côlon, avec son réservoir, le cæcum, transporte au dehors les fèces résiduelles.

Mais les analogies sont faciles et généralement sans portée pratique. Nous n'insisterons pas.

Une notion d'ordre clinique essentiel réside dans le

fait de la constitution musculaire des canaux sanguins. Les phénomènes de distension et de rétraction, d'affaissement et de ressaisissement morphologiques, que l'exploration externe nous a montrés au niveau du tube digestif, devraient avoir ici un maximum de relief objectif. Or, il n'en est rien. Pourquoi? Parce que la phase fonctionnelle, qui comprend une systole et une diastole, est trop courte et trop rapide pour nous permettre d'enregistrer « les heurts et les cahots de la route ».

Prenons un exemple pour mieux faire saisir notre pensée. Un choc pathogène violent frappe un appareil périphérique et produit un affaissement morphologique *généralisé*. Que se passe-t-il au niveau du canal sanguin? Rien de plus qu'une *transformation de forces*. La force, qui s'est dépensée dans le canal digestif pour en altérer la *forme*, s'épuise dans le canal sanguin pour en modifier la *vitesse fonctionnelle*. D'où une accélération du courant sanguin, en rapport avec l'intensité du choc pathogène et avec le degré d'excitabilité physiologique de l'organisme frappé.

Cette assertion, toutefois, est trop simple pour être absolument exacte. L'accélération de vitesse est le phénomène prédominant, le signe objectif exclusif de la réaction vasculaire ; mais on pourrait observer parallèlement une altération de forme, distension ou rétraction, d'une très faible, mais cependant réelle objectivité, on pourrait noter, dis-je, cette altération de forme, *si le processus réactionnel était moins rapide*. Nous sommes ainsi amenés à étudier un ordre de faits dans lesquels les modifications de la *forme* jouent un rôle pratique considérable.

La clinique nous enseigne qu'en dehors des cicatrices valvulaires (par localisations infectieuses) *toutes* les altérations du rythme cardio-vasculaire apparaissent à ce moment de l'évolution individuelle où le tube digestif, ne jouissant plus de toute son élasticité d'adaptation, reste en quelque sorte *forcé*, aussi incapable de distension compensatrice que d'affaissement total. Dans cet état, les réactions digestives manquent de netteté, de caractères cliniques tranchés ; par contre, les réactions cardio-vasculaires sont violentes et viennent assombrir le pronostic. On peut les classer sous trois chefs : l'exagération du choc précordial, le galop cardiaque et l'arythmie. Ce sont les trois degrés *successifs* de la résistance myocardique.

Le cœur et les vaisseaux se sont distendus peu à peu, *insensiblement*, parallèlement au tube digestif comme à tous les autres appareils de l'organisme. Tant que l'irritabilité cellulaire était suffisante, les chocs pathogènes étaient neutralisés par un redoublement de distension à la fois du canal digestif et du canal sanguin ; ou bien, en cas de chocs d'une violence insolite, c'étaient l'écroulement abdominal et l'accélération de vitesse cardio-vasculaire.

Mais à un moment donné, l'irritabilité cellulaire se trouvant très diminuée, le tube digestif reste *figé*, pour ainsi dire, sans pouvoir, en face d'un choc pathogène, ni s'écrouler ni se distendre ; c'est alors que se révèle la distension du canal sanguin, *en particulier du cœur*, par les signes objectifs que nous avons énoncés plus haut, — signes objectifs qui traduisent exactement l'*effort accompli par le muscle cardiaque pour sauvegarder sa forme*.

A côté de ce mode réactionnel du cœur et des vaisseaux, dont les étapes évolutives sont aussi nettes que celles du tube digestif, nous avons la cohorte indéfinie des troubles du rythme cardiaque plus ou moins francs, plus ou moins durables, qui traduisent autant d'efforts de ressaisissement morphologique qu'il est d'évolutions individuelles et de moments dans chaque évolution individuelle.

Fait caractéristique et, sauf les cas très graves, général, la position couchée, qui *étale* le cœur, donne à ces modalités anormales leur maximum de relief objectif ; tandis que la position verticale, qui le *tend* et lui rend ainsi sa forme, diminue ou fait disparaître l'anomalie du rythme. Que de malades sont incommodés *au lit* par leur cœur qu'ils ne sentent plus dès qu'ils sont debout !

Notre conclusion, et c'est elle qui importe avant tout, sera la suivante : Rendez au tube digestif sa forme, ou bien, si cette tâche est impossible, adaptez le milieu cosmique à la forme présente du tube digestif et vous verrez, *ipso facto*, disparaître toutes les altérations du rythme cardiaque.

2° Plus obscure que celle du cœur est l'objectivité clinique de l'appareil rénal. Rien qui puisse nous instruire et *fixer* notre esprit, en dehors de quelques données d'ordre nettement pathologique.

L'état subaigu franc se caractérise par des urines rares, foncées et très sédimenteuses. Elles reprennent leurs caractères antérieurs peu à peu avec le ressaisissement général de l'organisme.

L'abondance des urines est parfois en raison inverse de la quantité de liquide ingérée. C'est que le rein, contrairement à l'opinion simpliste trop générale, n'est point un filtre ordinaire, mais bien un appareil vivant dont les réactions sont parallèles à celles des autres appareils de l'organisme. Voici un malade chronique dont la forme abdominale réclame l'aliment *solide*, et avec cet aliment nous avons une diurèse régulière, mais légèrement réduite par rapport à une moyenne, arbitrairement fixée d'ailleurs dans les livres; *pour relever le chiffre des urines*, le médecin conseille la prépondérance de l'aliment *liquide*, lait, potages, etc. Le résultat est immédiat : la maladie antérieure s'aggrave et la quantité des urines diminue de moitié.

Le liquide n'accroît la diurèse que dans la mesure où le tube digestif s'en accommode : telle est la vérité physiologique. Cette vérité est trop souvent méconnue par ceux qui conseillent ou dirigent des cures hydro-minérales.

Nous ajouterons encore que la masse liquide, même aisément tolérée et suivie d'une diurèse abondante, n'est point inoffensive toujours : elle peut entraîner une *hyperexcitabilité digestive* et *rénale* dont la diurèse est l'exacte traduction, hyperexcitabilité qui atteindra un paroxysme et se terminera fatalement par une phase d'insuffisance fonctionnelle. La question des liquides comporte un double problème, digestif et urinaire, et la solution de l'un et de l'autre est contenue dans cet aphorisme : *équilibre digestif équivaut à équilibre urinaire.*

Nous venons de parler d'hyperexcitabilité rénale entraînant une abondante émission d'urine aqueuse. Un phénomène diamétralement opposé peut également s'observer : les urines sont peu abondantes et de couleur foncée. Généralement l'alternance des deux phénomènes est la règle chez le même individu.

Les variations de l'excitabilité rénale, commandée par l'état fonctionnel des appareils périphériques, nous donnent la clef de tous ces faits cliniques.

Il nous reste à dire un mot de deux classes d'urines pathologiques :

a) Urines glycosuriques.
b) Urines albumineuses.

a) La présence du sucre dans les urines est une indication formelle de modifier l'alimentation du malade ; plusieurs régimes alimentaires même ont été successivement préconisés pour atténuer et même guérir la glycosurie. Tel est l'état actuel des esprits.

Voyons sommairement l'enseignement de la clinique :

1° L'examen évolutif de tout glycosurique nous révèle une localisation morbide prédominante *bien antérieure* à la glycosurie, et cette localisation est le plus souvent de nature musculaire.

2° L'examen du tube digestif nous donne d'une façon précise le mode d'alimentation qui convient au glycosurique, et il se trouve que ce mode d'alimentation n'affecte aucune relation avec la nature sucrée des urines.

La glycosurie, en définitive, est un signe objectif qui tire sa valeur du groupement dont il fait partie. C'est toujours la même méthode, laquelle consiste à colliger les signes objectifs et à les grouper pour avoir un ensemble d'où se dégage une idée directrice.

b) L'albuminurie comporte une application encore plus rigoureuse, pourrions-nous dire, de la méthode clinique précédemment énoncée. C'est, du reste, un problème clinique à réserver, la nature de cet ouvrage ne nous permettant pas de lui donner de suffisants développements.

Nous nous contenterons d'insister sur un point peu ou mal connu.

A lire les travaux récents, il semble que la *variabilité* (par influences diverses, disparates) crée une forme clinique spéciale d'albuminurie. Or, rien n'est plus faux. L'albuminurie est essentiellement et constamment variable, sauf à la période ultime où les oscillations sont insaisissables.

L'albuminurie est variable surtout de *quantité,* tout au moins pour le clinicien qui n'est pas homme de laboratoire. Il n'est pas rare de trouver, chez le même individu et dans la même journée, successivement un *nuage* opalin, tardif, presque imperceptible et un *précipité* immédiat et massif.

L'observation nous montre encore la *périodicité* de ces variations, périodicité dépendante, comme tout fait fonctionnel, de l'allure générale de l'organisme individuel et non de telle ou telle particularité accidentelle de la vie.

CHAPITRE III

Evolution individuelle de l'homme.

I. — Évolution morphologique.

A. — *Généralités.* — Deux périodes dans la vie humaine : période de *formation* des appareils et période de *fonctionnement* de ces mêmes appareils constitués. — Le mouvement vital n'est qu'une des formes du mouvement cosmique. — Le courant moléculaire, qui s'établit entre la matière vivante et la matière planétaire, s'explique par la dissymétrie des formes, que nous trouvons à la fois dans la nature extérieure et dans l'organisme humain. — Dissymétrie dans la forme et dissymétrie dans la fonction, sont deux aspects d'un même phénomène fondamental, mais de valeur objective inégale. Envisagée dans le temps, l'étude de la dissymétrie de l'organisme répond à l'étude de l'évolution individuelle. — Evolution morphologique ; évolution fonctionnelle. — Il faut distinguer la morphologie de formation et la morphologie de fonctionnement, celle-là se limitant à la période pendant laquelle le corps acquiert la plénitude de développement de ses appareils constitutifs, celle-ci embrassant la vie individuelle tout entière.

B.— *Morphologie cellulaire.* — L'irritabilité cellulaire est le pouvoir réactionnel qui permet à la cellule vivante de garder une forme spécifique, au milieu des formes incessamment changeantes du milieu cosmique. — Trois aspects : *a*) irritabilité native adéquate à l'ambiance cosmique ; *b*) irritabilité native exagérée, se traduisant par une accélération du mouvement moléculaire au contact des chocs cosmiques ; *c*) irritabilité native insuffisante, se traduisant, au contact des excitations cosmiques, par un ralentissement du mouvement moléculaire. — Etat subaigu cellulaire ; irrégularités de forme de la cellule frappée d'un état subaigu ; étapes successives de son ressaisissement. — L'irritabilité cellulaire va en décroissant de la naissance à la mort.

C.— *Morphologie de formation.* — Etapes successives de la formation des quatre grands appareils organiques. — Prédominance, au début de la vie, de la fonction respiratoire et de la fonction digestive, qui semblent maintenir, à elles seules, l'équilibre physiologique. — Cette dissymétrie fonctionnelle entraîne la dissymétrie dans la forme; précocité de perfection de forme du thorax et de l'abdomen.— Ce qu'il faut entendre par *formation.* — Impossibilité d'une adaptation parfaite de l'organisme humain avec la nature ambiante ; il en résulte un double phénomène : arrêt de la formation et phénomène d'isolement progressif de nos éléments anatomiques.

Formation des types individuels.— Ce qu'il faut entendre par asymétrie du corps humain. — C'est l'étude de l'évolution individuelle qui nous fait comprendre la signification et l'importance de la morphologie. — Ce sont les variétés d'irritabilité cellulaire qui commandent les variations de forme de l'individu. — Deux types généraux individuels, répondant, l'un, à l'adaptation complète et facile de l'élément cellulaire aux excitations ambiantes, l'autre, à l'indifférence relative de l'élément cellulaire aux mêmes excitations. — Dans le premier cas, l'asymétrie de l'organisme se manifeste suivant les prédominances du milieu où cet organisme évolue : types musculaire, respiratoire, digestif, cérébral. — Dans le second cas, c'est l'hérédité qui devient le facteur prédominant et qui commande le sens de l'asymétrie organique.

D. — *Morphologie de fonctionnement.* — Elle correspond non plus à l'effort pour *être*, mais à l'effort pour *vivre*, et embrasse toute la vie individuelle. — *a*) Type individuel à morphologie fixe toujours franchement asymétrique, et par suite doué d'une élasticité rarement en défaut. — Décroissance lente et régulière de l'irritabilité cellulaire. — Chez ce type, fréquence des états subaigus. — *b*) Type individuel à morphologie variable. — Ce type présente une instabilité de la vie cellulaire qui augmente avec la décroissance naturelle de l'irritabilité. — Le défaut d'adaptation se traduit par les variations de volume de l'élément cellulaire (rétraction ou dilatation) et par la dégénérescence granulo-graisseuse. — 1° Deux formes schématiques du type de *dilatation* : l'une avec prédominance de la dilatation ; l'autre, avec prédominance de la dégénérescence adipeuse. Types cliniques intermédiaires qui les relient. — 2° Type de *rétraction* généralisée progressive. — 3° Type intermédiaire (*scléreux*) ; les variations morphologiques en sont peu accentuées ; infiltration graisseuse peu apparente, surtout localisée aux conjonctives.

A. *Généralités.* — Nous avons, jusqu'à présent, étudié, analysé et défini, dans les grandes lignes du moins, les qualités *réactionnelles* de nos éléments anatomiques vis-à-vis des divers éléments matériels qui composent le *milieu cosmique.*

Nous avons passé en revue successivement les grands appareils de l'organisme, c'est-à-dire ces régions où viennent confluer et s'accumuler des masses d'éléments anatomiques de même forme et de même orientation physiologique, en relation intime, d'ailleurs, avec leurs homologues disséminés dans toutes les autres régions de l'économie.

Ces qualités réactionnelles, nous les avons étudiées

en quelque sorte *in situ*, sans nous préoccuper de ce qu'elles ont été ni de ce qu'elles seront. Cette étude nous a permis de nous faire une idée générale du mode suivant lequel réagit l'élément anatomique différencié, cellule nerveuse, fibre musculaire, etc., dans des conditions déterminées, bien précises, ayant trait à telle forme individuelle, à tel âge, à telles modifications de l'ambiance naturelle.

Nous avons, en un mot, le facteur *temps* restant fixe, promené nos investigations dans l'*espace*, c'est-à-dire passé en revue, scruté, analysé les diverses régions du corps humain ; et de cette étude objective se sont dégagées un certain nombre de notions cliniques qui nous éclairent sur le fonctionnement de nos appareils.

Nous devons, maintenant, *mobiliser le facteur temps*, s'il est permis de s'exprimer ainsi, et, à la lumière des notions de clinique générale précédemment acquises, chercher à comprendre les oscillations morphologiques et fonctionnelles de ces mêmes éléments anatomiques, en face des mutations successives de la matière cosmique.

Action de la nature, *réaction* de l'organisme, tel est le double phénomène dont la mobilité donne naissance aux jalons qui objectivent pour nos sens la marche du temps.

Notre unité de temps, c'est la durée d'une vie humaine, celle-ci se subdivisant en deux périodes : la première, qui répond à la *formation* de nos appareils, la seconde, qui est remplie par le *fonctionnement* de ces appareils constitués.

C'est en groupant nos observations autour de cette division du temps que nous saisirons le plus clairement les variations anatomo-physiologiques de l'organisme humain. Cette manière de procéder découle naturellement de notre méthode générale de travail, qui consiste à tout rapporter au corps humain, à faire de celui-ci la cheville ouvrière de notre édifice didactique.

Il n'est pas douteux, d'ailleurs, que l'organisme, dans ses oscillations vitales, s'harmonise avec la nature qui l'entoure et l'englobe, et que, par conséquent, des phénomènes anatomo-physiologiques, répondant aux cycles des transformations de la matière cosmique, affectent une marche parallèle au mouvement planétaire. Mais ces oscillations sont, à nos yeux, d'importance secondaire : les heures, les jours, les années ne doivent entrer en ligne de compte que pour *compléter* le tableau clinique. Le cadre principal doit toujours être emprunté aux phases évolutives de l'organisme lui-même et tous les phénomènes primordiaux doivent être rapportés aux qualités réactionnelles propres de nos éléments cellulaires, de nos appareils organiques.

Déterminer l'évolution individuelle de l'homme, c'est, au fond, *objectiver* l'évolution du temps par une forme humaine ; c'est détacher *un moment* dans l'éternelle durée et assigner comme limites à ce moment les limites mêmes de l'organisme humain, une vie humaine. Mais cette vie humaine, quelle est-elle? Que signifie la forme de l'organisme? quelles relations existent entre cette forme et les formes extérieures ambiantes, c'est-à-dire quelles actions et réactions établissent la *continuité* du corps humain avec le reste de la nature? Telles sont les données fondamentales à dégager, si nous voulons nous faire une idée de ce qu'est une vie humaine.

Pour le biologiste, la vie humaine est comprise entre deux limites extrêmes, la naissance et la mort.

Pendant cet intervalle, l'organisme humain *évolue*, c'est-à-dire participe au mouvement universel de la *matière* cosmique dont il fait du reste partie intégrante, et le mouvement vital de cet organisme n'est qu'une des formes du mouvement cosmique. Il s'établit donc un courant moléculaire de la matière planétaire à la matière vivante humaine et, *vice versa*, un mouvement réactionnel de cette matière vivante à la matière planétaire.

Ce courant n'est possible que grâce au déséquilibre des forces qui meuvent l'une et l'autre matières. Ce déséquilibre des forces s'explique lui-même par la dissymétrie des formes que nous trouvons dans la nature extérieure et qui est reproduite dans l'organisme humain.

Cette dissymétrie est la clef de voûte de l'édifice humain, — dissymétrie dans le temps, dissymétrie dans l'espace. Celle-ci nous a déjà maintes fois occupé au cours des pages précédentes ; celle-là est envisagée ici pour la première fois et va nous dévoiler les secrets de l'évolution individuelle de l'homme.

Qui dit dissymétrie dans le temps, dit dissemblances aux divers moments du cycle vital, — dissemblances dans la forme, dissemblances dans la fonction. Forme et fonction sont, d'ailleurs, les deux aspects d'un même phénomène fondamental, le *mouvement moléculaire.* Mais ces deux aspects sont de valeur objective très inégale et, par conséquent, ne sauraient être confondus par le clinicien. Bien que la forme et la fonction soient étroitement corrélatives, que l'une ne puisse se modifier sans que l'autre participe à cette modification, c'est, dans un cas, la forme seule, dans l'autre, la fonction seule, dans un troisième cas, l'une et l'autre alternativement, qui créent les jalons objectifs pour le clinicien, qui *extériorisent* le mouvement moléculaire pour les sens de l'observateur.

Un coup d'œil rapide jeté sur une évolution humaine permet de mettre en évidence cette indépendance relative, cette opposition même, apparente, de la forme et de la fonction : d'abord nourrisson aux lignes indécises, l'enfant se dépouponne peu à peu dès qu'il est maître de ses mouvements; puis, c'est un jeune homme grand et mince de 12 à 18 ans; enfin, les formes s'accentuent, toutes les régions du corps s'épaississent et, vers la vingt-cinquième année, nous avons l'homme fait. Pendant cette première période de la vie humaine, tout gravite autour de la forme ; la fonction s'efface et paraît silencieuse. Au contraire, dès que la formation du corps est achevée, nous avons une immobilité relative de la forme, et c'est la fonction qui crée les jalons objectifs. Peu à peu apparaissent des phénomènes qui traduisent une diminution de l'élasticité fonctionnelle; et, par diminution de l'élasticité fonctionnelle, il faut entendre, non pas le défaut de force élastique pour les actes ordinaires de la vie, mais bien l'incapacité d'adaptation à l'infinie variété des excitants cosmiques. Tel individu gardera jusqu'à un âge extrême sa vigueur intellectuelle ou sa force musculaire pour les actes professionnels, qui sera depuis sa trentième année incapable d'une orientation nouvelle, intellectuelle ou physique, sans être affecté par la douleur ou par la maladie.

Autant la période de *formation* se fait remarquer par la facilité de ses adaptations successives et trouve dans ce jeu une source de vigueur et d'entrain, autant la période de *fonctionnement* amène l'ankylose, l'immobilité dans le pli professionnel et tend à la déformation et à l'affaissement dès que l'organisme fait effort pour se mobiliser.

Cependant, de même que l'élasticité fonctionnelle de

l'enfant et de l'adolescent est à même de subir des défaillances momentanées du fait de certains excitants cosmiques, de même la morphologie de l'adulte est sujette à quelques variations qui ont été connues et admises de tout temps. On peut dire seulement que, pendant la première période de la vie, ce sont les jalons morphologiques qui attirent surtout l'attention, et qu'ensuite ce sont les oscillations fonctionnelles qui constituent les faits les plus instructifs pour l'observateur.

En définitive, pour qui veut aller au fond des choses, quelle que soit la période visée, c'est toujours un enchevêtrement de faits morphologiques et de faits fonctionnels, ce qui laisse deviner pour les uns et les autres une source commune, le *mouvement moléculaire.*

Toutefois, nous avons à faire ici l'exposé didactique d'une des questions les plus neuves et les plus complexes de la physiologie humaine ; c'est dire que tout un ensemble de distinctions s'imposent dès les premiers pas, comme autant de voies diverses qui vont sillonner ce nouveau domaine et permettre au lecteur d'en prendre une exacte et complète connaissance :

1° Nous envisagerons successivement l'évolution morphologique et l'évolution fonctionnelle.

2° Nous distinguerons la morphologie de formation de la morphologie de fonctionnement, la première se limitant à la période pendant laquelle notre corps acquiert le plein développement de ses appareils organiques constitutifs, la seconde embrassant la vie individuelle tout entière.

3° Enfin, chaque cellule de l'organisme pouvant être considérée comme l'image fidèle du tout, nous prendrons la cellule humaine comme thème de nos premiers développements ; puis, appliquant à l'agrégat individuel ces données de morphologie cellulaire, nous nous élèverons plus aisément jusqu'à la connaissance des principales formes sous lesquelles l'homme se présente à notre observation clinique.

B. *Morphologie cellulaire.* — L'organisme humain est un agrégat d'éléments cellulaires, et chaque cellule est, à son tour, un agrégat de molécules protoplasmiques. De même que cette cellule vivante nous apparaît comme un des aspects de la vie universelle, de même la force qui agite ses molécules est étroitement corrélative des forces qui animent l'ensemble de la matière cosmique. La *vie* de l'organisme humain est entretenue par la *vie* de tous les éléments cosmiques ambiants et nous ne saurions pas davantage concevoir la vie de la nature sans l'appoint biologique que lui fournit notre édifice cellulaire. C'est ainsi que nos éléments anatomiques, *agissant* et *réagissant* en face du monde extérieur, ont été pourvus par les premiers biologistes d'une qualité fondamentale, l'*irritabilité*.

Ce mot vise les rapports nécessaires des éléments de notre organisme avec ceux du monde extérieur.

Quand j'assiste à l'*écroulement* d'une cellule vivante, je me demande quel *poids* l'a écrasée ; quand je vois évoluer cette même cellule vers l'hypermégalie plus ou moins monstrueuse, je ne puis me défendre de penser à la *raréfaction* du milieu ambiant, de même que la rétraction progressive du même élément cellulaire évoque l'idée de la *densification* du milieu matériel qui le circonscrit et l'opprime.

L'irritabilité est ce pouvoir réactionnel qui permet à la cellule vivante de garder une forme spécifique à côté des formes incessamment changeantes du milieu cosmique. Nous pouvons la définir en envisageant les trois cas suivants :

1° Irritabilité native adéquate à l'ambiance cosmique, autrement dit maximum de force élastique moléculaire, permettant toutes les variations de mouvement qu'exige le milieu extérieur. Si celui-ci est insuffisant, la cellule, tendant à se dilater, mobilise instantanément ses forces propres et garde sa forme en changeant l'allure de son mouvement moléculaire. En d'autres termes, l'énergie accrue de la réaction compense l'action insuffisante. Si le milieu cosmique est trop excitant, la cellule, tendant à se rétracter, ralentit son mouvement moléculaire ; à une action exagérée répond une réaction diminuée ; la forme est conservée, l'équilibre moléculaire maintenu.

2° Irritabilité native exagérée par rapport à l'ambiance cosmique, autrement dit force élastique limitée, incapable de garder l'unisson avec les forces extérieures. Le mouvement moléculaire, dans ce cas, est orienté par l'hérédité dans une voie unique ; il obéit à une sorte de *force initiale :* c'est le mouvement centripète, uniformément accéléré. Et l'on comprend que ce mouvement, dont la caractéristique est de porter en soi les causes de son accélération, ne puisse changer son *allure ;* il ne peut que modifier sa *vitesse.* Celle-ci sera d'autant plus accélérée, que le milieu cosmique sera plus défectueux, c'est-à-dire moins en rapport avec cette allure du mouvement cellulaire. De telle sorte qu'excès aussi bien qu'insuffisance des excitations cosmiques aboutissent au même résultat : accélération du mouvement moléculaire et exagération de la rétraction cellulaire.

3° Irritabilité native insuffisante par rapport à l'ambiance cosmique, autrement dit force élastique limitée, incapable, comme précédemment, de se prêter à toutes les fluctuations extérieures. Ici, l'allure du mouvement est inverse de la précédente, c'est l'allure centrifuge et c'est le mouvement uniformément ralenti. Une seule modification est possible, c'est le changement dans la *vitesse*. Celle-ci sera d'autant plus ralentie que le milieu cosmique sera plus défectueux, c'est-à-dire moins en rapport avec cette allure du mouvement cellulaire. De telle sorte qu'excès aussi bien qu'insuffisance des excitations cosmiques auront un même effet : ralentissement du mouvement moléculaire et exagération de la dilatation cellulaire.

Dans le premier cas, l'élasticité vitale est telle que l'élément anatomique varie l'allure de son mouvement moléculaire pour s'adapter aux allures diverses du mouvement qui agite la matière cosmique ; c'est l'*irritabilité cellulaire* sous la forme la plus parfaite, qui va permettre la croissance harmonieuse de l'élément cellulaire, c'est-à-dire l'épanouissement de toutes les latences héréditaires.

Dans les deux autres cas, au contraire, l'allure du mouvement moléculaire reste invariable quel que soit le milieu cosmique ; seule, avec les variations cosmiques, la vitesse se modifie dans le sens de l'accélération ou du ralentissement.

En réalité, dans le premier cas, l'influence cosmique entraîne une réaction cellulaire de même sens immédiate, par conséquent transitoire comme l'action qui l'a fait naître. Dans les deux autres cas, il y a accumulation des actions cosmiques et la réaction *n'apparaît* qu'avec le temps, c'est-à-dire lorsque la forme se modifie. On devine ici combien la *morphologie*, source si féconde, demande à être bien comprise pour donner tous ses fruits et éclairer pleinement les phénomènes de la biologie humaine. Partant des modifications grossières de la forme, nous nous élevons à la connaissance des *fixités de formes*, qui deviennent à leur tour un jalon objectif pour l'esprit investigateur. Voici un élément cellulaire qui *évolue* en gardant une forme invariable dans quelque milieu qu'il soit plongé : il s'adapte aisément, et cette facile adaptation trahit une force élastique considérable, un maximum de spontanéité vitale. En voici un autre qui *évolue* régulièrement, mais avec une rétraction ou une dilatation progressive ; il ne s'adapte pas ou plutôt il s'adapte d'une certaine façon, en compensant les défectuosités du milieu nutritif par un accroissement de densité ou de volume de son édifice moléculaire, jusqu'à ce que, ayant atteint les limites de ce mode spécial de compensation, il trahisse par un écroulement profond de sa forme les conditions néfastes prolongées dans lesquelles il a dû se développer.

Nous arrivons ainsi à l'*état subaigu cellulaire*, qu'il nous reste à définir d'une façon plus complète. Un choc cosmique *inaccoutumé* frappe l'élément anatomique : une réaction *insolite* se produit dans l'agrégat moléculaire ; toutes les molécules qui ordinairement vibrent à l'unisson et réagissent dans un mouvement d'ensemble, se désagrègent à proprement parler pour s'agiter confusément dans une sorte de sarabande irrégulière et discordante ; la *forme* de l'élément cellulaire disparaît, attendu que le mouvement général, centripète ou centrifuge, qui la maintenait, a cessé d'être. La *vie* a changé de forme, mais elle persiste ; en d'autres termes, l'*inertie*, que traduit l'écroulement de la forme, n'est point l'immobilité, mais un phénomène *réactionnel* de même nature que les phénomènes réactionnels qui commandent l'entretien de la forme ; et, si dans cette cellule écroulée, c'est-à-dire de forme irrégulière, le mouvement moléculaire est désordonné, il ne l'est que par rapport à l'agrégat. C'est un état de *dissociation moléculaire*, mais chaque molécule ou groupement partiel de molécules restent animés d'un mouvement de même forme que le mouvement total antérieur à l'écroulement. C'est d'ailleurs cette persistance du mouvement moléculaire, sous des apparences d'inertie, qui crée l'attraction pour les éléments du milieu ambiant et explique le retour progressif de la forme antérieure, grâce aux actions et réactions restées fondamentalement les mêmes.

Dans cette cellule frappée d'un état subaigu, écroulée par le choc pathogène, un premier phénomène doit nous arrêter, c'est l'irrégularité de la *forme*, et l'explication très simple en est dans l'irrégularité des nouveaux groupements moléculaires.

Si nous assistons au retour progressif de la forme antérieure, que voyons-nous? La cellule se ressaisit par étapes successives, et à chacune de ces étapes, une ou plusieurs irrégularités s'atténuent ou semblent disparaître. Mais ces étapes sont de moins en moins nettes, et finalement le mouvement ascensionnel s'arrête sans que la cellule ait recouvré cette forme *idéale* que l'on attend ; elle reste *asymétrique*.

Cette forme asymétrique est le secret de la *vie*. Si l'on cherche à pénétrer l'intimité de pareils phénomènes, n'apparaît-il pas clairement que l'attraction, qui s'exerce entre l'élément anatomique et le milieu dans lequel il est plongé, s'exerce également entre les diverses molécules qui composent l'agrégat cellulaire? Or, cette force attractive est-elle autre chose, pour l'observateur, qu'un équilibre qui tend à s'établir sans y arriver jamais? Ces groupements moléculaires *inégaux* sont autant de centres attractifs d'inégale force, qui à la fois créent la forme cellulaire asymétrique et entretiennent le mouvement moléculaire intra-organique.

Nous avons dit que la cellule écroulée se ressaisit par *étapes successives*. Dénombrer ces étapes est une tâche au-dessus de nos moyens d'observation.

L'équilibre intra-cellulaire est réalisé dès que la dissociation moléculaire a disparu, c'est-à-dire dès que les molécules obéissent à ce mouvement d'ensemble qui donne à l'agrégat sa forme définie, sa personnalité propre en face des formes du monde extérieur. On conçoit que cette étape est un point éminemment variable et dans le temps et dans l'espace.

Si l'on envisage seulement les conditions intrinsèques du ressaisissement cellulaire, il est possible de fixer les idées sur quelques points importants.

Avec une irritabilité protoplasmique maximum, l'écroulement cellulaire, répondant à la violence du choc, est complet; de même le relèvement est intégral, comme forme et comme force élastique.

Avec une irritabilité protoplasmique faible ou exagérée, l'écroulement aussi bien que le relèvement cellulaires affectent des formes infiniment variées. La clinique seule est à même de nous les révéler.

L'une d'elles cependant mérite d'être fixée dès maintenant. Il est certain que la résistance de l'élément cellulaire aux chocs extérieurs est proportionnelle à la cohésion de ses molécules, c'est-à-dire à l'intensité des phénomènes attractifs qui s'exercent entre elles : plus l'élément anatomique est doué de force de cohésion moléculaire intrinsèque, moins il dépend du monde extérieur, moins il emprunte aux forces qui l'entourent. Or, il arrive que certains édifices cellulaires ne se tiennent que parce qu'ils sont étayés extérieurement ; dépourvus de tout support, ils s'effondrent instantanément. D'autre part, soutenus et vivifiés en quelque sorte par l'ambiance cosmique, ils sont destinés à en subir tous les troubles, à en refléter toutes les variations. De tels éléments cellulaires sont constamment en *état subaigu*, c'est-à-dire plus ou moins écroulés et en effort de relèvement ; la dissociation moléculaire est leur état habituel.

Ce qui caractérise fondamentalement de tels éléments cellulaires, c'est la permanence de cet effort de ressaisissement morphologique ; incapables de vivre librement, toujours plus ou moins comprimés, ils restent un amalgame étrange de toutes les formes et de toutes les allures du mouvement moléculaire.

Tels sont les enseignements essentiels de la morphologie cellulaire, observée aux principales étapes de son évolution, analysée dans ses rapports avec l'ambiance cosmique.

Ce n'est pas tout.

Un regard synthétique embrassant toute la durée d'une cellule nous la montre, à sa naissance, douée d'une irritabilité exquise au point de *proliférer* sous les excitations du milieu ambiant; puis cette prolifération, avec le temps, se ralentit et s'arrête et le nombre des excitants cosmiques susceptibles de mettre en jeu notre irritabilité cellulaire va en diminuant peu à peu, de telle sorte que la cellule vieillie se reconnaît à une sorte d'insensibilité qui l'isole du monde extérieur et lui donne plus ou moins les allures de la vie latente.

C'est ainsi que, cherchant à pénétrer les phénomènes intimes de l'organisation de la matière vivante, nous voyons se dégager cette idée directrice : *L'irritabilité cellulaire, qui se définit exactement par les qualités attractives intrinsèques et extrinsèques de l'agrégat protoplasmique, va en décroissant de la naissance à la mort.* A mesure que l'élément anatomique évolue, il s'appuie de moins en moins sur le monde extérieur, ce qui revient à dire que son irritabilité, ses *qualités attractives* vont en diminuant; en d'autres termes, à mesure que son organisation *intérieure* s'achève, son autonomie grandit parallèlement. Mais cette organisation intérieure dure autant que la vie, et son achèvement, c'est la mort, c'est-à-dire l'extinction de toute *irritabilité*, de toute qualité *attractive*.

Prolifération et fonction, rétraction et dilatation cellulaires, écroulement subaigu, ce sont là autant d'expressions littérales destinées à traduire les modifications qui se produisent dans notre édifice cellulaire en évolution, et ces expressions éveillent dans notre esprit autant d'images représentatives que nos organites affectent de formes réactionnelles en face des éléments extérieurs.

Mais le clinicien doit voir plus haut, pénétrer plus avant : il doit savoir mesurer le chemin parcouru et pouvoir estimer l'effort nécessaire à l'organisme pour évoluer régulièrement.

Si l'on considère, non plus une cellule, mais l'agrégat cellulaire individuel, l'organisme humain, on voit se fondre dans un ensemble harmonieux toutes les phases si diverses de la vie morphologique, l'enfance, l'adolescence, l'âge mûr et la vieillesse. Il n'est pas, à proprement parler, de ligne de démarcation physiologique entre ces étapes de l'évolution individuelle : de l'enfant qui succombe, comme une fleur prématurée, sous les premières caresses de l'ambiance cosmique, au vieillard qui se durcit et *se noue,* comme le chêne, aux épreuves de la vie et prolonge indéfiniment son organisation intérieure, tous les modes d'irritabilité cellulaire peuvent s'observer et donner lieu à autant de *durées individuelles.*

En définitive, la morphologie est incontestablement pour l'observateur une source abondante d'enseignements et de découvertes ; mais l'interprétation des faits ne devient lumineuse et n'est féconde qu'autant qu'elle dégage *les modes individuels suivant lesquels l'irritabilité cellulaire décroît de la naissance à la mort.*

C. *Morphologie de formation.* — De sa phase fœtale l'enfant garde momentanément une obligation physiologique, celle de puiser sa nourriture dans le « sol maternel ». Il prend d'emblée contact avec tous les éléments de l'ambiance cosmique, sauf avec l'élément digestif. Il se meut, il respire, il sent, il *vibre,* en un mot, sous les excitations du monde extérieur par ses appareils musculaire, respiratoire et nerveux. Seul, l'appareil digestif exige une préparation, reste un moment isolé à demi, en puisant ses excitations dans un milieu spécial, de même orientation physiologique, le lait maternel. Ce fait biologique mérite d'être souligné et nous ouvre déjà tout un horizon sur les conditions qui président à la *formation* de nos quatre appareils principaux et, partant, sur cette formation elle-même et ses étapes successives.

Mais considérons plus attentivement la manière dont l'enfant qui vient de naître prend contact avec le monde extérieur. Deux appareils sont nettement prédominants, ou mieux, deux fonctions semblent maintenir à elles seules l'équilibre physiologique, la fonction respiratoire et la fonction digestive. La fonction musculaire est rudimentaire, se réduit à quelques mouvements des membres, rares, de courte durée, de faible amplitude. La fonction nerveuse n'apparaît guère que par les alternatives de veille et de sommeil, celui-ci absorbant d'ailleurs la presque totalité du temps. Au contraire, la fonction respiratoire s'exerce immédiatement dans son intégralité et la fonction digestive trouve dans un milieu spécial les conditions d'une activité franchement différenciée.

Ces simples constatations nous donnent tout de suite une idée de l'élasticité d'adaptation de nos organes à l'état naissant, élasticité qui est décroissante si nous envisageons successivement l'appareil respiratoire, l'appareil digestif, l'appareil musculaire et l'appareil cérébro-spinal.

Cette première hiérarchie, ou mieux cette dissymétrie purement fonctionnelle, en appelle une seconde, immédiate, dans le domaine morphologique, toujours en vertu de ce principe que la fonction et la forme sont les deux aspects d'un même acte vital, d'un même fait biologique. En effet, toutes conditions d'hérédité et de milieux ambiants mises à part, l'organisme humain va manifester ses tendances morphologiques dans la formation de son thorax d'abord, de son abdomen en second lieu, et enfin de ses membres et de sa région céphalique. En d'autres termes, si la fonction respiratoire est la première comme précocité d'adaptation aux conditions cosmiques, le thorax se trouve également le premier comme précocité de perfection dans la forme. Immédiatement après, viennent la fonction digestive et la morphologie de l'abdomen ; plus tardivement, nous voyons entrer en scène la fonction musculaire et, en dernier lieu, la fonction nerveuse, l'une et l'autre corrélatives de remaniements morphologiques grossiers et dans l'appareil locomoteur et dans la région céphalique.

En dernière analyse, si l'on envisage seulement le stade de *formation* de l'organisme, c'est-à-dire la constitution progressive des quatre grands appareils, la dissymétrie objective reste le fait fondamental : la fonction respiratoire et la forme thoracique nous offrent le maximum de perfection, et, par conséquent, indiquent le mode de notre formation, donnent la mesure de nos oscillations physiologiques, marquent notamment le terme de notre constitution définitive.

N'est-ce pas d'ailleurs dans la forme du thorax que, de tous temps, les observateurs ont cherché les stigmates de la débilité de l'adolescent comme de la vigueur de l'âge mûr?

Formation. — Avant d'aller plus loin, cherchons à bien définir théoriquement ce que l'on doit entendre par *formation.*

Au point de vue fonctionnel, la formation équivaut à l'acquisition progressive d'un ensemble de qualités réactionnelles correspondant à autant de propriétés distinctes de la matière cosmique ambiante. Au point de vue morphologique, la formation est l'apparition successive d'éléments anatomiques différenciés correspondant à autant de formes élémentaires de cette même matière cosmique. Celle-ci est préexistante avec des propriétés innombrables, sous des formes infiniment variées ; l'organisme humain, quelque parfait que nous le trouvions, est toujours inférieur à elle et incapable d'une adaptation parfaite, c'est-à-dire supposant une parité de qualités réactionnelles et de formes anatomiques.

La période de formation serait sans fin, si elle devait réaliser cette adaptation, cet unisson complet avec la nature ambiante.

Cette imperfection de notre organisme est l'origine d'un double phénomène : phénomène d'arrêt de la formation, et phénomène d'isolement progressif, d'autonomie croissante de nos éléments anatomiques.

Je m'explique.

L'organisme humain apporte en naissant une force élastique, un pouvoir réactionnel *fixe*, résultante de ce chassé-croisé de forces élastiques individuelles à travers les siècles qui constitue l'hérédité.

Cet organisme prend successivement contact avec des éléments divers de l'ambiance cosmique ; à chaque contact il manifeste son pouvoir réactionnel, et chaque élément anatomique vibre suivant un mode individuel, correspondant à sa forme primitive.

Cette propriété réactionnelle constitue ce que nous appelons l'*irritabilité cellulaire*. Or, il arrive que cette irritabilité *naissante* se traduit par une multiplication de nos éléments anatomiques ; cette multiplication répond strictement d'une part, à la multiplicité croissante des contacts cosmiques, d'autre part, à la plasticité, c'est-à-dire à la spontanéité de nos molécules protoplasmiques.

Mais, nous savons que les contacts cosmiques sont susceptibles d'une multiplication pour ainsi dire indéfinie; et la prolifération de nos organites, quelque abondante et variée que nous la supposions, ne nous donne qu'une idée tout à fait imparfaite de l'infinité des formes de la nature. D'où, en définitive, deux forces très inégales en présence : la force élastique de l'organisme d'une part, la force élastique de la nature ambiante d'autre part. La première, en quelque sorte *fixe* par rapport à la seconde d'une puissance *illimitée*, va en décroissant dès la première minute du conflit, et cette décroissance progressive est marquée par deux étapes : l'une, qui correspond à l'effort d'adaptation proprement dit, c'est-à-dire à la multiplication de nos éléments anatomiques en vue d'un équilibre de réaction en face du plus grand nombre possible d'éléments cosmiques ; l'autre, qui correspond à cet équilibre relatif, à cette immobilité de forme par épuisement d'irritabilité cellulaire, et qui se traduit par l'isolement progressif de nos éléments anatomiques des contacts cosmiques, ce qui appelle la différenciation de plus en plus nette et franche des fonctions et des formes *constituées*.

L'étape de formation, envisagée à un point de vue synthétique, embrasse cette période de la vie pendant laquelle l'organisme est à l'affût de toutes les excitations cosmiques, bonnes ou mauvaises ; on pourrait dire que chaque cellule nouvelle correspond à un besoin nouveau. Et, c'est dans cette sorte d'ivresse physiologique que, finalement, chacun de nos appareils acquiert son plein épanouissement fonctionnel et morphologique.

Dès que la formation de nos appareils est achevée, l'organisme tend à s'isoler du monde extérieur ou, du moins, à *limiter* le nombre de ses excitations cosmiques. Nos éléments anatomiques ont pris conscience de leurs capacités, de leurs aptitudes réactionnelles et n'en recherchent plus qu'une satisfaction aussi entière que possible. C'est à obtenir cette équation que se consument tous les efforts de notre organisme constitué. A mesure que l'âge progresse, nous voyons diminuer peu à peu les hésitations, les tâtonnements, les erreurs, de telle sorte que la vieillesse répond à un maximum d'équilibre physiologique, puisqu'elle réalise, finalement, les aspirations essentielles de la jeunesse et de l'âge mûr.

Types individuels. — Abordons maintenant la morphologie individuelle.

De la cellule nous devons nous élever à l'agrégat cellulaire qui constitue l'*individu*, chercher à définir les modes suivant lesquels s'agrègent nos éléments anatomiques pour former des tissus, des appareils et, finalement, un individu dont toutes les cellules vibrent à l'unisson, soit entre elles, soit avec les éléments du monde extérieur.

En étudiant la morphologie cellulaire, nous avons dégagé et cherché à mettre en pleine lumière cette notion de la forme *asymétrique* qu'affectent nos éléments anatomiques.

Nous avons, notamment, à propos de l'*inertie* par état subaigu, montré que cette asymétrie est par excellence le phénomène physique qui objective la vie, c'est-à-dire la force attractive générale de nos groupements moléculaires.

Le terme de symétrie, appliqué au corps humain, exige quelques commentaires.

En physique, deux plans sont dits symétriques quand ils sont exactement superposables.

Si l'on s'en tenait à cette définition, le défaut de symétrie du corps humain serait d'une évidence grossière : il n'est pas deux parties prises sur n'importe quel point du corps, de chaque côté du plan médian, qui soient exactement superposables ; le défaut de symétrie est surtout flagrant dans les régions viscérales. Telle est une première asymétrie.

Il en est une autre, moins connue, d'une compréhension moins aisée, parce qu'elle échappe à toute définition précise.

Elle est comparable à l'asymétrie de la nature, qui est indéfinissable, parce que la forme à analyser est elle-même composée d'un nombre infinie de figures géométriques enchevêtrées de mille façons.

Cherchons néanmoins à expliquer, sinon à définir, ce que nous entendons par dissymétrie du corps humain.

Voici l'élément anatomique destiné à former notre corps ; il se divise et se subdivise progressivement jusqu'à donner naissance à une fédération de cellules régulièrement groupées en un amas défini. Quatre fonctions essentielles sont dévolues à cet amas cellulaire : les fonctions respiratoire, digestive, motrice et nerveuse. Si nous supposons que notre amas cellulaire se subdivise en quatre groupes ayant un même nombre d'unités cellulaires, nous avons un organisme d'une *symétrie* parfaite, quand bien même le volume et la forme des cellules seraient quelque peu différents ici et là. Et cette symétrie fondamentale persiste autant que dure notre organisme supposé, malgré les déformations et les troubles que pourront engendrer les accidents de la route. Telle est une manière de concevoir la *symétrie* d'un organisme *vivant*.

Que les quatre fonctions énumérées plus haut soient, au contraire, représentées par des groupements cellulaires de volumes inégaux, ayant, par conséquent, des nombres différents d'unités cellulaires, nous avons l'organisme *asymétrique*, tel qu'il faut le comprendre en biologie, organisme dans lequel les éléments anatomiques sont inégalement distribués en vue de l'accomplissement des quatre grandes fonctions qu'exige l'ambiance cosmique : dans tel cas, c'est la fonction nerveuse qui est représentée par le groupement le plus nombreux et le plus puissant; dans tel autre cas, cette prépondérance de forme et de force est dévolue à la fonction digestive ou respiratoire, etc. Cette asymétrie est plus ou moins accentuée, plus ou moins régulière : ici, c'est la primauté incontestable d'une fonction, là, ce sont trois fonctions très voisines et la quatrième d'une grande infériorité, etc., etc.

Bien plus, il se trouve que ces différents éléments cellulaires, en vertu de leurs fonctions spécifiques, vont servir à des formations anatomiques très différentes les unes des autres, non comparables entre elles, telles que tissu osseux, substance nerveuse, fibre musculaire, etc. Et c'est ainsi que l'organisme humain apparaît comme un assemblage désordonné d'éléments anatomiques très divers, donnant l'impression d'une morphologie insaisissable qui, d'ailleurs, n'a guère tenté jusqu'à présent que le crayon des artistes et la plume des poètes.

La signification et l'importance de la morphologie ne peuvent apparaître qu'à celui qui cherche à comprendre l'*évolution* individuelle ; c'est en essayant de de relier les uns aux autres *tous les faits* que l'on peut recueillir dans une vie humaine, pour en faire une chaîne ininterrompue, que les faits morphologiques se précisent, acquièrent de la valeur objective, et finalement s'éclairent, tout comme les phénomènes fonctionnels dont ils sont étroitement corrélatifs.

Voyons maintenant ce que l'observation nous apprend sur la formation des types individuels.

Les propriétés de la cellule isolée se retrouvent dans l'agrégat, et, dès les premières lignes, nous devons envisager cette qualité fondamentale, l'*irritabilité cellulaire*, qui commande toutes les variations de forme, parallèles aux influences cosmiques au sein desquelles va évoluer notre individu.

Nous connaissons deux formes d'*irritabilité cellulaire :* avec la première, c'est la complète et facile adaptation de l'élément cellulaire aux milieux ambiants ; avec la seconde, l'élément cellulaire se montre plus ou moins réfractaire aux excitations ambiantes. De là, une dichotomie naturelle dans la genèse de nos appareils organiques, suivant que l'individu est doué de l'une ou de l'autre forme d'irritabilité cellulaire.

1° — Dans un premier cas, la formation va répondre à cette irritabilité maximum, en manifestant une prolifération de croissance orientée suivant la ou les prédominances du milieu cosmique, et nous aurons des types individuels franchement différenciés.

Supposons un enfant de vie errante, sans fixité d'habitat, ballotté du Nord au Midi, de la montagne à la plaine, des sommets où l'air se raréfie aux vallées profondes où l'air reste lourd. Les variations prédominantes dans l'ambiance cosmique seront évidemment celles de l'air atmosphérique. Que va-t-il en résulter pour la formation de notre type individuel? Une prolifération plus active des éléments respiratoires et la formation d'un appareil broncho-pulmonaire qui, peu à peu, avec la croissance, va s'affirmer prépondérant sur tous les autres appareils au double point de vue de la forme et de la fonction. Et cette prépondérance respiratoire acquise va se transmettre héréditairement et s'accuser davantage avec les générations qui vont suivre, pourvu que les conditions de l'ambiance restent sensiblement les mêmes, c'est-à-dire caractérisées surtout par la variété et la richesse des excitations atmosphériques.

Deux traits morphologiques distinguent ce type individuel, que nous appellerons *Type respiratoire :* la longueur du tronc, et l'élargissement de la zone nasomalaire.

Le tronc est d'une longueur disproportionnée par rapport aux membres qui semblent courts, et cette longueur du tronc dépend d'un développement thoracique.

L'abdomen est de proportions plutôt réduites ; les fausses côtes avoisinent les crêtes iliaques, et l'espace réservé aux viscères abdominaux paraît se limiter en quelque sorte aux deux cuvettes opposées que forment, en haut le dôme diaphragmatique et, en bas, la ceinture osseuse du bassin, avec une ouverture antérieure recouverte de parties molles correspondant aux échancrures des deux cuvettes.

Ce type, au long thorax, aux membres courts, à l'appareil nasal prédominant, est réalisé d'une manière frappante par la race juive. Ai-je besoin d'ajouter que les conditions d'ambiance cosmique, auxquelles cette race a été soumise au cours des âges, expliquent suffisamment chez elle cette prédominance morphologique respiratoire?

Supposons un enfant se développant dans un milieu isolé, sur une terre stérile, loin de toute agglomération humaine et des ressources qu'offre la société ; l'effort musculaire est, dans ce cas, le stimulant nécessaire et primordial de toute l'économie, effort pour remuer la terre, effort pour amasser les récoltes, effort pour prendre contact avec le milieu social, etc., etc. Sans compter que des vêtements rudimentaires, insuffisamment protecteurs, vont permettre à la surface cutanée de subir toutes les excitations du climat, alternativement chaudes et froides, rudes et douces, sèches et humides. Sous l'aiguillon prédominant de ces excitations de même nature, la prolifération de croissance affecte surtout le groupe des éléments musculaires; le développement des leviers osseux et des muscles qui les actionnent prend le pas sur celui des autres régions de l'économie, et quand la formation est achevée, nous nous trouvons en face d'un type individuel défini, le *Type musculaire.*

Le type musculaire, en opposition avec le type précédent, se distingue généralement par la longueur des membres, par le relief bien accusé des masses musculaires; le tronc est de forme rectangulaire ; le crâne se rapproche du type dolichocéphale ; le front est droit, plat, la tête, petite, prolonge une nuque élargie.

Supposons un enfant grandissant dans une de ces régions fertiles dont tous les produits, végétaux et animaux, sont doués de qualités nutritives exceptionnelles. Ce sont alors les éléments anatomiques destinés à la formation de l'appareil digestif, qui vont prendre un essor de prolifération prépondérant et créer une région abdominale d'une ampleur et d'une rondeur remarquables. La formation terminée, nous avons un nouveau type individuel, le *Type digestif.*

Celui-ci se distingue, comme le type respiratoire, par la longueur du tronc, mais c'est l'abdomen surtout qui en accroît les proportions. Le thorax, amoindri, semble refoulé en haut par une masse viscérale débordante. Chez le digestif, les formes sont arrondies, quelle que soit la région considérée, alors que le musculaire se fait plutôt remarquer par des formes anguleuses.

Le facies du digestif n'est pas moins caractéristique :

bouche grande, lèvres épaisses, mâchoire inférieure élargie, front étroit et fuyant, ce qui donne à la face l'aspect d'un tronc de cone à base inférieure.

Enfin, supposons un enfant évoluant dans des conditions d'ambiance tout à fait différentes des précédentes : atmosphère de la grande ville, aliments de nature uniforme et de quantité réduite, sédentarité, claustration dans un appartement ; en revanche, précocité et variété des études, fréquentation de milieux sociaux très divers, émulation des examens ou des concours dès les jeunes années. La suractivité des éléments nerveux aboutira, dans ce cas, à la constitution d'un appareil cérébral, dont la forme et le fonctionnement feront contraste par leur puissance avec la précarité des trois autres appareils.

Tête énorme, élargie dans sa partie supérieure et pourvue d'un front élevé aux contours arrondis ; bouche petite, mâchoire inférieure rétrécie : un tronc de cône à base supérieure figure assez exactement l'extrémité céphalique du *Type cérébral.*

Par contre, le reste du corps est effacé : tronc fluet, membres grêles, sans relief musculaire, et ossature légère. Enfin, taille plutôt petite.

Les quatre types individuels à la formation desquels nous venons d'assister, le type respiratoire, le type digestif, le type musculaire et le type nerveux, réalisent au maximum cette asymétrie formelle du corps humain, qui est à l'origine de toute beauté plastique aussi bien que de toute plénitude fonctionnelle.

En définitive, la genèse de types aussi différenciés est subordonnée à une double condition : *a)* Irritabilité cellulaire maximum, assurant à l'organisme sa libre orientation au milieu des éléments qui composent l'ambiance cosmique ; *b*) Prédominance manifeste d'un élément sur les autres dans cette ambiance cosmique.

Nous devons nous en tenir à ces données essentielles, sous peine de dépasser les limites que nous impose la nature de notre ouvrage. Mais le clinicien, instruit de ces notions premières, arrivera toujours, en face d'un type individuel caractérisé, à démêler la part de l'organisme et celle du milieu ambiant dans la formation de ce type, ce qui est suffisant au point de vue pratique.

En fin de compte, l'organisme subit dans sa formation l'influence directrice des actions cosmiques au sein desquelles il vit. Pour préciser encore ce côté du problème morphologique, envisageons deux types extrêmes d'évolution individuelle : l'un, indifférent à l'égard du milieu ambiant, suit sa destinée d'une façon inexorable, de la naissance à la mort, sans la moindre déviation, avec une monotonie qui reste parfaite, quelles que soient les variations du milieu ambiant, *il ne veut rien ;* l'autre, au contraire, irritable, constamment inquiet, toujours à l'affût d'excitants nouveaux, évolue comme un être dont la moindre vibration est un écho de la nature extérieure, *il veut tout.* Entre ces deux types se place naturellement notre type différencié, asymétrique, *qui sait ce qu'il veut.* C'est un produit de la sélection héréditaire ; une série d'ancêtres, orientés dans le même sens morphologique par des influences ambiantes de même prédominance, ont créé peu à peu un agrégat individuel spécifique, composé de groupes inégaux d'éléments cellulaires. Un groupe l'emporte en volume et en nombre sur les groupes voisins, et *objective* cette asymétrie anatomo-physiologique, en vertu de laquelle l'organisme puise *inégalement* aux diverses sources d'énergie cosmique : chez l'un, fils de nomades, c'est à l'appareil respiratoire qu'est dévolue la puissance attractive maximum ; chez l'autre, issu d'une lignée de gourmands, tous les appareils gravitent autour d'un tube digestif puissamment constitué ; chez un troisième, enfant de la grande nature, ce sont les éléments musculaires qui possèdent la prépondérance et de forme et de fonction ; chez un quatrième enfin, héritier d'une lente accumulation d'images mentales, le système encéphalique domine tous les autres systèmes de l'économie.

Ces quatre types, est-il besoin de le dire, répondent strictement aux quatre milieux différenciés et fondamentaux qui composent toute l'ambiance cosmique : le milieu atmosphérique, le milieu alimentaire, le milieu physique proprement dit, et le milieu social.

L'asymétrie constitutionnelle, telle que nous venons de l'envisager, crée à l'organisme humain une sujétion particulière vis-à-vis du milieu ambiant ; elle est, en revanche, une source proportionnelle d'énergie vitale, en face des défectuosités de ce même milieu.

On conçoit, dès lors, que l'évolution morphologique d'un organisme, subordonnée d'abord à l'énergie native de ses éléments anatomiques, dépende ensuite du degré d'asymétrie de ses groupements cellulaires et d'une composition du milieu cosmique en rapport avec les appétits créés par cette asymétrie. De là, une complexité de conditions pour le développement de l'être humain, que le clinicien ne doit jamais oublier. C'est là du reste un sujet sur lequel nous aurons à revenir à propos de la morphologie de fonctionnement.

2° — En définitive, trois facteurs sont à l'origine de

la formation individuelle de l'homme : l'orientation héréditaire, l'irritabilité cellulaire et le milieu cosmique.

Le facteur *hérédité* est supposé fixe. Si nous faisons varier le facteur *irritabilité*, sans toucher au facteur *milieu cosmique*, que devient notre processus de formation?

Nous savons que l'irritabilité cellulaire affecte deux formes distinctes. La première nous est connue, et nous a donné la clef de la formation des types individuels différenciés. La seconde se caractérise essentiellement par une indifférence relative aux excitations de l'ambiance cosmique ; on peut la définir, en disant qu'elle s'*entretient* au contact de l'ambiance cosmique, mais qu'elle est incapable de quitter la voie que lui assigne l'hérédité, quelles que soient la nature et l'abondance des excitations extérieures ; elle évolue toujours semblable à elle-même, soit comme énergie fonctionnelle, soit comme pouvoir prolifératif.

L'enfant ainsi organisé va se former *musculaire* dans un milieu intellectuel ou *cérébral* dans un milieu physique, si telles sont ses tendances héréditaires.

Mais il est facile de prévoir que cette asymétrie de formation va ou présenter des caractères étranges ou manquer de netteté, qu'elle affectera plus ou moins les allures d'un déclin (toute forme vivante décline qui ne s'adapte pas à la nature), qu'elle sera, en tous cas, bien différente de celle qui est due à une alliance heureuse entre les forces héréditaires et les forces naturelles.

C'est ainsi que se créent ces *types indécis*, monnaie courante de la pratique médicale, qui empruntent à chacun de nos types différenciés une ou plusieurs de leurs prérogatives soit morphologiques, soit fonctionnelles. En face d'un de ces types, le thérapeute se demande quelle est la prédominance physiologique, l'hygiéniste ne saisit aucune orientation morphologique et l'éducateur manifeste son découragement par la phrase connue : *apte à tout, bon à rien.*

D. *Morphologie de fonctionnement.* — A ces pages qui visent la *formation* de l'individu, c'est-à-dire les traits morphologiques les plus fixes et les plus essentiels de l'organisme humain, nous devons ajouter un complément touchant les oscillations de forme qui remplissent les deux périodes de la vie individuelle.

C'est un autre côté du même problème que nous devons aborder maintenant, et nous allons envisager non plus l'effort pour *être,* mais bien l'effort pour *vivre.* L'élément anatomique est né, l'appareil est formé ou en voie de formation: comment se maintient la fonction, c'est-à-dire la vie?

L'observation clinique nous montre deux types morphologiques nettement différenciés : le *type fixe* et le *type variable.*

1° — *Type individuel à morphologie fixe.* — C'est l'individu dont l'élasticité est rarement en défaut et, par conséquent, dont la morphologie est, on peut le dire, à peu près invariable.

Cherchons le secret de cette énigme physiologique. Pourvu d'une orientation définie et précise de par l'hérédité, cet organisme, dès la naissance, manifeste ses préférences pour tel ou tel élément de l'ambiance où il évolue ; et, avec l'âge, ses tendances se hiérarchisent d'une façon surprenante : l'air reste longtemps indifférent, mais la nourriture n'est acceptée que sous une forme déterminée, dès les premières années de la vie ; puis, l'exercice musculaire, dont la plupart des enfants font une débauche, est exigé en proportion des forces et sous la forme qui convient à la constitution anatomique de l'appareil locomoteur ; enfin, la vie cérébrale commence, progresse, se complique et il semble, à voir vivre l'adolescent, qu'on assiste à la naissance et à l'épanouissement de chacun des groupements cellulaires qui doivent former la confédération encéphalique. L'homme adulte apparaît.

C'est un organisme d'une franche et belle asymétrie : un appareil captive l'attention par la prédominance de ses proportions sur celles des trois autres. C'est un groupement de quatre personnages formant tableau, dont l'un domine par sa haute stature, dont les autres se groupent à ses pieds, en quelque sorte, tout en gardant chacun une valeur respective qui contribue à l'harmonie de l'ensemble.

Notre individu trouve d'emblée la place qui lui convient dans le milieu social. Suivant la règle, sa vie s'épure et se spécialise, à mesure que l'âge avance : travailleur infatigable, il se cantonne dans une région de l'art, de la science, du commerce ou de l'industrie, acquiert une habileté croissante qui traduit exactement la valeur héréditaire des éléments anatomiques mis en jeu ; inutile d'ajouter que l'alimentation revêt une forme également spéciale et d'une grande fixité, et que le milieu atmosphérique est tenu à l'unisson de tous les autres excitants physiologiques. Il n'existe, chez un tel individu, d'autre signe de vieillissement que le rétrécissement du champ fonctionnel des divers appareils organiques, ce rétrécissement allant de l'appareil inférieur à l'appareil prédominant. Celui-ci garde sa forme et sa belle activité jusqu'à un âge extrême, et, quand il paraît se ralentir, c'est la fin rapide de notre individu.

Toute l'harmonie de cette belle vie puise sa raison dans le *mode* de décroissance de l'irritabilité cellulaire, décroissance lente et régulière appelant une restriction absolument parallèle des excitations ambiantes. Les oscillations de l'irritabilité cellulaire sont exactement et toujours contenues dans les limites d'une fonction intégrale ; ni spasme d'accélération, ni détente de ralentissement, mais un mouvement uniforme avec toute la richesse d'ondulations harmoniques que comporte la pleine élasticité de la matière vivante.

L'individu à *morphologie fixe* est soumis le plus généralement à une forme de déséquilibre momentané que nous connaissons, l'*état subaigu*. Celui-ci se présente, en ce cas, dans toute sa pureté phénoménale. Un choc franc, musculaire, digestif, atmosphérique ou cérébral, terrasse brutalement l'organisme en pleine activité : du jour au lendemain, celle-ci est réduite à zéro. Vingt-quatre ou quarante-huit heures se passent, et déjà les signes de relèvement apparaissent : l'abdomen, notamment, affaissé, empâté, sans relief colique, dépourvu de sonorité, *renait* sous les yeux de l'observateur, reprend sa forme, son élasticité et son damier sonore, en même temps que l'appétit exige une alimentation moins fluide, que les selles se régularisent, que la torpeur cérébrale se dissipe, etc., etc. Sans autre intervention que la mise au repos, l'organisme est équilibré au bout de quelques jours et reprend sa marche ordinaire sans garder la moindre trace du choc accidentel. Au point de vue qui nous occupe, c'est un simple épisode, caractérisé par un affaissement morphologique d'une objectivité variable avec la nature des éléments anatomiques, par conséquent surtout appréciable à l'exploration externe de l'abdomen.

A cet affaissement en quelque sorte aigu de nos éléments anatomiques correspond une éclipse momentanée de l'irritabilité cellulaire ; puis, forme et irritabilité renaissent bien vite et évoluent parallèlement jusqu'au retour de l'état anatomo-physiologique antérieur.

A côté de ce type individuel, à morphologie fixe, qui succombe de loin en loin sous un choc accidentel brutal, il est toute une série d'individus du même type, chez lesquels les accidents subaigus surviennent fréquemment, sous des influences plus ou moins insignifiantes : chez les uns, c'est pendant la période terminale de la vie, et ces défaillances accusent en quelque sorte le déficit de l'irritabilité cellulaire ; chez les autres, c'est, au contraire, pendant la période de formation, la période suivante se traduisant par une invulnérabilité que souligne un léger épaississement des formes de l'organisme.

Ce dernier trait morphologique relie nos deux groupes : individus à morphologie fixe et individus à morphologie variable.

Avant d'aborder l'étude de ce dernier groupe, une remarque s'impose encore : à mesure que la spontanéité cellulaire léguée par l'hérédité diminue, nous voyons l'organisme succomber plus facilement, c'est-à-dire les influences cosmiques grandir proportionnellement ; cette suprématie du monde extérieur sur les forces intimes de l'organisme humain peut atteindre des limites extrêmes, au point que la vie devient une succession ininterrompue d'états subaigus, ne laissant jamais à l'organisme le temps d'évoluer suivant un type déterminé. A-t-il affaire à un type à morphologie fixe ou bien à un type à morphologie variable? Le clinicien ne saurait le dire.

2° — *Type individuel à morphologie variable.* — L'individu à morphologie variable, que nous devons analyser maintenant, est, au point de vue de la vulnérabilité *accidentelle*, aux antipodes du type précédent, en apparence tout au moins. Je m'explique. La caractéristique de notre type morphologique, c'est une instabilité *native* de la vie cellulaire, qui augmente avec la décroissance naturelle de l'irritabilité protoplasmique. Or cette irritabilité, qui est la sauvegarde de toute fonction régulière, dans quelles limites précises est-elle apte à s'exercer de par l'hérédité et avant toute excitation cosmique? Telle est la question préjudicielle à résoudre avant d'entrer dans le vif de notre sujet.

« Irritabilité plus ou moins grande », « degrés dans l'irritabilité cellulaire », telles sont des expressions dépourvues de rigueur scientifique et que nous voulons écarter de notre langage.

L'irritabilité est *suffisante* pour adapter le mouvement de nos molécules à celui des molécules cosmiques ; dans ce cas, l'élément cellulaire garde sa forme spécifique, de la naissance à la mort. Ou bien l'irritabilité est *insuffisante* pour assurer cet unisson de notre vie intérieure et de la vie extérieure à notre organisme ; dans ce cas, il y a *effort* d'adaptation, et cet effort se traduit par une rétraction ou par une distension progressives de l'élément cellulaire, ce qui entraîne des altérations encore mal définies de sa substance protoplasmique. L'une de ces altérations nous est connue et peut être analysée dans ses traits objectifs fondamentaux, *c'est la dégénérescence granulo-graisseuse.* Variations de volume de l'élément cellulaire et dégénérescence graisseuse du protoplasma, voilà deux phénomènes connexes qui s'appellent nécessairement et constituent l'une des assises importantes de toute observation clinique.

Nous pouvons essayer maintenant de décrire les formes

principales suivant lesquelles évolue notre organisme à morphologie variable.

Imprécis dans ses tendances physiologiques, notre type individuel *paraît* s'adapter à toutes les conditions de l'ambiance cosmique : la période de formation ne rencontre pas plus d'*obstacles* que la période suivante. De force musculaire et de taille au-dessus de la moyenne, d'intelligence précoce et claire, d'appétit régulier et large, il traverse allègrement les premières étapes de la vie. Un seul point noir pour le clinicien instruit des données de la morphologie : les formes sont *volumineuses* et l'infiltration graisseuse est évidente dans toute l'étendue du tissu cellulaire sous-cutané.

La formation est terminée : c'est un adulte, et un adulte souvent prématuré, vers 16 ou 18 ans ; une légère poussée d'engraissement généralisé à tout le corps vient souligner cet arrêt de la formation, mais sans inquiéter ni l'individu, ni l'entourage. Vers 30 ans, nous trouvons tous les attributs extérieurs de la force et de la santé. Puis lentement, progressivement, l'embonpoint s'accroît ; entre 40 et 50 ans, l'abdomen proémine franchement. L'équilibre physiologique paraît néanmoins se maintenir : tout au plus, de l'alourdissement dans l'allure, de la dyspnée d'effort et un léger degré de paresse intellectuelle. Le sujet traverse ainsi un dernier stade de dix à quinze ans. Enfin brusquement, sous un choc accidentel sans importance, ce bel édifice se met à crouler : amaigrissement rapide, albuminurie, insuffisance cardiaque et mort.

Pourquoi cette belle immunité d'une vie tout entière? Pourquoi, d'autre part, cette fin brusque, rapide et inattendue?

Ces deux faits se relient et s'éclairent par un troisième

fait aussi essentiel, l'accroissement de volume du corps, parallèle à l'infiltration graisseuse.

L'exploration externe du tube digestif nous apprend qu'il est, pour cet appareil, deux modes réactionnels en face d'un trauma de moyenne intensité : la réaction d'inertie avec affaissement de l'abdomen, et la réaction de *distension* avec ballonnement abdominal. La réaction d'inertie est le mode physiologique essentiellement propre aux individus à morphologie fixe, nous l'avons dit. La réaction de distension caractérise, au contraire, les organismes à morphologie variable. Et, en vertu de la loi absolue de synergie réactionnelle de tous nos appareils, nous assistons, sous l'influence des traumas qui se répètent à chaque instant dans une vie humaine, nous assistons, dis-je, à une dilatation progressive de tous les éléments cellulaires, variable pour chacun suivant ses qualités d'élasticité protoplasmique, mais dont la résultante est une amplification morphologique totale de l'individu. De plus, ce phénomène de grossissement se trouve accru du fait de la dégénérescence graisseuse générale, satellite précoce et nécessaire du phénomène mécanique de distension.

Voilà qui nous donne la clef de cette immunité, en fait plus apparente que réelle. La dilatation progressive des éléments anatomiques et l'engraissement parallèle traduisent l'effort constant de l'organisme pour s'adapter aux milieux ambiants ; qu'une modification brusque d'un de ces milieux tende à traumatiser l'organisme, celui-ci *redouble d'effort*, c'est-à-dire fait un pas de plus dans la voie où il est engagé, de la dilatation et de l'engraissement, et c'est tout. Or, à mesure que l'irritabilité cellulaire décroît, l'*effort* est de plus en plus nécessaire ; d'où ce parallélisme connu de l'embonpoint et de l'âge.

Mais, avec la décroissance continue de l'irritabilité cellulaire, il arrive un moment où l'effort habituel avorte ou plutôt se transforme en une réaction d'inertie, créant un *état subaigu terminal* sur lequel nous aurons à revenir.

Si l'individu à morphologie fixe possède une souplesse d'adaptation qui lui permet d'évoluer régulièrement pendant de longues périodes, avec de rares états subaigus, l'individu à morphologie variable peut également voir sa distension cellulaire et son engraissement subir de longs temps d'arrêt et ne progresser que par quelques poussées marquant autant d'étapes distinctes au cours de son évolution.

La vulnérabilité accidentelle du premier type, créant des états subaigus, c'est l'aptitude momentanée, chez le deuxième type, à épaissir et à engraisser.

S'ensuit-il que ce deuxième type soit exempt de tout état subaigu? Nullement. Si les traumas ordinaires sont neutralisés grâce à la dilatation cellulaire, il en est de *violents* qui entraînent une réaction immédiate d'inertie, partant l'*état subaigu* tel que nous l'avons décrit jusqu'ici.

Cette propension aux états subaigus, c'est-à-dire aux passagères défaillances sous les chocs de la vie, est subordonnée au mode *évolutif* de notre individu. Je m'explique : l'effort fonctionnel, auquel est condamné l'organisme pour vivre, est une réaction continue, constante, nécessaire, mais *non pas uniforme* et toujours semblable à elle-même ; elle est plus ou moins accidentée, c'est-à-dire parsemée de courbes ascendantes marquant les *poussées* de dilatation cellulaire. Autant d'unités individuelles, autant de trajectoires évolutives. Or il arrive que plus notre trajectoire est *irrégulière*, plus l'organisme auquel elle répond est apte à interrompre son évolution morphologique par l'affaissement subaigu épisodique. Toutefois, cette prédisposition diminue avec la décroissance de l'irritabilité cellulaire et se montre assez rare au-delà de la période de formation.

Pendant cette période, chez l'individu à morphologie variable qui nous occupe, l'état subaigu peut revêtir une forme spéciale, assez commune, qu'il faut bien connaître. Le nourrisson est gros, fort ; c'est une « boule de graisse », suivant l'expression courante. L'enfant se dépouponne lentement, vers cinq ou six ans seulement. A ce moment, « on le voit changer », il maigrit, s'allonge, et vers quatorze ans, ce n'est plus qu'un « squelette ». Cet état persiste jusqu'à la fin de la croissance. Alors il se fait une transformation rapide et complète : les épaules s'élargissent, le torse se redresse, le ventre et les membres s'arrondissent, la figure se remplit et se colore. L'adolescent efflanqué et pâle a fait place à un adulte puissant et bien campé.

Cette maigreur juvénile est un épisode subaigu d'affaissement cellulaire propre à un type individuel : la caractéristique de ce type réside dans le contraste morphologique de deux phases de l'évolution. Dans ce cas, si l'on veut aller au fond des choses, on constate que les apparences morphologiques sont trompeuses : l'exploration externe du tube digestif révèle, en effet, chez l'adolescent amaigri, de gros segments plats, vides, aux parois accolées, chez l'adulte épaissi, les mêmes signes objectifs essentiels. Chez ce dernier, sauf l'accolement des parois qui a disparu, le canal alimentaire garde une forme aplatie ; la région abdominale est arrondie, proéminente même dans la position verticale, mais c'est au prolapsus abdominal et à l'accumulation de graisse dans la paroi que nous devons surtout cette transformation morphologique. De même que la grande maigreur était le fait de la fonte graisseuse, de même l'ampleur des formes relève de l'infiltration graisseuse : la forme cellulaire n'a varié et n'est apte à varier que dans de faibles limites.

Voilà un type individuel chez lequel les oscillations physiologiques vont s'objectiver surtout par le phénomène de la dégénérescence graisseuse. Le clinicien pourra dire : cet individu fait de la graisse de *façon modérée*, donc il est dans le milieu qui lui convient ; il fait une *poussée* graisseuse, donc le milieu est défectueux par quelque côté et amène un redoublement de l'effort physiologique habituel ; enfin il *maigrit*, donc il a subi un traumatisme et manifeste son inertie fonctionnelle par une fonte rapide de sa substance graisseuse.

Tel est le sens clinique de tous ces faits, largement interprétés et dégagés des détails de la pratique, sens qui se laisse d'ailleurs aisément deviner, tant est précis, vrai et fécond le point de départ initial.

Un troisième type se juxtapose naturellement au précédent. A la vue des proportions générales de l'individu, de l'abdomen surtout, le clinicien non prévenu s'attend à trouver d'épais pannicules adipeux. Il n'en est rien. La graisse est partout présente, mais en faible abondance ; la paroi abdominale, notamment, à peine épaissie, laisse à la main toute sa liberté d'exploration ; les segments coliques sont de forme très arrondie, l'ascendant comme une grosse ampoule, et le reste du côlon comme un cordon de gros calibre. Le ventre tout entier « ballonne », au sens propre du mot, dans la position couchée comme dans la position verticale. Interrogez le sujet, et il vous répondra : « Je grossis à mesure que je prends de l'âge, mais ce qui m'incommode surtout, c'est que d'un jour à l'autre je change de taille, de figure, de forme générale ; ou mes vêtements sont trop larges, ou je n'y puis entrer; de plus, un écart de régime, une fatigue, une contrariété sont suivis immédiatement d'une *enflure générale;* mon estomac se gonfle à la première bouchée, etc.

Tel est le langage caractéristique qui traduit cette tendance générale de l'organisme à évoluer suivant un mode de distension cellulaire progressive, avec des poussées en quelque sorte subaiguës, lorsque l'irritabilité, fortement entamée, ne laisse plus aux conditions ambiantes tout le champ d'action dont elles ont besoin. Ici, la dégénérescence graisseuse est accessoire ; la dilatation est le fait objectif prédominant. Et le souci du clinicien sera de maintenir dans de justes limites ce mouvement centrifuge des molécules protoplasmiques.

Les deux derniers types, que nous venons de décrire sous des traits volontairement schématiques, s'amalgament plus ou moins dans la réalité ; c'est affaire au coup d'œil de l'observateur à démêler la prédominance clinique. Quoi qu'il en soit, l'un et l'autre manifestent toujours une certaine élasticité en face des excitations de l'ambiance cosmique, élasticité en vertu de laquelle ils succombent et se relèvent avec une égale facilité. L'organisme évolue, ainsi cahoté, jusqu'au moment où, l'irritabilité cellulaire se trouvant insuffisante, c'est la fonte graisseuse totale ou l'affaissement cellulaire rapide, signal de la dissociation cardio-rénale, qui entraîne la mort.

Un type à opposer immédiatement aux précédents est celui dont l'*effort* pour tenir tête aux ambiances cosmiques se traduit par une rétraction cellulaire progressive, évoluant de la naissance à la mort.

Petit, mince plutôt que maigre, d'une démarche alerte,

d'une physionomie éveillée, il *glisse* sans bruit au milieu de ses semblables. La vie régulière, monotone, est toute sa force ; petit mangeur, il est ébranlé par le moindre écart de régime ; et le plus léger excès, musculaire ou cérébral, a raison de sa résistance.

Vers la quarantaine, il *épaissit* légèrement. Puis, avec l'âge, toute sa personne va s'amoindrissant, et, au moment de s'éteindre, ce n'est plus qu'une « ombre ». Il a évolué comme un type à morphologie variable, bien que les apparences semblent contraires à cette affirmation. Et, en effet, la rétraction cellulaire progressive et sa compagne, la dégénérescence graisseuse, ont été présentes à tous les moments de sa vie : il suffit, pour en être convaincu, de savoir dépister l'une et l'autre sous la forme discrète qu'elles affectent dans le cas particulier.

Un dernier type, enfin, remarquable par sa *raideur anatomo-physiologique*, mérite de nous arrêter : il est d'apparence maigre, et la graisse n'est visible qu'aux regards d'un clinicien exercé, dans les conjonctives, dans la paroi abdominale, dans la région des épaules ou des hanches ; la courbe morphologique est uniforme, sauf une ou deux bosselures qui traduisent une ou deux poussées légères et transitoires de distension cellulaire, *sans engraissement apparent*, du reste, et sans influences extérieures décelables. La résistance est colossale : notre individu se livre impunément à tous les excès de boisson, de table, de travail. Mieux que cela, il recherche les excitations violentes : c'est un alcoolique, c'est un travailleur acharné ou c'est un grand débauché.

La morphologie de cet organisme paraît invariable ; les réactions franches sont absentes : ni affaissement subaigu, ni distension avec infiltration graisseuse, comme nous avons coutume de les voir évoluer. A un moment donné, cependant, les excitations violentes se multiplient jusqu'à susciter une ébauche toute passagère de distension cellulaire et de très discrète infiltration graisseuse. Après quoi, l'organisme tombe dans une sorte d'état subaigu mal dessiné, larvé, cependant réel, puisque nous trouvons les signes d'un lent affaissement et que les quelques masses graisseuses, çà et là disséminées, ont une tendance à la résorption. Mais le besoin d'excitations massives et brutales se fait sentir toujours plus impérieux, cependant qu'une prolifération du tissu connectif se substitue peu à peu à l'élément noble dissocié, aboutissant à l'épaississement et au durcissement de toutes les charpentes organiques (*Type scléreux*).

La forme est sauvegardée, dans une certaine mesure, pendant un laps de temps parfois fort long, et il semble que, grâce à cette intégrité de la forme, la fonction reste à même de s'exercer tant qu'il subsiste une cellule noble intacte.

Telles sont les principales formes individuelles qui répondent aux deux processus évolutifs fondamentaux de notre organisme, le processus de formation et le processus de fonctionnement.

Au premier, reviennent les formes définitives du corps humain ; au second, les oscillations de forme qui marquent les âges de notre corps.

Si nous pouvions réaliser une harmonie complète, idéale, entre les qualités réactionnelles de chaque organisme individuel et les milieux dans lesquels il doit vivre, nous verrions nos deux types morphologiques se fondre en un seul, dont les variétés ne seraient autres que des variétés de formation. On conçoit que l'irritabilité cellulaire, ce trésor de nos richesses ancestrales, serait encore capable, avec l'aide des forces cosmiques, de créer l'infinie variété des formes humaines.

II. — Évolution fonctionnelle.

Il est des individus chez lesquels la morphologie n'offre que des variations insignifiantes ; la fonction, par contre, répond toujours strictement au processus de décroissance de l'irritabilité cellulaire. — Le mode réactionnel de l'organisme se traduit par *la douleur*, par *les signes objectifs du travail fonctionnel*, par *les localisations morbides.*

A. — La douleur. — Elle n'est significative ni chez les sujets hypersensibles, ni chez les insensibles. — La sensibilité est au seuil de chacune de nos fonctions pour recevoir et transformer les excitations cosmiques qui doivent alimenter cette fonction ; elle nous révèle les moindres oscillations de l'acte fonctionnel. — Sensibilité *consciente*, sensibilité *douloureuse*, sensibilité *inconsciente.* — La sensibilité consciente répond à l'équilibre fonctionnel. — La dissociation fonctionnelle ne s'accompagne pas nécessairement du phénomène douleur. — La douleur est un élément contingent de la maladie; elle marque l'entrée de la maladie dans le domaine subjectif, la localisation des phénomènes réactionnels sur l'élément sensitif. — Evolution de la douleur dans l'épisode morbide. — Evolution de la douleur dans la vie individuelle ; chez le sensitif et chez l'insensible. — Deux phases dans l'évolution du système sensitif : phase d'hyperesthésie, phase d'anesthésie.

B. — Le travail fonctionnel. — On peut en discerner la nature.aux différentes phases de l'évolution individuelle. — 1° *Diverses formes du travail fonctionnel.* — Trois catégories : la réaction est égale à l'action (fonction excitable) ; la réaction est supérieure à l'action (fonction hyperexcitable) ; la réaction ne répond pas à l'action (fonction automatique). — Rapports des formes du travail fonctionnel avec les formes des réactions sensitives (sensibilité consciente, hyperesthésie, anesthésie).— Etude de l'hyperexcitabilité fonctionnelle. Elle se traduit par des modifications morphologiques, rétraction ou dilatation. — Hyperexcitabilité fonctionnelle signifie dissociation fonctionnelle et dissociation dans les agrégats moléculaires. — L'automatisme fonctionnel. — 2° *Évolution des formes du travail fonctionnel.* — *a*) Premier type fonctionnel : Adaptations successives de toutes les fonctions à l'ambiance cosmique ; uniformité d'allure des diverses phases de l'évolution individuelle. — *b*) Deuxième type fonctionnel : Hyperexcitabilité fonctionnelle persistante à toutes les phases de l'évolution, exclusive pendant l'enfance, accompagnée de variations morphologiques pendant l'adolescence, douloureuse à la phase terminale. — *c*) Troisième type fonctionnel : Morphologie exubérante ; faible spontanéité.

C. — La maladie. — Son évolution spontanée. — Dans une phase prémonitoire, fréquence des états subaigus ; localisations prédominantes du processus sur le même appareil organique. — A une deuxième étape, variation des localisations du processus subaigu. — Troisième étape, marquée par les localisations cardio-rénales.

Nous avons montré, au début de ce chapitre, que la dissymétrie est la clef de voûte de l'édifice humain — dissymétrie dans le temps, dissymétrie dans l'espace. Nous avons ajouté : qui dit dissymétrie dans le temps, dit dissemblances aux divers moments du cycle vital,— dissemblances dans la forme, dissemblances dans la fonction.

Nous venons de traiter des dissemblances dans la forme. Il nous reste à envisager les dissemblances dans la fonction.

Il est évident que les modifications de forme constituent, pour l'observateur, les jalons les plus saisissables, partant, les plus instructifs et les plus sûrs. Maintes fois, à propos de l'évolution fonctionnelle, nous aurons encore à faire intervenir la forme, pour compléter notre démonstration.

L'évolution de la forme *objective* l'épuisement de l'irritabilité cellulaire. Et le clinicien qui sait synthétiser les étapes morphologiques d'un individu, ne peut se méprendre, ni sur l'étendue de la carrière que cet organisme reste capable de fournir, ni sur la nature des conditions ambiantes susceptibles de favoriser ou d'entraver cette évolution.

Toutefois, la morphologie ne nous donne que des jalons grossiers ; elle subit des temps d'arrêt, elle reste immobile pendant de longues périodes ; enfin, il est des individus, nous l'avons dit, chez lesquels elle n'offre que des variations insignifiantes et, par conséquent, d'une objectivité presque négligeable.

La fonction, par contre, quel que soit le type morphologique envisagé, répond toujours strictement au processus de décroissance de l'irritablilité cellulaire, c'est-à-dire au phénomène essentiel, fondamental, objet ultime de toutes nos investigations.

Connaître la fonction, c'est connaître le mode dernier et fondamental suivant lequel *réagit* l'organisme en face du monde extérieur. L'expérience nous enseigne que le mode fonctionnel peut se révéler à notre observation :

A) Par la *douleur*, sous ses formes multiples.

B) Par un ensemble de signes *objectifs*, saisissables au niveau des divers appareils de l'économie, en particulier au niveau du tube digestif.

C) Par les *localisations morbides*, c'est-à-dire par la succession des épisodes qui aboutissent à la désorganisation de la matière vivante.

A. — *La douleur.* — En abordant le domaine *subjectif*, des réserves s'imposent immédiatement.

Toutes les sensations du sujet doivent, pour être connues de l'observateur, se traduire par le langage. Or, cette forme d'expression exige, pour être rigoureusement appréciée, une expérience très grande de la part du clinicien : la moindre sensation évoque un flot de paroles chez le méridional et chez certaines femmes ; le paysan, au langage fruste, ne pouvant exprimer ce qu'il sent, se tait ; le lettré adapte trop souvent à ses sensations des expressions imagées qui n'en rendent pas la nature ; rare est l'individu qui sait établir, entre sa sensation et son langage, cette équation propre à satisfaire l'observateur, la sensation justement rendue trouvant sa place naturelle dans l'ensemble du tableau clinique.

Quoi qu'il en soit, à mesure qu'il se forme, l'homme prend peu à peu possession de son corps par *sa sensibilité organique*. La formation achevée, l'homme se sent pleinement vivre et savoure, avec une intensité variable, « la joie de vivre ».

Les sensations sont des phénomènes réactionnels du

système nerveux, dont ils traduisent la nature, en même temps qu'ils nous renseignent sur les fonctions organiques, point de départ de l'impression sensitive. Tissu d'origine, tissu d'arrivée, la sensation nous éclaire sur les deux. D'ailleurs, l'un et l'autre réagissent synergiquement, nous le savons. Toutefois, cette synergie n'exclut pas des différences parfois profondes dans l'*amplitude* des oscillations fonctionnelles.

Avant d'aborder le problème clinique de la douleur, quelques aperçus préliminaires ne seront point superflus et vont nous aplanir la route.

Il est des individus dont la vie tout entière est dominée par la douleur, douleur physique ou douleur morale : la voix, le regard, l'ensemble de la physionomie, l'attitude générale du corps, tout est à l'unisson pour exprimer la souffrance ; et de tels êtres, incessamment ballottés d'une douleur à l'autre, semblent nés pour émouvoir leurs semblables (1).

Il en est qui ignorent la douleur ; ils passent pour stoïques. Rarement malades, quand ils le sont, ils réclament le chirurgien plutôt que le médecin. Ils renversent les obstacles de la route ou passent à côté et les ignorent ; mais d'efforts pénibles, douloureux, ils n'en connaissent pas. Ils acceptent volontiers, recherchent même les dures corvées ; ils sont les messagers des catastrophes, ils en-

(1) J'ai gardé le souvenir d'une malade, *type de sensitive psychique*, qui m'impressionna vivement par le récit de toutes ses épreuves morales et, en particulier, de la plus ancienne, la mort tragique de son père. Je l'entends me disant l'inexprimable douleur de sa mère, toute jeune épouse, qui la prenait dans ses bras et la tenait pressée contre sa poitrine pendant de longues heures silencieuses ; les larmes maternelles tombaient goutte à goutte sur le visage de l'enfant, et chacune de ces larmes laissait une brûlure, ***brûlure encore présente après cinquante ans écoulés.*** Ce récit, fait sobrement, d'une voix distincte, mais progressivement assourdie, au déclin d'une journée de décembre, était véritablement émouvant.

sevelissent les morts, etc., etc. Ils meurent, comme ils ont vécu, sans un spasme d'angoisse, sans un cri de douleur.

Dans le premier cas, la douleur est présente à tous les âges de la vie, accompagne les moindres actes fonctionnels sous une forme ou sous une autre.

Dans le second cas, la douleur est absente, désespérément absente, quelles que soient les transformations cosmiques, physiques ou morales.

Mais la douleur, avons-nous dit, est un jalon qui marque à sa façon l'évolution individuelle de l'homme : nous devons donc écarter momentanément ces deux cas extrêmes, si nous voulons dégager la signification séméiologique de la douleur.

En étudiant la sonorité abdominale, nous avons montré un type de fonction digestive hyperesthésique, se traduisant par un *damier inverse* et répondant à une prépondérance de l'élément digestif sensitif sur l'élément digestif proprement fonctionnel. Et à ce propos, nous avons fait observer que, dans certaines conditions, toute fonction digestive est susceptible de s'accomplir suivant ce mode plus ou moins hyperesthésique.

En analysant les phénomènes réactionnels du cerveau, nous avons, d'autre part, rappelé qu'à l'encéphale aboutissent tous les conducteurs sensitifs émanant de nos grands appareils organiques ; le cerveau lui-même se perçoit fonctionnant, si l'on peut ainsi dire, et ressent de son fonctionnement une impression plus ou moins agréable.

Chacun de nos appareils est pourvu d'une trame *sensitive* qui l'unit au monde extérieur et unit les uns aux autres ses propres éléments constitutifs. La trame sensitive qui est au seuil de chaque appareil, reçoit les excitations de l'ambiance cosmique et les transforme pour les adresser à l'appareil qui doit les élaborer ; elle constitue ce que nous appelons les « organes des sens ». C'est la vue, l'ouïe et le sens génital pour le cerveau, le tact pour l'appareil musculaire, le goût pour l'appareil digestif, et l'olfaction pour l'appareil respiratoire.

Quant à la trame sensitive profonde, elle va envelopper de ses réseaux différenciés jusqu'au moindre de nos éléments anatomiques. De sorte que, dépourvu de son vestibule sensitif, chaque appareil resterait capable encore de discerner les qualités de l'acte fonctionnel qui s'accomplit dans ses éléments propres.

L'organe sensoriel est un perfectionnement d'ordre évolutif, mais nullement une portion nécessaire, sans équivalent possible ailleurs qu'à son siège anatomique. Le cerveau lui-même se conçoit vivant et fonctionnant sans l'aide de ses deux vestibules primordiaux, l'œil et l'oreille. On conçoit aisément un estomac, privé du sens gustatif, discernant avec justesse la qualité et la quantité des mets qui lui conviennent, un appareil broncho-pulmonaire s'équilibrant sans l'aide des sensations olfactives, enfin un appareil musculaire, dépourvu de terminaisons sensitives, mesurant exactement le travail qui le tonifie et rejetant la fatigue qui l'abat.

En résumé, la sensibilité servie par un élément anatomique différencié, la *fibre nerveuse*, est au seuil de chacune de nos fonctions pour recevoir et transformer les excitations cosmiques qui doivent alimenter cette fonction ; elle assiste, en outre, dans l'intimité de nos tissus, à l'acte fonctionnel proprement dit et nous en révèle les moindres oscillations, avec une précision exactement proportionnée à la délicatesse structurale de cette fibre nerveuse. En fin de compte, *à l'origine de tout fait de sensibilité nous trouvons un élément anatomique, partout sensiblement le même, bien que les manifestations de son activité nous apparaissent sous des formes extrêmement variées.*

La variété de nos sensations semble, de prime abord, défier tout arrangement didactique, et, plus encore, toute loi biologique, tant elle est grande et dépendante des mille et une conditions de la vie individuelle. Il n'en est rien cependant. La sensation, envisagée dans son essence même, est *consciente* ou *subconsciente ;* au-delà, elle est d'abord *douloureuse*, puis cesse d'être perçue et devient *inconsciente*. Le biologiste doit se contenter de cette division et tenir pour inutiles les divisions et subdivisions d'ordre psychologique pur, lesquelles reposent, d'ailleurs, bien plus sur des formules de langage que sur la réalité des choses.

Consciente, la sensation traduit le jeu *normal* de nos appareils, l'heureuse adaptation de notre réceptivité organique aux diverses excitations cosmiques. Cet équilibre de nos sensations répond à l'équilibre fonctionnel de tous nos organes, de notre économie tout entière. La confluence de toutes ces sensations crée à son tour dans l'encéphale un état de bien-être, qui échappe à toute définition et que tout le monde connaît : cette cénesthésie (c'est le mot consacré) est plus ou moins franche, suivant les individus et aussi suivant l'appareil organique auquel elle puise sa source principale. Tel individu, *respiratoire*, va éprouver son maximum de plaisir, de pleine activité générale, quand il excursionnera par monts et par vaux ; en dehors de cette condition, la cénesthésie deviendra subconsciente. Pour tel autre, *cérébral,* l'étude est l'aiguillon de la cénesthésie et la condition de cette santé qui est savourée comme un bonheur, etc., etc. En définitive, la dissymétrie organique, déjà si souvent invoquée, apparaît encore ici comme la raison dernière des faits de cénesthésie.

C'est elle aussi qui va nous livrer le secret de la *douleur.*

Nous avons dit, au début de ce chapitre, que l'évolution de l'organisme humain se marque par des jalons et que la condition d'apparition de ces jalons, c'est que l'organisme en vivant, en évoluant, se différencie morphologiquement et fonctionnellement au point de donner toujours naissance à *plusieurs phases dissemblables les unes des autres.* Ce sont ces phases que le *clinicien* doit délimiter et préciser, chaque fois qu'il est en présence d'un malade, ou mieux, ce sont ces phases que le *biologiste* doit délimiter et préciser, chaque fois qu'il est en présence d'un être humain quelconque.

La maladie, quelle qu'en soit la forme, correspond à l'une de ces phases, crée l'un de ces jalons. C'est, à peu près, le seul jalon étudié et connu jusqu'à présent ; aussi l'étude de l'homme a-t-elle été considérée comme le domaine propre de la médecine. Et cependant, la maladie est un jalon presque dépourvu de signification, s'il est considéré isolément, étudié pour lui-même.

C'est ainsi que trop souvent la maladie est confondue avec la douleur, ou même, que la douleur est considérée comme le signe par excellence, exclusif même, du déséquilibre de nos fonctions. Or nous savons que la maladie répond essentiellement à un fait de dissociation anatomo-physiologique. Si la douleur se montre souvent la compagne de cette dissociation, on conçoit et on observe l'acte dissocié, sans phénomène conscient de douleur.

Nos observations nous montrent clairement les conditions positives d'un semblable fait : pour qu'il y ait dissociation fonctionnelle, il faut et il suffit qu'un appareil soit excité au-delà de sa réceptivité ; cette excitation fait choc ; l'organisme réagit d'une façon désordonnée ; l'unisson fonctionnel est rompu ; il y a *déséquilibre général.* Mais ce déséquilibre affecte ordinairement une localisation prédominante sur un système anatomique, ou sur une portion de système anatomique, créant ainsi la *maladie*, à proprement parler ; et ce système anatomique peut être ou ne pas être le système sensitif, d'où la présence ou l'absence de la douleur. Telle est une première condition qui nous éclaire déjà sur la genèse de la douleur.

Mais il s'agit d'une condition d'ordre statique, pour ainsi dire ; nous ne voyons pas encore comment la douleur constitue un jalon évolutif. Pour cela, pénétrons plus avant dans l'analyse des phénomènes de la dissociation fonctionnelle.

Si nous supposons un même choc pathogène se répétant au cours d'une vie individuelle, nous voyons la dissociation fonctionnelle se manifester chaque fois par des localisations différentes. La maladie, en d'autres termes, revêt des formes diverses avec les phases évolutives de l'individu. Aucun clinicien ne saurait contredire cette proposition. Un alcoolique engraisse démesurément, puis maigrit et fait des crises convulsives ou des douleurs périphériques et, dans la période terminale, de l'hépatite ou de la gastro-entérite. Un surmené fait de la migraine pendant quinze ou vingt ans, puis de l'obésité, et finalement de l'albuminurie, avec asthénie cardiaque, etc., etc.

Or le système sensitif ne fait pas exception aux autres systèmes de l'économie ; et c'est là qu'est le point capital de cette étude. L'apparition de la douleur, les formes de la douleur, la durée de la douleur, tous ces éléments prennent une fixité égale aux autres manifestations physiologiques, et servent, pour l'esprit de l'observateur, d'assise solide, à l'égal du phénomène objectif le plus grossier et le plus indiscutable.

Et d'abord, éliminons le cas de maladie purement traumatique. Il est évident que, quels que soient l'âge et la constitution anatomique d'un individu, une maladie survenant du jour au lendemain, sous une influence *brutale*, a toute chance d'être *douloureuse*, c'est-à-dire d'entraîner une réaction d'insuffisance généralisée qui englobera le système sensitif, comme tous ou presque tous les autres systèmes anatomiques de l'économie.

Mais si nous envisageons la forme commune de la maladie, c'est-à-dire cet *état subaigu* qui résulte d'une disparité progressive entre l'organisme et l'un des éléments du milieu ambiant, nous voyons la douleur apparaître, non pas au moment où *commence* la dissociation fonctionnelle, mais bien à une phase d'aggravation du processus morbide. L'exploration *objective* nous permet de déceler la dissociation avant l'apparition de la douleur; celle-ci marque en quelque sorte l'entrée de la maladie dans le domaine *subjectif*. C'est pourquoi, douleur est devenue synonyme de maladie : vous souffrez, vous êtes malade ; vous ne souffrez pas, vous êtes bien portant ; telles sont les locutions couramment entendues et acceptées comme autant de vérités, souvent même par les médecins.

Rien de plus arbitraire cependant que cette identification de la douleur et de la maladie. La douleur, au même titre que la faiblesse, l'inappétence, la dyspnée, etc., est un élément *contingent* de la maladie, et celle-ci évolue sans douleur toutes les fois que la réaction prédominante a pour siège un élément anatomique autre que l'élément sensitif.

Il n'en est pas moins vrai que la douleur accapare l'attention du malade et du médecin d'une façon prépondérante : elle trace dans la mémoire de l'un et de l'autre un sillon souvent profond ; elle constitue ainsi un jalon, que nous devons toujours analyser, afin de lui assigner un rang précis, soit dans l'évolution d'un épisode morbide, soit dans l'évolution individuelle de l'organisme humain.

Dans l'épisode morbide, elle suit une marche ascendante, toutes conditions égales d'ailleurs, pour atteindre un paroxysme d'acuité, puis diminue et disparaît, l'épisode morbide achevant son cours dans le silence sensitif.

Dans la vie de l'individu, elle traverse trois phases : l'enfance et la jeunesse, où elle se montre rare et de faible intensité ; l'âge adulte, où elle s'exalte progressivement et atteint son apogée ; puis la vieillesse, où elle est discrète et finalement absente.

L'enfant et le vieillard ont tous les deux, à peu près semblablement, le privilège d'une mort calme et douce ; l'adulte, seul meurt convulsé par la douleur.

La douleur est une réaction d'insuffisance du système sensitif ; elle nous traduit en caractères grossiers, forçant l'attention, des phénomènes vitaux localisés à la fibre sensitive, et qui se passent identiques dans tous les systèmes anatomiques de l'économie. Alors qu'en l'absence de phénomènes douloureux, nous sommes obligés de nous appuyer sur l'*enquête objective* pour apprécier une fonction, avec la douleur et sa localisation et sa forme, nous avons instantanément une donnée lumineuse, qui suffit, d'ailleurs, trop souvent à la plupart des praticiens. Si la douleur est, pour le médecin, un élément précieux de diagnostic, elle constitue, pour le malade, un *frein* d'une incomparable efficacité, qui le retient sur la pente de ses besoins instinctifs et lui indique le point précis à ne pas dépasser, sous peine d'aggravation du désordre fonctionnel.

Du reste, les organismes, pourvus d'un appareil de sensibilité impressionnable, sont toujours ceux qui résistent le plus longtemps aux chocs cosmiques. Chez de tels individus, les oscillations de la sensibilité sont parallèles à celles de la vie, et du jour où cette sensibilité commence à s'émousser, l'élément anatomique cesse d'avoir des réactions adéquates aux excitations de l'ambiance cosmique, le cycle de la vie est sur le point de se fermer.

Ces quelques données nous permettent de comprendre maintenant les deux types extrêmes tracés au début de ce chapitre : le *sensible*, dont la vie est une formule de douleur, l'*insensible*, qui disparaît sans avoir connu la douleur. Le sensible est *anatomiquement* un type dont tous les appareils sont pourvus d'un réseau *sensitif* abondant, l'emportant sur l'élément *fonctionnel* proprement dit : il semble que la fonction de tous ses appareils soit de faire de la douleur, et accessoirement, de digérer, de respirer, de penser, de se mouvoir ; les choses se passent comme si la douleur était le fait principal et la fonction le fait secondaire. Cela est si vrai, que les individus du type sensible souffrent, trouvent une occasion de souffrir dans les circonstances les plus banales de la vie, que, mieux encore, ils éloignent instinctivement, obstinément toutes les conditions qui pourraient atténuer ou faire disparaître la souffrance. Le médecin doit connaître ces faits et en tenir un compte précis, dans sa conduite à l'égard du malade : son rôle est ici d'*atténuer* la douleur, d'en supprimer les grands paroxysmes qui épuisent l'économie, mais jamais d'en chercher la disparition complète. S'il tentait une besogne semblable, ou il s'aliénerait à tout jamais la sympathie du malade, ou il verrait la maladie s'aggraver rapidement.

Tout différent doit être le rôle du médecin en face d'individus du type *insensible* : la douleur n'entre pas en ligne de compte, l'appareil sensitif est tout à fait à l'arrière-plan, et les raisons déterminantes auxquelles obéit le sujet sont, le plus souvent, d'ordre morphologique, *il engraisse ou il maigrit*, ou encore, d'ordre fonctionnel, *telle besogne qui lui était légère, est maintenant au-dessus de ses forces*. Si, par hasard, la douleur apparaît, c'est que la fonction est profondément troublée ou anciennement troublée. Cette douleur, toujours passagère, est significative ; le médecin doit y porter toute son attention et soumettre le sujet à une étroite surveillance, dans le but et de déterminer exactement l'origine de cette douleur et de mesurer toute l'étendue du désordre fonctionnel que révèle cette localisation sensitive. Il faut que la douleur disparaisse totalement et vite ; il faut ensuite que des mesures d'hygiène rigoureuse soient continuées aussi longtemps que l'indique l'examen *objectif*, en dépit des affirmations optimistes du malade.

Poussons plus loin encore notre analyse des réactions du système sensitif au cours de l'évolution individuelle de l'homme.

Incomplètement développé chez l'enfant et l'adolescent, le système sensitif manifeste souvent son déséquilibre au seuil de l'âge adulte, c'est-à-dire à cette phase de la vie où beaucoup d'individus multiplient inconsidérément les contacts avec l'ambiance cosmique : alimentation irrégulière, fatigue des voyages, surmenage professionnel, excès génitaux, lutte sociale sous ses mille formes. Mais toute cette agitation, au fond désordonnée et sans but précis, n'est qu'un moment de la vie individuelle, quelques mois ou quelques années, et ne tarde pas à s'accompagner, chez l'un, de crises douloureuses gastro-intestinales, chez l'autre, de névralgies cruelles, chez un troisième, d'accès de migraine intense, etc. Puis cette phase paroxystique s'achève et l'organisme roule lentement dans l'ornière qui lui convient, jusqu'à la dissociation terminale, la mort. Dans cette dernière phase, la douleur est à peu près absente, tout au moins sous la forme qu'elle revêtait au temps de la phase d'agitation.

Pourquoi cette absence de la douleur ?

Pourquoi, entre autres faits, ce qui était plaisir intense jusqu'à la douleur, s'est-il changé en un acte indifférent qui, par la répétition même, amoindrit l'organisme sans éveiller ni le plaisir ni même la douleur? En fin de compte, pourquoi ce spectacle d'une plaque d'anesthésie, qui s'est substituée exactement à la plaque d'hyperesthésie? La réponse est dans le fait lui-même et ne prête à aucune interprétation : le système sensitif d'un ou de plusieurs appareils a traversé une phase de suractivité, appelant incessamment les excitations cosmiques ; il a *vécu* de ces excitations avec une intensité progressive, c'est-à-dire a trouvé, dans cette variété et dans cette multiplicité des excitations extérieures, l'appoint nécessaire à un équilibre fonctionnel déjà fragile, puisqu'il était fréquemment rompu. Enfin, l'expérience de la douleur, de plus en plus vive et fréquente, a fini par arrêter notre sujet dans la voie où il marchait inconsidérément ; et, peu à peu, il s'est créé une vie réduite, en rapport non plus seulement avec des besoins physiologiques instinctifs qui se font obscurément sentir, mais encore avec des règles d'hygiène transmises par ses ascendants et vaguement ratifiées par son expérience personnelle. En réalité, l'organisme est *figé ;* il ne vibre plus, ni pour le plaisir, ni pour la douleur, ou du moins, il ne manifeste que de faibles oscillations fonctionnelles et cénesthésiques, sans rapport adéquat avec la nature de l'ambiance cosmique. Dès qu'une excitation dépasse la mesure (car si l'individu a changé, le monde extérieur qui l'entoure est resté sensiblement la source des mêmes excitations), elle cesse d'être sentie et, par conséquent, ne touche plus l'organisme ; en dehors d'un petit cercle d'excitations, toujours les mêmes, source d'une vie précaire, rien ne mord plus sur ces éléments anatomiques, devenus à proprement parler *anesthésiques*.

Le mot d'*anesthésie* traduit bien l'état de cet appareil sensitif à la dernière étape de son évolution, de même que le terme d'*hyperesthésie* peut servir à caractériser la phase antécédente.

En définitive, deux phases dans l'évolution de notre système sensitif, étudié dans sa fonction libre et intégrale, c'est-à-dire en laissant de côté l'enfance et l'adolescence : *phase d'hyperesthésie* avec cénesthésie exagérée et états subaigus d'insuffisance douloureuse; *phase d'anesthésie* avec cénesthésie à peu près absente et accomplissement silencieux d'une fonction devenue rudimentaire.

Nous retrouvons ces deux phases dans l'analyse de

l'*épisode morbide*, évoluant sans aucune contrainte thérapeutique : phase d'hyperesthésie, qui appelle les excitations ambiantes, et phase d'anesthésie, marquée par le sentiment d'indifférence à l'égard du monde extérieur. Mais à celle-ci succède une troisième phase, pendant laquelle l'appétence renaît peu à peu, et le contact, progressivement agrandi et multiplié des excitants naturels, ramène le mouvement moléculaire à son allure d'équilibre primitif.

De telle sorte que l'esprit conçoit la fonction sensitive sous une triple forme : forme *consciente simple*, qui correspond à l'adaptation réciproque de l'organe et du milieu sensitifs ; forme *hyperesthésique*, dans laquelle la réaction de l'appareil sensitif est disproportionnée à l'action du milieu ; forme *anesthésique*, dans laquelle le mouvement moléculaire de l'organe sensitif devient en quelque sorte automatique, tant il emprunte *peu* au milieu, tant les variations, même extrêmes, de ce milieu sont impuissantes à en modifier l'allure fonctionnelle.

Ces trois états de la *fibre sensitive* peuvent apparaître successivement au cours de la vie individuelle et en marquer autant d'étapes évolutives, comme, au cours d'un épisode morbide, ils délimitent des phases bien tranchées dans les réactions de l'économie. Toutefois, le praticien doit savoir, et les tableaux cliniques précédemment esquissés le laissent déjà supposer, que chaque vie individuelle est dominée par l'un de ces états, les autres n'existant que sous une forme épisodique, souvent rudimentaire et difficile à dépister. Il semble que la durée d'une vie individuelle soit insuffisante pour embrasser les trois états successifs, et ne puisse en contenir qu'un seul, à tel point que l'état antécédent ou l'état subséquent exigerait une nouvelle vie, d'égale durée, chez un ascendant ou chez un descendant.

B. — Le travail fonctionnel. — Nous avons montré que le travail fonctionnel se transforme au fur et à mesure qu'il évolue, et que ses transformations se révèlent à nous par deux ordres de faits, des faits morphologiques (de formation et de fonctionnement) et des faits de sensibilité consciente.

Pouvons-nous, en clinique, aller plus loin et discerner la nature d'un travail fonctionnel, aux diverses phases d'une évolution individuelle, en l'absence de toute objectivité morphologique et sensitive?

Ce problème peut être résolu, grâce à l'exploration externe du tube digestif.

Nous allons l'envisager seulement dans les termes généraux, réservant pour une autre étude l'analyse particulière de chacune de nos fonctions.

Dans une première partie, nous distinguerons les diverses formes du travail fonctionnel.

Dans une seconde partie, nous montrerons l'évolution de ces formes, en représentant chacune d'elles par un type individuel.

1° *Formes du travail fonctionnel.* — Tous les faits fonctionnels se groupent naturellement pour former trois catégories distinctes :

Dans une première catégorie nous trouvons toutes les réactions organiques adéquates aux excitations de l'ambiance cosmique ; la sensibilité organique est pleinement consciente, et la morphologie individuelle garde sa fixité de la naissance à la mort : *la réaction est égale à l'action.*

Dans une seconde catégorie se rangent les réactions

disproportionnées aux excitations cosmiques ; la sensibilité organique s'exalte, devient hyperesthésie ; la morphologie individuelle varie suivant un type défini (rétraction ou dilatation) : *la réaction est supérieure à l'action.*

Enfin dans une troisième catégorie se placent les réactions sans rapport avec l'ambiance cosmique; la sensibilité organique est absente, c'est l'anesthésie; et la morphologie affecte, dans ses variations, une marche essentiellement irrégulière : *la réaction ne répond pas à l'action.*

Dans le premier cas, le fait réactionnel traduit une fonction *excitable,* dans le second, une fonction *hyperexcitable,* et, dans le troisième, une fonction *automatique.*

Nos appareils physiologiques, étudiés dans leurs rapports avec l'ambiance cosmique, reproduisent ainsi les trois formes sous lesquelles se manifestent les réactions du système sensitif : l'excitabilité fonctionnelle correspond à la sensibilité consciente, l'hyperexcitabilité fonctionnelle à l'hyperesthésie et l'automatisme fonctionnel à l'anesthésie.

Le fait sensitif et le fait fonctionnel, bien qu'ayant une évolution toujours parallèle, s'associent dans des combinaisons extrêmement variées. Ils sont exceptionnels les cas dans lesquels la sensibilité et l'excitabilité fonctionnelle sont exactement équilibrées ; le plus souvent, il y a disproportion entre ces deux éléments physiologiques. Tantôt, c'est la sensibilité qui prédomine, et quand cette prédominance est trop accusée, la fonction s'en trouve, à chaque instant, contrariée ; nous l'avons montré en faisant le portrait du *sensible.* Tantôt, c'est, au contraire, l'excitabilité fonctionnelle qui l'emporte, la sensibilité paraissant obtuse et, dans certains cas, comme absente ; l'*insensible* en est un exemple.

Nous pourrions, pour bien accentuer le contraste, rappeler ces unions mal assorties dans lesquelles une femme *sensible*, d'une cérébration vive et complexe, est obligée de vivre aux côtés d'un homme *insensible*, d'une cérébration lente et monotone, par conséquent, incapable de comprendre les *délicatesses* de sa compagne.

En tous cas, l'équilibre relatif de ces deux qualités de nos éléments anatomiques est la condition fondamentale d'une suffisante adaptation de notre organisme à l'ambiance cosmique.

Si maintenant nous abordons le domaine de l'hyperexcitabilité fonctionnelle, une distinction s'impose tout d'abord : *excitabilité vive* et *hyperexcitabilité* répondent à des réalités cliniques tout à fait différentes, et ne doivent pas être confondues.

L'équilibre fonctionnel peut aller et va de pair avec une excitabilité vive, et cette excitabilité peut varier sans que la fonction en soit troublée. L'hyperexcitabilité fonctionnelle, au contraire, est toujours l'équivalent de déséquilibre et désigne essentiellement le trouble de la fonction.

Pour bien saisir cette proposition, il est nécessaire que nous revenions un instant sur la forme des mouvements moléculaires qui se passent dans l'intimité de nos organites, suivant que nous avons affaire à l'un ou à l'autre des deux types morphologiques, type fixe et type variable.

Chez le type fixe, l'élément anatomique garde sa forme, quels que soient l'amplitude et le nombre de ses vibrations au contact de l'ambiance cosmique. Il faut un choc violent, faisant traumatisme, pour épuiser l'élasticité cellulaire; et, dans ce cas, la forme s'écroule, c'est la réaction d'inertie, toute passagère.

Chez le type variable, l'irritabilité cellulaire se montre insuffisante à chaque contact cosmique. Il résulte de ces insuffisances répétées, nous l'avons dit, un changement parallèle dans la forme de l'élément anatomique : à chaque vibration, pour ainsi dire, il y a déplacement moléculaire définitif; la fonction ne peut se maintenir qu'au prix de remaniements architecturaux incessants. Cette altération formelle affecte deux aspects : la *rétraction* et la *dilatation*.

La rétraction répond à un mouvement centripète qui diminue peu à peu les espaces intermoléculaires : la densité protoplasmique augmente et le volume cellulaire diminue.

La dilatation traduit un mouvement centrifuge, qui augmente, au contraire, les espaces intermoléculaires : la densité protoplasmique diminue et le volume cellulaire s'accroît.

Mais, dans l'un et l'autre cas, l'irritabilité est modifiée dans le sens de l'accroissement relatif, et la morphologie nous indique des réactions *exagérées*, l'intégrité de la forme étant le signe exclusif d'une réaction égale à à l'action. Donc, qui dit modification de forme, dit irritabilité exagérée, en d'autres termes, pouvoir attractif disproportionné à la forme architecturale cellulaire ; en fin de compte, déséquilibration fonctionnelle.

Si maintenant, de l'élément anatomique nous passons à l'appareil organique, il est aisé de comprendre ce qu'est au fond l'*hyperexcitabilité fonctionnelle*.

Cliniquement, la fonction hyperexcitable est celle qui ne s'accomplit qu'au prix d'une altération lentement progressive de la forme organique : le *sujet maigrit ou grossit*. S'il s'agit de la fonction digestive, le tractus gastro-intestinal va se retrécissant ou se dilatant peu à peu. Et ce n'est qu'après des années de ce processus obscur que la *maladie* éclate. Tel est l'enseignement de la clinique.

En définitive, ce qui se passe dans l'intimité de nos organites apparaît sous une forme grossie et tangible au niveau de nos grands appareils, du tube digestif en particulier.

L'hyperexcitabilité digestive, dont nous avons esquissé les signes objectifs au chapitre II, ne laisse aucun doute sur la déséquilibration fonctionnelle dont elle est l'expression réelle : tonalités extrêmes du damier sonore, variations brusques de cette sonorité, voisinage de zones résonantes et de zones tympaniques ; de plus, variations de consistance et de calibre des segments gastro-coliques, au cours d'un même examen ; enfin, instabilité *attractive* de notre appareil, qui se traduit par des intermittences et de brusques oscillations de l'appétit, etc.,etc.

Bref, qui dit hyperexcitabilité fonctionnelle, dit déséquilibre, ou, plus précisément, à la fois dissociation dans les actes fonctionnels et dissociation dans les agrégats moléculaires.

La dissociation fonctionnelle va de cet état dans lequel la fonction prend des allures de plus en plus vives, perd ses claudications habituelles, devient *compensatrice*, dirait le physiologiste, *magnifique*, dirait l'homme du monde, jusqu'à cette phase terminale où l'indifférence attractive est absolue.

Parallèlement, la dissociation moléculaire commence avec cette ébauche de rétraction ou de grossissement du corps, et prend fin à cette heure où l'individu méconnaissable n'est plus qu'une forme squelettique.

Nous disions, il y a un instant, que les formes du travail fonctionnel reproduisent celles de la sensibilité ; c'est ainsi que l'hyperexcitabilité fonctionnelle serait un phénomène de même nature que l'hyperesthésie, que la douleur serait un équivalent du déséquilibre fonctionnel subaigu.

Mais à l'hyperesthésie succède l'anesthésie. Il n'est pas sans intérêt de rechercher, dans la fonction, un mode évolutif correspondant.

Nous concevons aisément que l'élément anatomique sensitif, épuisé dans un paroxysme douloureux, cesse de réagir en face de ses excitants ordinaires et que l'anesthésie s'ensuive.

Mais un appareil organique, comme le cerveau ou le tube digestif, peut-il cesser de réagir en face du monde extérieur autrement que dans la mort?

Tout d'abord, en ce qui concerne le domaine sensitif, nous devons savoir que l'anesthésie n'est ni absolue, ni généralisée. Il reste toujours quelque variété d'excitants capables de réveiller la sensation. De plus, cette anesthésie, la démonstration en serait facile, n'est au fond qu'une forme d'hyperesthésie, une hyperesthésie poussée jusqu'à un degré qui dépasse le champ de la conscience.

Au surplus, l'analyse clinique de la fonction suffit à nous montrer la réalité des faits.

Lorsqu'une fonction s'exagère, elle ne tarde pas à devenir, disons-nous, « tyrannique ». A ce moment, elle échappe à la fois à notre conscience et à notre volonté ; c'est une *nécessité*, contre laquelle nous ne pouvons rien.

La maladie succède souvent à une phase d'exubérance fonctionnelle. Or cette exubérance, c'est, au fond, la *fatalité* physiologique ; c'est l'organisme qui glisse *malgré lui* sur la pente. Tel digestif, toute sa vie gourmet et d'un appétit modéré, perd le goût des aliments et se met à manger gloutonnement pendant un certain laps de temps, avant de succomber. Tel cérébral, d'une intelligence ouverte et souple, traverse une phase d'emballement et de confusion, avant l'écroulement et de sa fortune et de son organisme.

Et, dans l'ordre affectif, ne savons-nous pas que l'indifférence, qui marque une étape évolutive chez certains individus, vise tout d'abord les êtres passionnément aimés : c'est un mari qui délaisse sa femme, c'est une mère qui devient insensible aux caresses d'un enfant, etc., etc.

Dans tous ces faits, qu'il serait facile de multiplier, nous notons un état fondamental d'hyperexcitabilité, sur lequel viennent se greffer des phénomènes de véritable automatisme fonctionnel. En définitive, le mouvement fonctionnel s'accélère à un moment donné au point d'échapper à l'influence et du monde extérieur et de notre propre volonté. Telle est notre manière de comprendre et de définir l'*automatisme fonctionnel*, cet équivalent de l'anesthésie sensitive.

2° *Évolution des formes du travail fonctionnel.* — En cherchant à distinguer les formes du travail fonctionnel, nous avons laissé comprendre qu'elles peuvent se succéder, soit pour marquer les phases diverses d'un processus morbide, soit pour caractériser autant de périodes d'une même vie individuelle.

Elles nous apparaissent ainsi comme des jalons évolutifs, qu'il serait intéressant de bien caractériser, à propos de chacune de nos grandes fonctions organiques. Mais c'est là une étude de *clinique individuelle* qui aura sa place dans une autre publication.

Nous allons grouper toutes les fonctions de l'économie en un seul faisceau, nous allons, en un mot, envisager l'individu dans son ensemble, évoluant suivant autant de modes que nous avons dégagé de formes fonctionnelles.

C'est à l'exploration externe du tube digestif que nous demanderons les principaux éléments de cette étude.

Premier type fonctionnel. — Enfant et adolescent, il présente les apparences d'un *faible;* sa croissance est régulière, sa formation est lente et tardive; d'un appétit modéré, variable, il *choisit* ses aliments ; d'une force musculaire moyenne, il redoute les sports violents, recherche les jeux tranquilles ; d'une grande curiosité intellectuelle, il s'adonne avec passion à une variété de travail, au détriment de toutes les autres. Nombreuses sont les défaillances physiques, les *petites maladies ;* jamais d'ailleurs de maladie profonde, ni grave, telles que dothiénentérie ou pneumonie. Chacune de ces défaillances est de courte durée et suivie d'un relèvement complet, avec retour de la plénitude et des forces et des formes antérieures. Homme fait, il évolue silencieusement dans le milieu qui lui convient ; la nourriture, le mouvement, le travail, le sommeil sont pris à une dose régulière et sous une forme définie. Les années s'accumulent, laissant intacts et l'humeur et l'entrain ; toutefois, l'ambition diminue, le cercle des occupations se retrécit insensiblement et toutes les fonctions s'exercent suivant un mode d'une régularité et d'une monotonie croissantes. Puis, c'est un vieillard peu dissemblable, en apparence, de l'homme fait. Enfin, à un âge extrême, il s'éteint sans décrépitude sénile.

Au cours de cette vie uniforme, quoique remplie souvent d'événements importants et disparates, un malaise, migraine ou mal d'estomac, a joué le rôle de soupape de sûreté à chaque excès d'alimentation, de travail physique ou intellectuel. Ce malaise, surtout fréquent entre vingt et quarante ans, est allé en se raréfiant, pour disparaître tout à fait vers la cinquantième ou soixantième année.

Que nous apprend l'exploration externe du tube digestif, chez un tel individu?

Tantôt, le plus ordinairement, c'est l'équilibre fonctionnel général ; et cet équilibre se traduit au niveau du tube digestif par de la souplesse abdominale, par des segments coliques aux formes différenciées et par une sonorité moelleuse, d'intensité faible, de timbre subtympanique au niveau des réservoirs, avec des tonalités occupant une même octave, l'octave moyenne ou supérieure.

Tantôt c'est le déséquilibre momentané ; alors apparaît la dissociation fonctionnelle digestive : grand estomac, petit cæcum ou inversement ; segments coliques affaissés et de calibre uniforme ou, au contraire, accentuation des reliefs cæco-coliques, avec sténose en tuyau de pipe du transverse et du descendant ; résonance basse intense des réservoirs et tonalité élevée du grêle, ou petites zones de tympanisme éclatant au niveau des réservoirs et submatité du grêle, ou encore damier inverse avec résonance du grêle et tympanisme des réservoirs, etc., etc. A chaque défaillance, la formule objective de l'abdomen change, indiquant clairement que l'organisme est à même de varier ses moyens de défense, de les multiplier, pour ainsi dire, au prorata des chocs dont la nature et le nombre répondent à la complexité de vie de notre individu.

En résumé, évolution individuelle au cours de laquelle toutes les fonctions se sont adaptées aux modifications de l'ambiance cosmique et dont les phases *se limitent* difficilement : phase de formation, pendant laquelle les réceptivités fonctionnelles cherchent à se préciser dans un mouvement quelque peu irrégulier; phase de pleine activité, qui réalise la formule d'un équilibre fonctionnel à peu près constant; et enfin phase de sénilité, qui correspond à une marche tout à fait assurée, mais dans une voie de plus en plus étroite que l'organisme s'est tracée et qu'il ne saurait quitter.

Deuxième type fonctionnel. — Après un nourrissage mouvementé, l'enfant reste *chétif.* Il mange irrégulièrement. C'est une activité immodérée ou c'est une apathie complète. Toutes les maladies infectieuses se succèdent à de courts intervalles et quelques-unes sont graves. La maigreur va en s'accentuant, et la croissance est ralentie. Aucune aptitude au travail intellectuel. Mais, vers dix ou douze ans, sans cause évidente, le tableau rapidement se modifie : l'enfant grandit, se développe musculairement, recherche la nourriture, accepte l'étude ; et à seize ans, la transformation est complète : c'est un homme fait et de belles apparences, contre toute attente. De seize à vingt, l'organisme semble immobile. Puis peu à peu, les traits s'épaississent, le ventre proémine, des épisodes douloureux apparaissent qui se rapprochent, et notre individu s'éteint prématurément vers la quarantième ou la cinquantième année.

Trois phases se délimitent nettement dans cette évolution individuelle. Pendant la première, qui correspond à l'enfance, l'organisme nous offre le tableau d'une hyperexcitabilité fonctionnelle générale d'adaptation aux divers milieux qu'il aborde successivement avec les progrès de sa formation : cette hyperexcitabilité trouve sa formule digestive dans l'empâtement plus ou moins marqué de l'abdomen, dans l'affaissement des segments gastro-coliques qui donnent, ici du clapotage et du flot, là des gargouillements et des crépitations, dans la sonorité abdominale se dessinant alternativement soit en damier normal, avec des tonalités élevées, sans résonance ni tympanisme, ou avec des tonalités dissociées, basse cæcale, élevée gastrique, inversement, soit encore en mosaïque sonore, où se côtoient le tympanisme et la résonance, soit enfin, rarement, en damier inverse.

La seconde phase est celle pendant laquelle la formation s'achève. A l'hyperexcitabilité de l'enfance, en quelque sorte paroxystique, succède une forme d'hyperexcitabilité fonctionnelle qu'on pourrait appeler une *hyperexcitabilité de détente :* la résistance de l'organisme est comme épuisée, et celui-ci accepte presque indifféremment toutes les formes de contacts cosmiques. A ce moment le fait objectif, qui décèle la nouvelle orientation de l'organisme, est autant morphologique que fonctionnel. Cependant l'exploration externe du tube digestif nous dévoile encore le fond des choses, et nous permet d'affirmer la fonction hyperexcitable : à la palpation superficielle, le ventre est dur, tendu, sans souplesse ; à la palpation profonde, les segments coliques sont gros et de calibre subuniforme ; à la percussion, enfin, nous avons constamment une forme de sonorité dissociée : résonance gastrique et tympanisme cæcal, ou inversement, parfois tonalités basses de l'estomac et du grêle et tonalité élevée du cæcum.

La troisième phase, enfin, englobe toute la vie individuelle, à partir de seize ans. L'organisme traduit sa résistance aux milieux ambiants par une déformation générale, progressive, surtout perceptible au niveau de l'abdomen. Des crises douloureuses, d'allure périodique, répondent à autant de paroxysmes fonctionnels et, conséquemment, de formules objectives abdominales franches. En dehors de ces états subaigus, la rénitence abdominale diminue, la sonorité s'appauvrit, tout en restant dissociée, et les segments deviennent d'un calibre de plus en plus uniforme.

C'est une hyperexcitabilité agonisante, avec des exaltations morbides intermittentes.

L'hyperexcitabilité fonctionnelle est restée présente à toutes les étapes de cette évolution individuelle, exclusive pendant l'enfance, accompagnée de variations morphologiques pendant l'adolescence, enfin compliquée par la douleur à la phase terminale de la vie.

Troisième type fonctionnel. — C'est l'enfant superbe, le plus beau des enfants du même âge. La force musculaire et l'intelligence marchent de pair. L'appétit et la digestion sont irréprochables. Notre sujet échappe à toutes les maladies de l'enfance, se joue des bouleversements atmosphériques et garde sa belle santé à la ville aussi bien qu'à la campagne, avec l'étude dans un air confiné et avec les sports de plein air. La croissance, plutôt accélérée, est régulière, et tous les appareils se développent harmonieusement et sans effort. C'est l'enfant, en un mot, qui donne toutes les promesses, quand, vers la quinzième année, ce beau mouvement ascensionnel tourne court et s'arrête. Il semble alors que peu à peu les facultés intellectuelles perdent de leur éclat, que la face s'empâte, que la démarche s'alourdit. Puis, autour de la vingtième année, soudain, notre individu disparaît, emporté par une maladie infectieuse.

Voilà une donnée évolutive simple, nettement caractérisée. Comment l'interpréter?

En dehors de cette fin prématurée, que le bon sens

se refuse à mettre sur le compte exclusif de l'infection, et qui porte déjà avec elle tout un enseignement rétrospectif concernant la faible spontanéité de cet organisme, nous sommes à même de donner à cette morphologie exubérante sa véritable signification, grâce à l'exploration externe du tube digestif, qui sait nous montrer les signes de la maladie, pour ainsi dire *avant la lettre*.

A l'exploration externe, nous trouvons un abdomen tendu, dur, des segments coliques volumineux, flous, de calibre presque uniforme, enfin, fait caractéristique, une sonorité partout obscure, sans tympanisme ni résonance, en damier à peine distinct. La résonance, qui donne la capacité de distension des plans musculaires, le tympanisme, qui traduit les exaltations subites et passagères du travail fonctionnel, la différenciation des zones du damier, qui indique l'effort accompli dans le sens de l'unisson physiologique, cette triple modalité, par laquelle s'extériorise l'élasticité de la vie, est constamment absente chez notre sujet. L'exubérance fonctionnelle générale n'est qu'une apparence, due à la *formation* qui multiplie les éléments anatomiques, mais des éléments d'une sensibilité affaiblie, d'une spontanéité à peine dessinée. Quant à la forme irréprochable de tous les appareils organiques, ce n'est autre chose que l'*uniformité* dans la morphologie comparable à l'*uniformité* dans la fonction.

Toutefois, cette double uniformité, qui correspond à un minimum de spontanéité vitale, qui évoque même l'idée de l'*indifférence physiologique*, ne saurait suffire à toutes les exigences de l'ambiance cosmique ; dans les conditions ordinaires de la vie, l'équilibre persiste précisément en vertu de cet *automatisme fonctionnel* qui fait que l'organisme emprunte peu au milieu extérieur ;

mais qu'un accident se produise et force en quelque sorte la spontanéité physiologique à se manifester, nous assistons immédiatement à la naissance d'une des formes de l'*état parétique :* sonorité uniforme dans toute l'aire abdominale, avec tonalité basse et faible degré de résonance.

Nous savons que c'est là une formule d'hyperexcitabilité digestive propre aux états graves ou anciens, qui marquent la fin de l'évolution individuelle ; chez notre type fonctionnel, cette formule caractérise la réactivité d'éléments anatomiques habituellement indifférents qui sous une excitation violente entrent d'emblée dans une phase de résistance extrême et manifestent un mode réactionnel proprement *agonique*.

En résumé, nos trois types individuels objectivent les trois formes d'excitabilité fonctionnelle que nous avons distinguées au début de cet exposé.

Le premier type représente l'excitabilité toujours apte à orienter l'organisme, sans altération de forme, dans le sens des exigences de l'ambiance cosmique : l'*évolution individuelle s'accomplit intégralement*.

Le second type nous montre l'hyperexcitabilité créant des conflits successifs et ininterrompus entre l'organisme et l'ambiance cosmique : l'*évolution individuelle se termine prématurément*.

Le dernier type enfin traduit l'automatisme, c'est-à-dire l'uniformité dans le processus d'agrégation d'éléments anatomiques indifférents à l'ambiance cosmique : l'*évolution individuelle subit une brusque interruption*.

C. — La maladie. — Pour la décrire, il est nécessaire que nous la considérions en quelque sorte à l'état de *pureté*, en éliminant toutes les influences dites thérapeutiques, quelles qu'elles soient, influences qui dévient les processus physiologiques de leur orientation naturelle et ajoutent au tableau clinique des éléments discordants propres à dérouter l'esprit de l'observateur.

Si quelques praticiens s'avisent de faire l'expérience que nous avons répétée cent fois, à savoir d'éloigner du malade, de son ambiance cosmique, *tout* élément artificiel, et d'assister passivement à l'évolution spontanée de la maladie, ils seront étonnés de ne plus retrouver, dans un très grand nombre de cas, l'*entité* que décrivent les livres et qu'enseignent les maîtres. Et ils reconnaîtront avec nous cette nécessité d'enlever la *gangue* que l'ignorance accumule trop souvent autour du phénomène physiologique le plus simple et le plus clair, pour l'obscurcir et le compliquer.

Nous aurons donc en vue, dans ce tableau clinique, l'*évolution spontanée de la maladie.*

Pendant les dix ou quinze années qui précèdent la maladie terminale, des *états subaigus* se manifestent à des intervalles plus ou moins réguliers. Chaque fois, l'appareil digestif s'affaisse dans une certaine mesure, entraînant un effondrement proportionnel de la saillie abdominale ; l'empâtement remplace la souplesse ; les réactions sonores subissent un moment de paroxysme dans le sens du tympanisme plus ou moins généralisé ou éclatant, ou dans le sens de la matité, avec résonance basse localisée à l'un des deux réservoirs, ou encore dans le sens des sonorités inverses, résonance du grêle, sons faibles et élevés des réservoirs. Ces états subaigus présentent tout d'abord des allures franches et reconnaissent un déterminisme précis. Puis, avec le temps, ils deviennent moins profonds, moins bien caractérisés objectivement, de conditions déterminantes mal définies, et surtout de durée plus longue, avec ressaisissement incomplet.

Un seul fait reste constant, c'est, à chaque épisode, la localisation *prédominante*, douloureuse ou fonctionnelle, du processus subaigu sur le même appareil organique : chez l'un, c'est l'appareil digestif tout entier ou une portion de cet appareil, estomac, côlon ou foie; chez l'autre, c'est l'appareil broncho-pulmonaire ; chez un troisième, ce sont les muscles ou les articulations.

Ces états subaigus constituent la *première étape de la maladie*, étape d'une durée généralement longue, sans caractères de gravité ; à chaque retour offensif, le médecin applique le même spécifique, avec le même succès, sans voir que la spontanéité de l'organisme est l'agent exclusif de la guérison.

Un jour arrive où la maladie coutumière cesse d'apparaître sous sa forme connue. Au lieu de la constipation avec ses troubles gastriques, c'est la diarrhée avec prostration générale et fonte rapide de l'embonpoint ; au lieu du rhumatisme articulaire subaigu, ce sont des troubles gastro-hépatiques ; au lieu de la toux avec abondante expectoration, c'est de l'agitation, de l'insomnie et du subdélire. La maladie est à la *seconde étape* de son évolution.

Le malade se relève; mais il est amoindri. L'entrain ordinaire est absent ou intermittent ; le goût du travail s'en va ; les petites passions d'antan s'estompent ou s'effacent ; la vieillesse et son indifférence arrivent à grands pas. Après quelques mois ou quelques années d'activité déclinante, brusquement la maladie grave se déclare, dont on cherche la cause (émotion, fatigue ou coup de froid). Immédiatement l'appareil cardiorénal accapare la scène : cœur faible, arythmique ou albuminurie et galop cardiaque. C'est la *troisième étape* ou étape terminale de la maladie.

De cette esquisse rapide se dégagent quelques notions cliniques d'ordre essentiel.

L'organisme humain est une fédération de cellules vivantes, groupées sous forme d'un bloc asymétrique qui comprend deux portions : une portion *périphérique*, en contact avec le milieu cosmique, une portion *centrale* en continuité avec la précédente, sans contact direct avec le milieu cosmique. Cette portion centrale, c'est l'appareil cardio-rénal; quant à la portion périphérique, elle comprend les quatre grands appareils de l'économie, l'appareil respiratoire, l'appareil digestif, l'appareil locomoteur et l'appareil nerveux. Chacun de ces appareils périphériques comporte une expansion sensitivo-sensorielle, sorte de vestibule destiné à la réception des excitations extérieures. En raison de leur situation centrale et de la *carapace* périphérique qui les protège et les isole, le cœur et les reins sont dépourvus de tout appendice sensitivo-sensoriel et ne possèdent d'autre sensibilité que celle mise en jeu par le travail fonctionnel.

Dans les appareils périphériques, qui reçoivent les chocs cosmiques, se cantonnent d'abord les réactions de l'hyperexcitabilité fonctionnelle et, par conséquent, de la maladie sous toutes ses formes; et comme l'organisme est asymétrique, c'est-à-dire se présente avec des groupements cellulaires différenciés d'inégale importance, c'est le groupement principal, autrement dit l'appareil prédominant, qui est le siège de l'hyperexcitabilité maximum, qui en un mot, réagit, le plus puissamment et le plus longtemps en face des chocs cosmiques. Et nous devons ajouter que cette *localisation* persiste, quel que soit le point de la périphérie où porte le choc pathogène ;

tous les éléments cellulaires sont, en effet, si intimement liés les uns aux autres, que le moindre ébranlement de l'un se répercute instantanément sur l'ensemble ; dans la réaction, la même instantanéité nous explique et l'unisson de toutes les cellules et la prédominance objective au niveau du groupement physiologiquement et anatomiquement prépondérant.

Mais il arrive que ce privilège dans la puissance réactionnelle, qui nous donne la raison des localisations morbides pendant toute une longue période de la vie, se continue naturellement par le privilège de l'automatisme, suite nécessaire de l'*hyperexcitabilité ;* de sorte qu'à un moment donné, la *maladie* quitte l'appareil prédominant et se localise dans un appareil secondaire. Souvent, en raison de la constitution très asymétrique de l'organisme humain, quand l'excitabilité de l'appareil principal est épuisée, la réserve de vie est bien précaire dans l'agrégat individuel et l'appareil secondaire se trouve incapable d'opposer une barrière sérieuse et durable à la répercussion des chocs cosmiques sur l'appareil central. C'est, en tous cas, peu de temps après l'entrée en scène de l'appareil secondaire, que les phénomènes d'hyperexcitabilité et de dissociation fonctionnelles apparaissent au niveau du cœur ou des reins.

En résumé, l'évolution morbide se caractérise par une succession de *trois étapes,* autant de jalons qui nous instruisent sur l'évolution même de l'organisme individuel.

Première étape : la maladie reste cantonnée à un même appareil, l'appareil prédominant. Cette étape est de longue durée.

Deuxième étape : la maladie se *mobilise ;* elle quitte l'appareil prédominant et envahit un appareil secondaire. Cette étape est de courte durée.

Troisième étape : la maladie gagne l'appareil central cardio-rénal. C'est l'étape *terminale*.

Remarquons, en terminant, que cette marche de la maladie de la périphérie au centre, qui met généralement plusieurs années à s'accomplir, marquant bien chacune des étapes précédemment définies, peut, par la violence ou la répétition insolite des chocs cosmiques, franchir en quelques jours ou quelques heures, les trois stades, de telle sorte que le praticien se trouve en présence de désordres centraux prédominants, qui semblent primitifs et sans aucune préparation d'origine périphérique. L'explication est dans ce fait qu'en raison de la violence du choc ou de l'extrême sensibilité de l'organisme, la maladie a brûlé en quelque sorte ses étapes périphériques, et ne s'est *manifestée* qu'à l'étape centrale, mettant d'emblée l'organisme au seuil de la mort. C'est un sujet que nous ne faisons qu'indiquer ici, et sur lequel nous devrons revenir dans l'analyse des cas cliniques.

CHAPITRE IV

Déterminisme de la maladie.

I. — Déterminisme général.

Déterminer les influences cosmiques qui entravent l'évolution régulière du tube digestif et, par suite, créent *la maladie*, tel est l'objet de ce chapitre. — La défectuosité du milieu nutritif (insuffisance ou excès) n'est qu'*une* des conditions qui, chez le type digestif, troublent l'équilibre physiologique. — Hiérarchisation des chocs pathogènes ; elle s'opère suivant un ordre inverse de celui qui a présidé à la formation des quatre grands appareils organiques. — Quatre étapes dans la décroissance de la spontanéité physiologique, étapes en rapport avec la diminution progressive de l'*irritabilité cellulaire :* étapes respiratoire, digestive, musculaire et nerveuse. — Ce sont les chocs nerveux d'abord, en seconde ligne les chocs musculaires que nous trouvons le plus souvent à l'origine des troubles morbides. — Dans chaque cas particulier, une double tâche s'impose : 1° déterminer les conditions immédiates de la maladie ; 2° déterminer les conditions médiates qui ont préparé l'épisode actuel ; c'est ici qu'intervient la connaissance des types morphologiques. — Conditions qui expliquent la fréquence relative des troubles gastro-intestinaux.

Il est aisé de comprendre que l'organisme humain, pour sauvegarder son équilibre fonctionnel et assurer sa durée, doit modifier à chacune de ses phases évolutives la qualité et la quantité de ses excitants cosmiques. Il y a un *milieu* pour chacune des formes humaines, pour le nourrisson, pour l'enfant, pour l'adolescent, l'homme fait et le vieillard, pour la jeune fille, pour la femme et pour la mère.

Ce milieu se détermine scientifiquement par la notion précise des caractères évolutifs de l'individu, caractères morphologiques et caractères fonctionnels. Telle est la double assise de toute hygiène et de toute thérapeutique.

Nous avons, en termes généraux nécessairement schématiques, esquissé les grands traits de l'évolution individuelle en rapport avec les principaux éléments de l'ambiance cosmique. Il nous resterait maintenant à faire l'étude des types individuels, c'est-à-dire à préciser pour chaque cas particulier le déterminisme qui maintient une décroissance *régulière* de l'excitabilité organique ou, au contraire, entrave la régularité de ce processus et crée les formes variées de la maladie.

La nature de cet ouvrage ne comporte pas une semblable étude.

Nous devons nous limiter à l'évolution du tube digestif et aux influences cosmiques qui assurent ou entravent cette évolution. Ce qui revient à dire que, n'envisageant pas le problème thérapeutique tel qu'il est dans la nature, nous serons encore tenu de rester dans des limites conventionnelles et de donner de la question une esquisse, à vrai dire, schématique.

Nous avons établi que le milieu cosmique se compose essentiellement de quatre éléments différenciés, qui répondent à quatre types individuels de l'espèce humaine. L'un de ces types, le type digestif, constitue en quelque sorte un centre attractif prépondérant pour une certaine catégorie d'excitants cosmiques, les excitants alimentaires.

Nous savons, d'autre part, que prépondérance attractive signifie prédominance fonctionnelle ; et notre type digestif trouve son équilibre physiologique dans le maintien de cette suprématie spécifique, dans la satisfaction supérieure de ses besoins alimentaires. En retour, c'est la défectuosité du milieu nutritif et l'insuffisance des excitations digestives qui vont mettre toute l'économie en souffrance, l'aliment constituant la source principale d'énergie pour le type que nous envisageons ici. Autant ce tube digestif prédominant est une voie largement ouverte aux influences nutritives du milieu cosmique, autant il devient, par pénurie d'aliments, une condition de faiblesse générale de l'organisme et de déséquilibre morphologique et fonctionnel.

Est-ce à dire que toute localisation morbide gastro-intestinale suppose ce double déterminisme : suprématie du tube digestif, défectuosités ou insuffisances du milieu alimentaire? Rien de pareil.

La réalité pratique est à la fois plus complexe et plus simple.

Plus simple : tout individu, quelle que soit la nature de sa prédominance anatomo-physiologique, est capable de marquer son déséquilibre par une localisation abdominale.

Plus complexe : les conditions qui font crouler un organisme sont ou *grossières* ou *insignifiantes ;* dans les deux cas, les *déterminer* d'une façon précise est une tâche toujours délicate, et les écarter complètement équivaut à un relèvement rapide, souvent surprenant, de l'organisme malade.

La recherche des conditions pathogènes est, avons-nous dit, chose délicate : elle exige, en effet, une curiosité en quelque sorte jamais satisfaite, visant l'infinie variété des conditions de vie *individuelles ;* l'observateur doit passer en revue toutes les influences qui conditionnent nos grandes fonctions et suivre les réactions parallèles de l'organisme pendant les phases principales de l'évolution individuelle ; puis, à mesure qu'il approche de la phase actuelle, il doit serrer de plus en plus son enquête jusqu'à préciser, si c'est possible, les oscillations de l'organisme au cours des vingt-quatre heures.

L'éloignement des conditions pathogènes marque un relèvement rapide de l'organisme, et si la maladie «traîne», c'est que le médecin en ignore le déterminisme *exact*, ou que ses efforts échouent en face de difficultés pratiques insurmontables.

Si l'on envisage seulement la maladie actuelle, il semble que l'influence des milieux ambiants soit prépondérante et que la forme du type individuel doive être reléguée au second plan. Ce paradoxe de la pratique médicale trouve son explication dans un ordre de faits qui méritent de nous arrêter un instant.

Si nous assistons à la *formation* d'un individu, nous voyons les contacts cosmiques s'*échelonner* véritablement au cours de cette période évolutive, comme pour donner naissance à plusieurs *vies* successives.

Dès la naissance, la vie respiratoire est complète, le jeu de l'appareil broncho-pulmonaire suffit à toutes les modifications de l'ambiance atmosphérique, et l'évolution formative ne se signalera guère que par une endurance grandissante vis-à-vis des chocs atmosphériques.

La vie digestive, par contre, est réduite; elle exige un milieu spécial, le *lait maternel;* et pendant plusieurs années après le sevrage, les aliments devront encore être choisis, sous peine d'accidents gastro-intestinaux immédiats.

Toutefois, il est remarquable de voir le milieu atmosphérique et le milieu alimentaire s'adapter rapidement à l'organisme en formation et s'y adapter dans toutes leurs complexités de formes, de masses et de densités, bien avant que les appareils correspondants aient atteint leur plein développement.

Il n'en est pas de même des milieux qui conviennent aux deux autres appareils, l'appareil locomoteur et l'appareil cérébro-spinal.

Ce n'est qu'à partir de douze ou quinze ans que la vie musculaire naît et se manifeste par la recherche des sports, du travail manuel, du mouvement sous toutes ses formes.

Plus tard, entre dix-huit et vingt-cinq ans, c'est la vie cérébrale qui apparaît enfin avec ses mille complications individuelles. De telle sorte que l'étude des milieux auxquels l'individu puise son énergie formative, nous montre ces milieux doués de propriétés attractives différentes, qui trouvent successivement leur emploi au fur et à mesure que notre irritabilité cellulaire décroît. L'*air* s'adapte à nos éléments anatomiques pourvus de toute leur irritabilité cellulaire. L'*aliment* n'est complètement toléré qu'après quelques années de décroissance de cette irritabilité. Le *mouvement* n'est accepté que lorsque l'édifice organique est près de s'achever, par défaut d'irritabilité cellulaire. L'*idée* marque la terminaison de cet édifice.

Ce parallélisme inverse d'une irritabilité cellulaire décroissante et d'une multiplicité plus grande des contacts cosmiques est un fait biologique curieux et instructif à la fois.

Si l'irritabilité cellulaire, c'est-à-dire la spontanéité des éléments anatomiques est le dernier mot du mode de constitution individuelle, il est aisé de comprendre que celle-ci doit refléter ce que nous pourrions appeler les « fuites » de cette irritabilité cellulaire. C'est comme un gouvernement dont le pouvoir tyrannique croîtrait tous les vingt ou trente ans : au maximum de liberté correspondraient les individualités complètes et élastiques ; au minimum les individualités sans ampleur et sans souplesse.

Si nous examinons la pratique de la vie à la lumière des notions précédentes, nous voyons les chocs pathogènes se hiérarchiser suivant un ordre facile à prévoir, inverse de celui qui a présidé à la formation de nos grands appareils organiques : au sommet, les chocs nerveux qui se font remarquer par leur fréquence et leur complexité extrêmes ; puis, les chocs musculaires très nombreux, moins nuancés ; enfin, les chocs alimentaires, et au bas de l'échelle, les chocs respiratoires. Ces deux dernières variétés de chocs sont beaucoup moins fréquentes que ne le laissent supposer les tendances actuelles de la thérapeutique.

Cette hiérarchie des conditions ambiantes qui déterminent nos maladies va de pair avec la hiérarchie formative de nos appareils, nous l'avons dit ; mieux que cela, par sa gradation inverse, elle souligne dans la décroissance de notre spontanéité physiologique quatre étapes de plus en plus courtes, l'étape respiratoire, l'étape digestive, l'étape musculaire et l'étape nerveuse.

Chacun de nos grands appareils garde la caractéristique de son « âge » de formation, c'est-à-dire fondamentalement une élasticité de forme et de fonction qui diminue à mesure que cet âge croît. Les deux plus élastiques de nos appareils sont sans contredit les appareils broncho-pulmonaire et digestif ; les moins élastiques sont les appareils musculaire et cérébro-spinal.

La conclusion pratique est celle-ci : le médecin devra tout d'abord scruter la vie nerveuse et la vie musculaire de son patient, et dans le plus grand nombre de cas, il y découvrira l'origine évidente des troubles morbides auxquels il assiste.

Cette découverte est parfois difficile et l'observateur peut être trompé par les apparences.

Voici une femme qui prend depuis quelques années un embonpoint excessif : le moindre effort l'essouffle, la fatigue amène des maux de reins, et l'examen des urines révèle un peu d'albumine. Des tentatives de régime, viandes blanches, mets préparés au lait et réduction de la quantité des aliments pour combattre l'obésité, etc., restent inefficaces et l'embonpoint continue de s'accroître, en même temps que l'appétit se montre plus impérieux. C'est une mère de famille chargée de soucis, vivant de plus dans une atmosphère de contrainte morale. Un interrogatoire mieux dirigé révèle de la nervosité, des crises de larmes et une insomnie habituelle. Dès lors, l'orientation thérapeutique change : c'est d'abord et avant tout, le repos du système nerveux hors du milieu où s'accumulent les soucis et les contrariétés. Instantanément, le mieux se fait sentir : l'albumine disparaît, les formes se condensent, l'appétit diminue ; peu à peu, les forces générales s'accroissent parallèlement au retour du sommeil et de l'équilibre du système nerveux.

Contre toute apparence, le tube digestif n'a joué qu'un rôle très effacé dans cette évolution morbide. L'hyperexcitabilité nerveuse était le syndrôme le plus immédiat et le plus menaçant : l'expérience thérapeutique l'a démontré.

Cependant, nous devons pousser notre analyse plus loin. Avant toute hyperexcitabilité cérébrale, notre malade avait des tendances à grossir, et chaque grossesse était l'occasion d'une poussée de dilatation, avec prédominance abdominale. Parallèlement, l'appétit augmentait. De telle sorte que cette exagération de l'embonpoint paraissait bien à la malade et à son médecin sous la dépendance d'une alimentation trop copieuse.

Encore une apparence trompeuse. Ces poussées hypermégaliques coïncidant avec les grossesses sont d'ordre exclusivement musculaire. Nous le démontrerons en étudiant l'influence pathogène de la grossesse.

En résumé, *type à morphologie variable*, notre malade allait se dilatant très lentement par non adaptation à l'ensemble des éléments cosmiques ambiants, quand la grossesse, en créant un *déterminisme étiologique prédominant*, de localisation abdominale (poussée subaiguë de distension gastro-intestinale à chaque grossesse), est venue accélérer ce processus général de dilatation ; puis, au cours de cette phase hypermégalique sont survenus les soucis et les contrariétés, nouvelle source d'*hyperexcitabilité générale*, qui a abouti à la douleur, à la gêne fonctionnelle et à l'albuminurie.

En supprimant les soucis nous écartons toutes les manifestations qui impliquent un pronostic de gravité. C'est déjà une étape importante vers le mieux.

Cette étape franchie, notre malade reste hypermégalique, avec prédominance abdominale. Une nouvelle indication, aussi précise que la première, se présente à notre esprit : c'est le repos relatif de l'appareil musculo-ligamenteux du tube digestif.

Cette indication remplie, notre malade se considère comme absolument *guérie*. Et de régimes alimentaires, il n'en aura été question que dans la mesure juste nécessaire pour parer soit aux exagérations ou aux irrégularités de l'appétit, soit aux épisodes franchement douloureux physiquement ou moralement, annihilant pour quelques heures les qualités attractives du tube digestif.

Cette observation nous montre des chocs pathogènes successifs créant une hyperexcitablilité générale progressive, chocs pathogènes musculaires, chocs pathogènes nerveux et nous pourrions ajouter comme complément nécessaire, chocs pathogènes digestifs, car l'aliment était pris sous une forme quelconque, sans rapport avec l'hyperexcitabilité digestive du moment.

Cette observation est relativement simple et claire. Combien d'autres sont plus complexes, plus obscures et exigent une analyse plus approfondie !

Quoi qu'il en soit, dans chaque cas particulier, une double tâche s'impose au clinicien :

1° Déterminer les conditions immédiates qui ont amené la dissociation fonctionnelle actuelle ;

2° Déterminer les conditions médiates qui ont préparé l'épisode en cours et donné lieu à des manifestations objectives, morphologiques ou fonctionnelles, antérieures à la phase proprement morbide.

C'est dans cette dernière recherche qu'interviennent les types morphologiques que nous avons décrits au chapitre précédent: *Type morphologique de formation* et *Type morphologique de fonctionnement*.

Supposons que la malade que nous venons d'analyser représente, par sa morphologie de formation, un *type respiratoire ;* elle est, par sa morphologie de fonctionnement, un *type variable* avec prédominance de la dilatation, nous l'avons vu. L'œuvre thérapeutique que nous avons décrite plus haut ne sera complète, s'il s'agit d'une personne habitant la grande ville, que lorsque nous aurons prescrit le séjour au grand air ou une succession de cures d'air ou d'altitude. La variété du milieu atmosphérique est la première des exigences précises de son organisme et, en dehors de cette condition de vie, nous verrons le processus de dilatation s'accélérer, sous les influences les plus insignifiantes. L'hyperexcitabilité s'installera successivement dans les grands appareils de son organisme, pour créer l'exagération de l'appétit, la faiblesse générale et la nervosité; quoi que nous fassions, nous verrons renaître la maladie sous des influences de plus en plus minimes et de plus en plus obscures. Jusqu'au moment où, l'hyperexcitabilité des organes périphériques faisant place à l'*automatisme*, nous assisterons à sa localisation *centrale*, c'est-à-dire à la dissociation cardio-rénale, qui entraînera la *mort*.

Des considérations précédentes il résulte que les sources d'énergie cosmique auxquelles l'homme puise les excitations nécessaires à l'entretien de la vie peuvent se grouper sous deux chefs : les sources *telluriques* et les sources *sociales*.

Les sources telluriques lui fournissent l'air et l'aliment, les sources sociales le mouvement et l'idée.

Les premières sont remarquables surtout en ce que, d'une part, elles sont indépendantes de la volonté humaine et soustraites, dans une large mesure, au libre choix de l'individu, et, d'autre part, elles sont d'une richesse et d'une variété en rapport avec l'incessante mobilité de la matière planétaire. De là, comme corollaire obligatoire, la grande élasticité fonctionnelle des deux appareils organiques correspondants du corps humain, voies respiratoires et tube digestif.

Les secondes se distinguent par leur dépendance à l'égard de la volonté humaine et par leurs relations étroites avec la nature et la densité de l'agrégat social. Or celui-ci, quelque complexe que nous le supposions, donne l'impression de la monotonie et de la fixité en face des mutations innombrables qui se passent au sein de l'écorce terrestre et de son atmosphère. Quoi d'étonnant, dès lors, que nos appareils musculaire et nerveux soient doués d'une élasticité fonctionnelle réduite, rappelant exactement la pauvreté des milieux où ils puisent la vie ?

Ceci dit, comment expliquer l'extrême fréquence des troubles gastro-intestinaux dans la pratique courante? Comment concilier cette élasticité en quelque sorte maximum de la fonction digestive avec ce fait que l'individu paie à la digestion le plus lourd de ses tributs morbides ?

Une première donnée d'ordre pratique doit être soulignée tout d'abord : un accès de nervosité se juge par une crise de larmes ou une explosion de colère ; une prostration de forces musculaires se répare par quelques heures ou quelques jours de repos ; mais une crise d'hypersécrétion stomacale ou intestinale, avec vomissements ou diarrhée, pousse l'individu chez le médecin.

Voilà une première condition de fréquence relative des affections digestives, notée par le praticien, aux dépens des affections musculaires ou nerveuses.

Il est une autre condition, d'ordre biologique, que nous devons analyser et bien connaître.

Passons en revue successivement nos deux types morphologiques, type fixe et type variable, et cherchons à démêler le *pourquoi* et le *comment* de la maladie chez l'un et chez l'autre.

Le type fixe ne connaît que les épisodes subaigus francs. Ceux-ci succèdent à un choc bien caractérisé, facile à reconnaître et se manifestent invariablement par une localisation prédominante, douloureuse ou fonctionnelle, au niveau de l'appareil doué de la suprématie anatomo-physiologique. En raison de cette suprématie, le choc pathogène porte généralement sur l'un des appareils secondaires, l'appareil supérieur se laissant difficilement terrasser. On peut dire, en effet, que le type fixe *cède* par son appareil inférieur et *souffre* par son appareil supérieur. En tous cas, ici tout est simple et clair, choc pathogène et localisation réactionnelle de l'individu. Il suffit de connaître le type morphologique pour prédire à coup sûr et la nature ordinaire du choc pathogène et la forme des réactions morbides.

Tout autres sont les conditions de la maladie chez le type à morphologie variable. Nous avons montré, en étudiant la formation de ce type, l'*indécision* qui préside à l'arrangement de ses grands appareils et à la constitution de chacun d'eux. Comme le type fixe, le type variable est asymétrique ; mais alors que cette asymétrie apparaît *hiérarchisée* chez le premier, nous la trouvons, à proprement parler, *anarchique* chez le second. Pas d'infériorité qui appelle les chocs pathogènes, pas de supériorité qui commande les localisations morbides.

Voici un montagnard, aux formes athlétiques, transplanté dans la grande ville. Intelligent et ambitieux, il a quitté son pays natal pour tenter la fortune dans un milieu social plus dense et plus varié. Six mois se passent, et le voilà sans forces, sans appétit, sans ressort moral, avec des crises de larmes comme un enfant. Rendez-le à sa montagne, et vous assistez à une résurrection : du jour au lendemain tous les troubles se dissipent,sans laisser la moindre trace.

C'est là un exemple frappant, d'une part de cette *anarchie* organique entraînant un désarroi général sans localisation prédominante, d'autre part de cette *vulnérabilité* particulière du système nerveux, en vertu de laquelle un choc *social* crée rapidement une *hyperexcitabilité croissante* de tous les systèmes organiques et annihile ainsi les appareils les plus puissamment constitués, tel le système musculaire de notre montagnard.

Mais poussons plus loin notre analyse des chocs pathogènes frappant le type à morphologie variable. Voici un jeune homme, grand, maigre, fort, jamais malade, élevé à la campagne, nourri surtout d'aliments maigres, soupes, pommes de terre, légumes herbacés, fromage et pain. Il quitte les champs pour la ville et le gros travail manuel pour les écritures ; en même temps la viande devient son aliment principal. Peu à peu on le voit se transformer : les formes s'arrondissent, le ventre proémine, la figure se colore. Cet aspect de prospérité va croissant pendant quelques années. A part quelques maux de tête et des moments d'insomnie, la santé semble parfaite. Cependant l'appétit diminue, sans que l'individu s'en préoccupe autrement que comme d'une particularité de l'âge mûr. L'embonpoint continue de progresser et ne laisse pas que de commencer à être quelque peu gênant : l'effort essouffle, la moindre marche provoque une transpiration anormale. C'est dans cet état de santé, considéré par tous comme excellent, qu'éclate une crise d'estomac violente, terminée par d'abondants vomissements et par une débâcle intestinale. Pas d'autre cause à invoquer qu'un repas plus copieux que de coutume, arrosé d'un peu de vin généreux. Cette crise a un lendemain : c'est une prostration absolue, un dégoût pour tout aliment, une fonte rapide de l'embonpoint, et une difficulté réelle à retrouver l'équilibre nécessaire pour la reprise de la besogne quotidienne.

Si nous analysons méthodiquement les conditions cosmiques auxquelles cet organisme a été soumis pendant la seconde partie de sa vie, nous trouvons : l'air confiné d'un bureau au lieu de l'air pur des champs ; une nourriture carnée prédominante; un travail musculaire insignifiant, et, par contre, beaucoup de tension d'esprit, sinon de véritables soucis. En somme, des conditions de vie tout à fait nouvelles ont été imposées à cet organisme, *sa formation terminée*. Il en est résulté d'abord un fait morphologique d'une objectivité capitale : la distension progressive des éléments anatomiques, avec dégénérescence graisseuse du tissu conjonctif. Cette distension a évolué rapidement, se manifestant surtout au niveau de l'appareil digestif par une saillie abdominale considérable, avec diminution parallèle de l'appétit. Voilà, en somme, un malade qui semble, à une analyse superficielle, un *digestif pur* et rien de plus : digestif, parce qu'il était gros mangeur dans son enfance et son adolescence, digestif, parce qu'il était devenu *hypermégalique abdominal* pendant les années qui ont précédé la maladie, digestif enfin, parce que la localisation morbide actuelle est nettement gastro-intestinale. Or, une analyse plus serrée nous montre notre sujet sous un jour un peu différent.

Tout d'abord, nous devons tenir compte de la *multiplicité* des influences ambiantes qui ont pu faire choc sur cet organisme : l'*air* confiné, la nourriture trop *carnée* et la *tension d'esprit*. Etant donné que, des trois appareils visés par ces éléments cosmiques, le système nerveux est de beaucoup le moins élastique, la tension intellectuelle doit tout d'abord nous préoccuper ; or, des maux de tête, l'insomnie et la nervosité traduisent des instants de défaillance par *hyperexcitabilité cérébrale*, presque dès le début de la vie nouvelle. Puis, la sueur provoquée par le moindre effort traduit de même des moments d'insuffisance au cours de l'hyperexcitabilité musculaire. Enfin la diminution progressive de l'appétit dénonce l'hyperexcitabilité digestive, dont la crise aiguë n'est qu'un épisode paroxystique.

Il ressort de cet exposé clinique, d'ailleurs très sommaire, que notre type à morphologie variable, pour être affranchi des contraintes évolutives qu'imposent au type à morphologie fixe les prédominances organiques, n'en reste pas moins soumis à des règles de réceptivité morbide à peu près invariables : la maladie est *préparée* par les chocs nerveux dans un cas, musculaires dans l'autre ; ces deux sortes de chocs sont les sources habituelles et principales de l'hyperexcitabilité fonctionnelle de l'organisme.

Seul est variable le choc ultime qui précède immédiatement l'écroulement de l'organisme et l'apparition de l'*état subaigu ;* il peut être respiratoire, musculaire ou nerveux ; il est surtout digestif, à cause des écarts alimentaires auxquels la vie sociale expose un grand nombre d'individus.

Quant à l'état subaigu, la douleur, sous ses mille formes, en est la traduction clinique la plus évidente. Dans sa localisation, la douleur obéit à un double déterminisme :

a) Tantôt, elle siège exclusivement sur l'appareil qui a reçu le choc initiateur de l'état subaigu.

b) Tantôt, plus mobile, elle parcourt successivement une série d'appareils, soulignant l'excès ou le défaut des excitations thérapeutiques.

En dernière analyse, l'expérience clinique nous enseigne que les manifestations objectives et subjectives de la maladie portent très fréquemment sur l'appareil digestif et que la diététique est la principale de nos ressources thérapeutiques. Ce qui ne veut pas dire que l'appareil digestif soit doué, comme le prétendent quelques médecins, d'une suprématie anatomo-physiologique sur le reste de l'économie. Il est rare d'avoir affaire à un *digestif pur*, chez lequel le choc alimentaire ait en même temps créé l'hyperexcitabilité fonctionnelle et déterminé un état subaigu digestif et, partant, dont la diététique puisse être le seul moyen de guérison.

Le malade, ne l'oublions pas, sort de cette foule de types individuels à la spontanéité affaiblie, dont la forme et la fonction sont à la merci des influences cosmiques. C'est la nature de ces influences qui nous donne la clef des manifestations morbides. Or ces influences, nous l'avons vu, trouvent dans l'organisme humain un champ d'action large lorsqu'elles sont telluriques, étroit lorsqu'elles sont sociales. C'est pourquoi toute la diversité des chocs pathogènes se réduit essentiellement et pratiquement aux chocs nerveux et aux chocs musculaires ; loin derrière eux se classent les chocs digestifs et les chocs respiratoires. Il semble, en un mot, que la maladie n'ait qu'une voie importante pour pénétrer dans notre organisme, la voie neuro-musculaire.

II. — Déterminisme local.

Les influences cosmiques touchent l'organisme en suivant les voies nerveuse, musculaire, digestive et respiratoire.

A. — *Voie nerveuse*. — Travail intellectuel prématuré ou intensif. — L'appareil nerveux est le dernier à acquérir son plein développement; disparité entre les exigences des programmes et les aptitudes fonctionnelles de l'organisme. — Nécessité physiologique de la culture intellectuelle chez la femme. — Influences nerveuses chez l'adulte : soucis professionnels, mariage et famille, veilles et excès génitaux.

B. — *Voie musculaire*. — Surmené chez les uns, immobilisé chez les autres, le système musculaire trouve rarement la ration d'excitants qui lui est nécessaire. — Surmenage musculaire, surtout fréquent chez la femme ; défaut d'excitations musculaires, commun chez l'homme. — Influence de la grossesse ; la grossesse donne lieu à une forme de surmenage musculaire spécial. — La grossesse chez les *faibles ;* ses effets favorables dans le cas d'un affaiblissement préexistant. — La grossesse chez les *fortes ;* hypermégalie abdominale puerpérale et postpuerpérale ; influence accélératrice de la grossesse sur le processus de distension abdominale.

C. — *Voie gastro-intestinale.* — Le sevrage tardif, l'usage prolongé du lait après le sevrage sont des conditions très fréquentes de troubles gastro-intestinaux dans la première enfance. — Repas trop rares, chez l'enfant. — Insuffisance du repas du matin et repas du soir trop copieux, chez l'adulte. — Influence des boissons. — Usage du vin rouge.

D. — *Voie broncho-pulmonaire.* — Influence de l'air atmosphérique. Les chocs atmosphériques se manifestent par des effets violents, immédiats, ou bien atténués, à longue portée.

Ces considérations générales nous donnent le plan suivant lequel nous devons passer en revue les diverses influences cosmiques, dont les actions accumulées aboutissent à la faillite de l'organisme et, par conséquent, au déséquilibre gastro-intestinal.

Ces influences touchent l'organisme en suivant les voies nerveuse, musculaire, digestive et respiratoire. Enumérons-les dans autant d'alinéas distincts.

A. — *Voie nerveuse.* — Au premier rang des facteurs d'hyperexcitabilité nerveuse se trouve le travail intellectuel ou prématuré, ou intensif, ou seulement exclusif chez les enfants.

Entre dix et vingt ans, l'organisme réclame un surcroît de vie musculaire chez la plupart des enfants, et c'est un surcroît de travail intellectuel que leur imposent les conditions de notre vie moderne. De plus, peu d'enfants, même parmi les cérébraux, sont aptes à fournir la somme de travail qu'exigent les programmes, tout en faisant la part nécessaire aux besoins du système musculaire. Il faut toujours se souvenir que l'appareil nerveux est le dernier à acquérir son plein développement, et la vie cérébrale intensive ne devrait pas commencer avant dix-huit ou vingt ans. Cette disparité entre les exigences des programmes et les aptitudes physiologiques de l'organisme, ou bien aboutit à la maladie, ou bien donne lieu à cette insuffisance de culture intellectuelle, remarquable chez les jeunes gens qui ont cessé toute étude après l'obtention du baccalauréat. Nous le répétons, c'est seulement à partir de dix-huit ans que la gymnastique cérébrale donne son plein effet pour le développement du système encéphalique et, par conséquent, pour l'épanouissement de tout l'organisme adolescent.

Il est enfin toute une catégorie d'enfants chez lesquels le système musculaire s'accroît d'une façon prédominante, alors que le système encéphalique semble stationnaire ou presque stationnaire. A ces enfants il faut enlever de bonne heure l'effort intellectuel et donner la préparation physique destinée à leur permettre l'accès d'une profession manuelle.

Jusqu'à ces dernières années, la culture intellectuelle était réservée aux hommes et considérée comme audessus des facultés intellectuelles, *limitées*, de la femme. En biologiste, je dois protester contre une pareille tendance, qui manque absolument de base scientifique. La culture intellectuelle est une *nécessité physiologique* pour l'être humain, sans distinction de sexe. Ne pas donner au cerveau les excitations dont il a besoin pour vivre équivaut à refuser à l'estomac les aliments qu'il réclame. Et l'équilibre fonctionnel de la femme ne peut qu'être affermi par une formation intellectuelle en rapport avec ses aptitudes naturelles, tout préjugé social étant résolûment écarté.

Retrécir le champ intellectuel de la jeune fille n'est pas suffisant. Trop nombreuses sont les familles et les maisons d'éducation où l'on s'applique encore à rétrécir le champ de la sensibilité morale, et le rétrécir équivaut à le pervertir. La contrainte morale, sous toutes ses formes, est une cause très fréquente de déséquilibre physiologique de la jeune fille, l'expérience le démontre à chaque instant.

Une forme de contrainte morale, dont j'ai été plusieurs fois témoin, mérite d'être notée et analysée ; c'est la contrainte qui résulte du contact trop intime et trop prolongé d'un enfant avec une mère maladive. L'enfant abdique toute volonté, refoule toute aspiration dans la crainte de froisser ou de faire souffrir sa mère ; peu à peu l'organisme devient hyperexcitable, il se *forme* dans l'hyperexcitabilité et dès que la formation est achevée, la maladie éclate sous une forme cérébrale, musculaire ou digestive, toujours grave par sa ténacité et par ses caractères d'amoindrissement étrange de toutes les fonctions de l'économie.

Chez l'adulte, les influences nerveuses peuvent se grouper de la manière suivante : soucis professionnels, mariage et famille, veilles et excès génitaux.

Les soucis professionnels atteignent surtout les hommes d'affaires, et la responsabilité, mal tolérée, est généralement la hantise qui déprime le système nerveux.

Les mariages mal assortis sont une source point rare de déséquilibre chez l'un des deux conjoints. La vie en commun crée une véritable atmosphère à laquelle l'un des deux n'arrive pas à s'adapter : petit à petit, l'hyperexcitabilité envahit son organisme, croît lentement, et, sans cause immédiate saisissable, la maladie éclate. Cette source d'hyperexcitabilité demande à être cherchée ; elle échappe souvent au médecin, parfois même au malade qui a oublié ses premiers efforts d'adaptation et, tout en avouant qu'il est malheureux, croit s'être fait à la vie commune.

C'est dans la vie de famille également que se développe lentement, sourdement, cette hyperexcitabilité nerveuse due au dévouement d'une mère pour un enfant malade : soins de tous les instants pendant le jour, inquiétude angoissée pendant la nuit, absence totale de sommeil, attente de la guérison ; c'est un défilé perpétuel d'influences déprimantes pour le système nerveux. De même origine est encore cette hyperexcitabilité créée par les multiples exigences d'enfants nombreux qui tiennent une mère debout, sans trêve ni repos, toute la journée et une grande partie de la nuit.

Enfin, le travail intellectuel poussé jusqu'aux dépens du sommeil est parfois à l'origine de la maladie. Ce n'est pas tant au surmenage intellectuel lui-même qu'à la privation de sommeil que nous devons nous arrêter. Le véritable surmenage, le surfonctionnement cérébral, est rare et se répare d'ailleurs assez facilement par le sommeil. Il est le propre des cérébraux bien différenciés, c'est-à-dire des types à morphologie fixe chez lesquels la fonction ou bien ne s'exerce que dans des limites compatibles avec une adaptation complète, ou bien, en cas de non adaptation forcée, s'arrête soudain et s'éteint momentanément dans un paroxysme d'inertie.

La privation de sommeil , au contraire, est une condition fréquente de maladie ; que les veilles soient remplies par le jeu, la lecture, les spectacles, les soirées mondaines, les effets en sont identiques. Le système nerveux qui a fonctionné toute une journée réclame,consciemment ou non, le repos de la nuit au sens propre du mot, c'est-à-dire un repos qui doit commencer le moins longtemps possible après la disparition de la lumière solaire. C'est qu'en effet la lumière artificielle ne jouit pas de toutes les propriétés de la lumière naturelle, on l'oublie généralement : celle-ci, en même temps qu'elle éclaire, tonifie, alimente en quelque sorte le système nerveux, celle-là donne une excitation factice, à la faveur de laquelle le besoin de sommeil disparaît. Et c'est ainsi que le système nerveux gravit un à un les échelons de l'hyperexcitabilité jusqu'à l'apparition brusque de la maladie.

La sexualité est l'un des éléments primordiaux de la vie nerveuse. Nous pourrions répéter à propos de la sexualité ce que nous avons dit du travail intellectuel : elle marque la dernière étape de notre formation, et c'est seulement de vingt à trente ans qu'elle doit entrer en scène, qu'elle mérite d'être favorisée, si l'on veut qu'elle coopère à l'harmonie de nos fonctions. Au contraire, les habitudes sociales tendent à développer prématurément l'instinct sexuel, et l'expérience nous montre les excès génitaux comme l'une des conditions qui entravent, dans nombre de cas, l'épanouissement intellectuel des adolescents. Plus tard, la sexualité exagérée constitue un facteur de déséquilibration nerveuse. Son influence propre est difficile à discerner : les aveux sont rares et généralement mêlés de réticences ; de plus, l'excès génital s'accompagne toujours d'autres excès. C'est en fouillant minutieusement la vie individuelle que le clinicien arrive peu à peu, par élimination, à saisir la part des influences génitales dans la genèse de l'hyperexcitabilité nerveuse.

B. — *Voie musculaire.* — Surmené chez l'un, immobilisé chez l'autre, le système musculaire, comme le système nerveux, trouve rarement la ration d'entretien propre à satisfaire son excitabilité.

L'excès s'observe chez les individus que leur profession oblige à marcher du matin au soir ou, plus encore, à se tenir debout, dans une immobilité relative, pendant de longues heures. La marche met en jeu alternativement tous les muscles de l'économie et crée de la sorte une *variété* dans le mouvement qui en facilite la tolérance, en prévient l'effet déprimant, dans un grand nombre de cas. La station debout, associée à l'immobilité relative, ne met en jeu, au contraire, qu'un groupe de muscles toujours les mêmes et exige de ce groupe une tenue fonctionnelle d'une durée disproportionnée le plus souvent à la forme anatomique de l'organe. Aussi cette immobilité dans la station verticale est-elle un des facteurs les plus importants de l'hyperexcitabilité musculaire. Pour des motifs d'ordre professionnel, la femme est la victime ordinaire de cette forme de surmenage.

L'homme résiste à l'excès musculaire sous ses formes communes, dans le plus grand nombre des cas ; et, contrairement à la femme, c'est du défaut d'excitations musculaires qu'il a surtout à souffrir : les victimes de la vie de bureau et de toutes les professions qui exigent l'immobilité dans la position assise, se comptent à peu près exclusivement parmi les hommes.

Quant aux professions qui exigent de gros efforts musculaires, elles vivifient tout un groupe d'individus, les *forts*, et écrasent tout un autre groupe, les *faibles*.

Il est curieux de voir le repos, le simple repos avoir raison des affections morbides les plus diverses, dans le monde des ouvriers manuels.

Enfin, la *grossesse* donne lieu à une forme de surmenage musculaire qu'il nous reste à commenter. Déjà, dans le tome I de cet ouvrage, nous avons montré que nombre de femmes, affaiblies par les débuts de la gravidité, voient leurs forces renaître rapidement à mesure que le globe utérin grossit et relève la masse gastro-intestinale.

Et il est courant d'entendre une femme malade nous

dire : « Je n'ai jamais été aussi forte que pendant ma grossesse ». Comme contre-partie, en revanche, on entend, à chaque instant, ces phrases stéréotypées : « Depuis ma ou mes grossesses, je ne vaux plus rien, j'ai perdu mes forces, je ne me tiens plus debout ». Pourquoi, dans un cas, « cet excès d'honneur » et, dans l'autre, « cette indignité »?

Le développement du globe utérin met en jeu toutes les forces musculaires de la cavité abdominale. Or, il se trouve que ce groupe de forces fait partie d'un ensemble musculo-ligamenteux, l'appareil musculo-digestif extrinsèque, qui contribue à assurer la conductibilité du canal alimentaire. Nous savons, en effet, que le tube digestif est pourvu d'un double appareil musculaire, *intrinsèque* (fibres longitudinales et circulaires) et *extrinsèque* (ligaments suspenseurs et plans musculaires de l'abdomen).

Ce sont ces derniers plans musculaires (paroi antérolatérale et muscles sacro-lombaires) qui assurent, dans une certaine mesure, la fixité de station et de développement du globe utérin. En dehors de la grossesse, le rôle de la paroi abdominale est d'abord d'ordre digestif, comme nous venons de le rappeler, puis d'ordre locomoteur (station verticale, mouvements du tronc, etc.).

La région abdominale se trouve être ainsi un foyer de fibres musculo-élastiques, liées les unes aux autres par une synergie réactionnelle absolue, malgré les dissemblances morphologiques et malgré la diversité des fonctions à remplir. Mieux que les membres, la région abdominale révèle à l'observateur la puissance musculaire individuelle.

Voici un *fort*, qui proportionne son travail physique à ses forces musculaires : la paroi abdominale et les anses digestives sous-jacentes sont résistantes, mais souples, et la forme de l'abdomen est arrondie, invariable, que l'individu soit debout ou horizontalement étendu. Mais la tâche dépasse les forces musculaires du sujet, ou plus exactement si celui-ci est un type à morphologie variable qui ne s'adapte au milieu ambiant qu'au prix d'une distension cellulaire progressive, que voyons-nous? La saillie abdominale croît progressivement, les ligaments suspenseurs du tube digestif se tendent, le ventre devient dur.

Dans le premier cas, nous avons une *tension élastique* de plein fonctionnement musculaire ; dans le second, une *tension ligamenteuse* d'effort fonctionnel musculaire.

Telles sont les deux formes sous lesquelles se présente cliniquement la tension abdominale, chez le *fort*.

Voici un *faible*, son travail physique est au-dessus de ses forces musculaires : l'abdomen s'affaisse ou tend à s'affaisser, affectant la forme d'une cuvette dans la position horizontale, d'une besace dans la station verticale ; les anses digestives et la paroi qui les recouvre donnent l'impression plus ou moins accusée de « chiffons mouillés », c'est de l'empâtement ou du subempâtement ; les ligaments suspenseurs sont relâchés, les segments du tube digestif se mobilisent aisément dans tous les sens et paraissent comme flottants dans une cavité trop grande. Et chaque effort musculaire faisant choc, accentue cet affaissement abdominal, cet empâtement des anses digestives, jusqu'à ce que l'inertie musculaire impose le repos complet. Sous l'influence de ce repos, l'abdomen se relève, reprend sa forme arrondie, en même temps que les anses digestives retrouvent leur calibre et leur fixité ligamenteuse : à ce moment, toute la masse est devenue souple, élastique et rénitente.

La grossesse survient, chez les fortes ou chez les faibles, et surprend l'abdomen, ou mieux les forces musculaires de la cavité abdominale, à tous les moments de l'évolution que nous venons de tracer.

Pour la clarté de notre exposé, envisageons quelques cas particuliers.

1° *Chez les faibles*, une double éventualité peut se présenter :

a) La grossesse survient au moment où les forces musculaires abdominales sont équilibrées. Elle évolue sans heurts, sans accidents : développement utérin et tension abdominale marchent de pair. Quelques semaines de repos, pour réparer l'épuisement musculaire dû aux efforts d'expulsion fœtale, et la femme est debout, vaillante comme avant la couche.

b) La grossesse surprend un ventre *empâté*, survient au moment où les forces musculaires abdominales sont en voie d'inertie fonctionnelle.

C'est, d'abord, une aggravation brusque de l'état morbide existant, c'est une forme insolite de réactions gastro-intestinales. Puis, quand le globe utérin, quittant le petit bassin, apparait dans la grande cavité abdominale, les réactions morbides se calment, les forces reviennent du jour au lendemain, et bientôt, cette femme souffreteuse, qui redoutait la grossesse, se trouve transformée en un être fort, vigoureux, d'un appétit insatiable et d'un entrain que rien n'arrête.

L'expulsion du fœtus est rapide et simple. Mais voici qu'au bout de quelques semaines la malade, essayant de quitter son lit, se retrouve sans forces ; l'appétit décline, et finalement, c'est l'état maladif d'avant la grossesse, qui se réinstalle, avec un degré d'aggravation.

A quoi répond cette poussée générale de force musculaire qui s'est faite pendant les quatre ou cinq derniers mois de la grossesse? Tout simplement au relèvement des anses digestives par le globe utérin.

Le point initial de l'affaissement abdominal et de l'inertie de toutes les forces musculaires abdominales, chez cette femme faible, réside dans la faiblesse des ligaments suspenseurs de ses viscères abdominaux, et il est, dans sa vie, une besogne physique, à connaître, qui exige de ses ligaments un travail disproportionné à leur puissance ; d'où une réaction d'inertie ligamenteuse progressive, qui envahit l'appareil musculaire digestif et crée l'état maladif ordinaire.

Le globe utérin relevant les anses digestives, c'est un allègement pour leurs ligaments, qui se ressaisissent, ainsi que tous les plans musculaires préposés à la fonction digestive. Par synergie fonctionnelle, toutes les fibres musculaires de l'économie retrouvent leur souplesse et leur pleine élasticité. De là, ces quelques mois de force et de bien-être qui correspondent à la grossesse, chez tant de faibles, habituellement maladives.

2° Chez les *fortes*, les effets de la grossesse sont moins stéréotypées et affectent des formes plus diverses. Voyons quelques-unes de ces formes.

a) La femme forte dont les forces musculaires abdominales sont équilibrées, trouve dans la grossesse un regain de force plus ou moins accentué, rien de plus. C'est une excitation musculaire, d'une forme nouvelle, qui ne fait qu'accroître sa vigueur générale.

b) La grossesse survient au début du processus de distension abdominale. Dès la conception cette distension s'accentue, et parfois, au bout du premier mois, le volume du ventre est accrû au point de trahir une grossesse de quatre mois. Puis, cette première poussée terminée, l'allure se ralentit et marche de pair avec la progression du volume utérin, sans lui être jamais adéquate. Si la femme s'étend, le globe utérin forme au-dessus du pubis une saillie arrondie, nettement délimitée, autour de laquelle la masse abdominale s'étale, affectant une forme aplatie. Si la femme se redresse, tout l'abdomen se projette en avant et en bas, comme une besace. Aux derniers mois de la grossesse, la besace s'efface et se trouve remplacée par un bloc énorme, répondant à toute l'aire abdominale et gardant sensiblement la même forme, dans la position horizontale et dans la station debout. Ce bloc est d'un volume disproportionné à celui du globe utérin.

La femme accouche. L'abdomen reste volumineux, peu différent même, dans certains cas, de ce qu'il était à la fin de la grossesse. Il faut six mois, un an et plus pour que le volume de l'abdomen diminue sensiblement, pour que, suivant le mot usité, « la femme reprenne sa taille ».

Dans ce cas, la conception, qui est un excitant de forme nouvelle pour l'économie, est venue accélérer le processus de dilatation en cours et a donné naissance à l'hypermégalie abdominale contemporaine de la grossesse, sans rapport adéquat avec le développement du fœtus, comme nous le disions plus haut. La grossesse terminée, cette hypermégalie persiste un instant sous la *forme puerpérale*, puis redevient, après quelques mois, ce qu'elle aurait été sans incident de gravidité.

c) La grossesse survient à la fin du processus de distension abdominale ou mieux à la période où le volume de l'abdomen est oscillant. Une poussée de distension coïncide encore, dans ce cas, avec la conception ; puis la *forme* de l'abdomen devient rapidement *monstrueuse*, et, aux derniers mois de la grossesse, l'abdomen n'est plus qu'une masse informe retombant sur les cuisses, dans la station debout, d'aspect écroulé, variable avec les décubitus, dans la position horizontale.

Après l'accouchement, l'abdomen garde sensiblement la même forme, et la malade reste sans forces et valétudinaire pendant des mois.

Avant la conception, les oscillations de la forme abdominale trahissent la fin du processus de distension des anses digestives : tantôt, grâce à une vie bien comprise, la fibre musculo-élastique est suffisante et l'abdomen se tient, tantôt, à la suite d'un surmenage, cette fibre musculaire s'écroule partiellement et tout l'édifice abdominal tend à tomber et à s'affaisser. L'aiguillon de la conception donne un surcroît de vie à cette fibre musculo-élastique, et, pendant toute la grossesse, la dilatation abdominale peut évoluer régulièrement. Mais cet effort accompli, l'abdomen reste effondré pour de longs mois, parfois même d'une façon définitive.

Cette forme d'évolution abdominale au cours de la gravidité est celle qui clôt généralement une série nombreuse de grossesses, chez la femme du type à morphologie variable. A chaque grossesse, l'abdomen subit une poussée d'hypermégalie, recouvre de plus en plus lentement et difficilement sa forme antécédente, et la dernière grossesse est le signal d'un écroulement définitif.

La grossesse se signale par une accentuation de la dégénérescence graisseuse toutes les fois que celle-ci, compagne ordinaire de la dilatation, se trouve être le phénomène clinique prédominant.

D'autres formes évolutives pourraient encore être décrites, mais celles-ci nous semblent suffisantes pour montrer l'*influence accélératrice* que la grossesse exerce sur le processus de distension de toute la masse abdominale (contenant et contenu). La grossesse, il est essentiel de bien le savoir, ne crée point cette distension, et si la femme enceinte n'appartient pas au type morphologique variable, nous voyons l'abdomen gravide plus ou moins procident par insuffisance de la paroi abdominale, mais cette procidence ne saurait se confondre avec la distension : outre que l'une et l'autre se présentent sous une forme objective qui permet de les différencier aisément, la procidence disparaît avec l'expulsion du fœtus et l'abdomen prend une forme excavée; la distension, au contraire, persiste après la couche et le ventre garde une forme arrondie et saillante.

Cette particularité que la distension abdominale n'est point le fait exclusif de la grossesse, mais s'accentue, s'objective seulement à l'occasion de la grossesse est pleine d'enseignements pour le clinicien. C'est ainsi que, si l'élasticité abdominale est suffisante pour répondre à l'aiguillon utérin et faire une distension régulière et facile, nous avons de même, après l'expulsion fœtale, un retrait régulier et assez rapide de la saillie abdominale, et cette poussée de distension est sans influence sur la santé de la femme, n'entraîne notamment aucun trouble dans sa statistique viscérale. Si, au contraire, et les motifs sont sans nombre, la distension abdominale n'évolue pas régulièrement, mais avec des alternatives de spasmes constricteurs et de spasmes dilatateurs, imprimant à l'abdomen des variations de forme propres à donner le change sur l'âge de la grossesse, il est évident que celle-ci peut être le point de départ d'une déséquilibration abdominale profonde : le fœtus est expulsé, mais la cavité reste distendue et garde son instabilité de forme, avec l'hyperexcitabilité créée par le travail qui vient de s'accomplir. Les fautes thérapeutiques, dans ce cas, prennent des proportions exagérées, et l'accouchée ne tarde pas à se transformer en une véritable malade.

C'est cette forme de distension abdominale par gravidité qui laisse après elle tout un cortège de troubles fonctionnels, affectant successivement les divers segments de l'appareil digestif, y compris les voies biliaires, et c'est cet effort d'une cavité abdominale et d'un canal alimentaire pour retrouver leur calibre qui est à l'origine de tous ces maux et que la clinique méconnaît trop souvent !

C. — Voie gastro-intestinale. — Je n'énumèrerai ici que les chocs pathogènes certains, positivement ratifiés par l'expérience clinique.

Tout d'abord, le sevrage tardif, l'usage prolongé du lait après le sevrage sont des conditions très fréquentes de troubles gastro-intestinaux dans la première enfance. Le lait n'est qu'un fil qui rattache l'enfant à sa mère ; il faut couper ce fil de bonne heure ; sinon, l'enfant reste faible, et l'autonomie digestive est entravée ou retardée.

Dans la seconde enfance, l'enfant, d'une faible musculature, mange trop à la fois et fait des repas trop rares : d'où des états subaigus périodiques avec localisations abdominale (colique, diarrhée) ou céphalique (migraine).

L'adulte se lève et court à sa besogne après avoir avalé un liquide chaud quelconque (lait, café ou bouillon) : voilà une faute. Le soir, au contraire, les mets succèdent aux mets, et c'est le repas principal de la journée : voilà une seconde faute.

En règle générale, l'adulte bien portant demande à tous ses appareils un plein fonctionnement; il ne ménage les excitations, dès son lever, ni à son appareil musculaire, ni à son système nerveux, ni même à son appareil respiratoire.

Seul, le tube digestif est délaissé et se trouve réduit à puiser sa force dans les excitations qui lui viennent des autres appareils, ses compagnons de lutte. C'est insuffisant. Il devient hyperexcitable et cette hyperexcitabilité se manifeste d'abord par une exagération de l'appétit (d'où un repas de midi trop copieux ou trop rapide), puis par une diminution de cet appétit et des réactions de dilatation excessive ou des affaissements subaigus, de plus en plus fréquents et profonds. Et cette instabilité morphologique et fonctionnelle est encore favorisée par l'habitude du gros repas à la fin de la journée, alors que la fatigue, avec ses phénomènes de détente, ou l'hyperexcitabilité passagère, avec ses spasmes dissociés, demandent le repos général de la nuit ou repoussent, tout au moins, les excitations alimentaires massives.

Toute une catégorie d'adultes, et elle est nombreuse, commet la faute grossière de demander aux apéritifs, aux boissons alcooliques de toutes nuances un support pour cet appétit défaillant ou un aiguillon pour cette digestion laborieuse.

Ce n'est pas ici le lieu d'insister sur cette évidence qu'est la nocivité extrême de l'alcool. Je me contenterai de signaler un fait : de toutes les boissons alcooliques, une seule, le *vin rouge vieux*, est hygiénique et doit être conseillée comme boisson ordinaire aux repas. Le vin blanc, même le plus naturel et le plus léger, est toujours un agent d'hyperexcitabilité nerveuse, quelles que soient, d'ailleurs, ses qualités digestives.

Enfin, les boissons purement aqueuses prises en grande quantité, soit aux repas, soit entre les repas affaiblissent le tube digestif et en troublent la fonction.

Dans le même ordre d'idées, les remèdes pharmaceutiques et les eaux minérales entraînent un amoindrissement réel de la fonction digestive, soit par des actions plus ou moins corrosives, soit par des phénomènes de détente physiologique qui précipitent d'une façon anormale la progression du bol alimentaire.

D. — Voie broncho-pulmonaire. — Si l'appareil respiratoire est le plus élastique, et partant, le plus accommodant de nos appareils, nous avons une obligation d'autant plus étroite d'en assurer la libre et complète formation par la variété et la qualité du milieu atmosphérique auquel il doit puiser ses excitations.

L'air est notre premier et notre plus essentiel aliment. L'air impur et insuffisamment renouvelé des grandes villes, l'air humide et stagnant de certaines vallées profondes, tels sont deux agents d'engourdissement de nos fonctions respiratoires, et, partant, de ralentissement de tous nos mouvements moléculaires. Le séjour de nos grandes villes devrait être interdit aux enfants pendant toute la période de formation.

Chez l'adulte, le choc atmosphérique est moins évident. Il est cependant des individus qui restent hyperexcitables tant qu'ils sont en ville et retrouvent leur équilibre instantanément dès qu'ils respirent l'air pur des champs. Il en est d'autres chez lesquels l'humidité de l'air entraîne périodiquement des phénomènes broncho-pulmonaires spasmodiques ou inflammatoires ou hypercriniques. Enfin, chez quelques autres, le choc atmosphérique est, en quelque sorte, à longue portée. Après une phase de révolte correspondant aux premières années de séjour en ville, révolte qui s'est traduite d'abord par un engraissement rapide, puis par des oscillations de l'embonpoint, avec localisations subinflammatoires sur les articulations ou sur un segment du tube digestif, ces individus vont en maigrissant, en faiblissant, souffrent de moins en moins et achèvent leur vie dans une sorte d'indifférence physiologique.

En résumé, la civilisation qui nous porte vers les grands centres et nous entasse dans des rues étroites, des usines malsaines, des pièces exiguës, frappe d'insuffisance celui des appareils physiologiques qui est, pour ainsi dire, la clef de voûte de notre économie.

CHAPITRE V

Hygiène générale individuelle.

I. — Principes d'hygiène alimentaire.

Le problème de l'alimentation de l'homme est d'ordre essentiellement clinique. — Qualités réactionnelles du tube digestif établies d'après sa forme. 1° Le tube digestif fonctionne en gardant sa forme : la réaction est égale à l'action ; c'est la plénitude fonctionnelle, à laquelle doit répondre la variété des aliments. La masse alimentaire doit varier pour le *fort* et pour le *faible*. — 2° Le tube digestif fonctionne en se rétrécissant ou en se dilatant progressivement : la réaction est disproportionnée à l'action. Rôle de la *masse* et de la *densité* de l'aliment. — 3° Le tube digestif est écroulé ou en voie d'écroulement morphologique : la réaction est absente ou irrégulière. Le régime dans les états subaigus et aux diverses étapes des états subaigus.

Le problème de l'alimentation de l'homme est d'ordre essentiellement clinique.

Or, la clinique nous enseigne que l'individu dont le système nerveux et le système musculaire fonctionnent suivant un mode équilibré, jouit d'une élasticité digestive qui accepte et tolère toutes les substances dites alimentaires. Mieux que cela, cet individu est capable, à l'aide de sa sensibilité digestive, de discerner et la quantité et la qualité des mets qui lui conviennent.

Ce sont des individus vivant dans des conditions de semblable équilibre fonctionnel qu'il faut observer, si l'on veut s'instruire des aptitudes digestives de l'homme.

Autrement dit, pour tracer le tableau des régimes alimentaires qui conviennent aux différents types individuels, nous devons écarter toutes les conditions qui retentissent sur le tube digestif en passant par la voie nerveuse et par la voie musculaire et considérer l'appareil digestif uniquement dans ses réactions spécifiques, en face des excitants alimentaires.

Nous avons analysé le tissu sous un certain nombre de ses aspects, sans nous occuper des tissus voisins ; analysons, de même les éléments ambiants vis-à-vis desquels ce tissu réagit, sans nous préoccuper des autres éléments de l'ambiance cosmique.

La vie appelle la vie, et notre tube digestif n'accepte que des substances *organisées*.

La cellule animale et la cellule végétale complètement organisées, voilà les deux éléments pour lesquels notre cellule digestive manifeste un maximum d'attirance. Que ces cellules-aliments soient trop jeunes ou trop vieilles, incomplètement formées ou en voie de désintégration sénile ou morbide, l'attraction digestive devient répulsion, et le contact forcé fait choc morbide. Telle est une première donnée fondamentale.

Une seconde donnée, fournie également par l'expérience, est la suivante : ces cellules animales ou végétales ne sont acceptées et bien tolérées que lorsqu'elles ont subi l'action du feu, qui produit dans l'agrégat un commencement de dissociation moléculaire. Il est aisé de comprendre que le contact de la cellule alimentaire et de notre cellule digestive est d'autant plus étendu et intime que cette dissociation par l'action du feu a été plus profonde et plus régulière. Or, de ce contact, qui se résout en un fait de sensibilité organique, résulte toute la mise en mouvement de l'appareil digestif.

Quelques substances cristallisées, d'une solubilité facile et rapide, comme le sel et le sucre, sont sollicitées par notre tube digestif, mais à titre accessoire et sous une forme très réduite.

Des liquides enfin, au premier rang desquels se place l'eau, viennent tempérer ou exciter notre sensibilité digestive, augmentant ou modérant, par là même, l'intimité de contact des deux éléments organisés, notre élément digestif d'une part et l'élément alimentaire d'autre part.

Ceci dit, voyons les formes sous lesquelles se présente le tube digestif et les qualités réactionnelles qui répondent à chacune de ces formes.

1° Le tube digestif fonctionne en gardant sa forme : la réaction est égale à l'action.

2° Le tube digestif fonctionne en se rétrécissant ou en se dilatant : la réaction est disproportionnée à l'action.

3° Le tube digestif est écroulé ou en voie d'écroulement morphologique : la réaction est irrégulière ou absente.

1° *Le tube digestif garde sa forme : la réaction est égale à l'action.*

C'est la plénitude fonctionnelle à laquelle doit répondre la *variété* alimentaire, seule capable de mobiliser toutes les forces inhérentes à cet appareil digestif.

Une réserve toutefois s'impose au sujet de la *masse* alimentaire. Deux types individuels se distinguent à ce point de vue : le *fort*, doué d'une musculature digestive prédominante, le *faible*, pourvu, au contraire, d'une musculature digestive plus ou moins débile.

Chez le premier, une quantité massive d'aliments est la première condition de digestibilité. Chez le second, une masse réduite ne peut être dépassée sans dommage pour la fonction.

RÉGIME DU FORT

Au réveil, *avant tout travail*, un premier repas composé de trois mets : une soupe aux légumes, deux œufs ou une tranche de jambon et du beurre frais ou du fromage.

A midi, une entrée, un plat de viande, un légume et des desserts variés ; café, à volonté.

Le soir, une soupe aux légumes, un ou deux œufs et des desserts variés.

Boisson : vin rouge étendu d'eau ordinaire.

RÉGIME DU FAIBLE

Au réveil, *avant tout travail*, un potage de pâtes au beurre frais, un œuf à la coque et du beurre frais. A volonté un peu de café noir.

A midi, une entrée, un plat de viande, un légume et des desserts variés. Café.

Le soir, une soupe aux légumes et des desserts variés.

Boisson : vin rouge étendu d'eau ordinaire.

2° *Le tube digestif fonctionne en se rétrécissant ou en se dilatant progressivement : la réaction est disproportionnée à l'action.*

Dans un cas (rétraction digestive progressive), les réactions sont exagérées ; dans un autre (dilatation digestive progressive), les réactions sont diminuées.

Dans le premier, nous devons modérer les excitations alimentaires, en réduisant la masse ; dans le second, nous devons accroître les excitations alimentaires, en augmentant la masse.

Dans les deux cas, nous devons faire prédominer l'aliment *solide*, c'est-à-dire l'aliment *organisé*, le seul qui convienne fondamentalement à une fonction *subéquilibrée.* Tant que la *forme* du tube digestif ne subit qu'une très lente altération, l'*aliment organisé* (cellule animale surtout, cellule végétale accessoirement) est l'excitant nécessaire. Rien n'est propre à entraîner de brusques oscillations de forme comme l'aliment liquide ou semi-liquide donné au tube digestif que nous avons en vue dans ce paragraphe. C'est là une des caractéristiques de la fonction déjà réduite, à laquelle nous avons affaire.

RÉGIME DU MAIGRE

Le matin, *avant tout travail,* pain beurré et café noir.

A midi, viande rôtie ou grillée ; farineux (pommes de terre, pâtes, riz, légumes secs) ; et desserts secs (fromage, gâteaux secs) ; café, à volonté.

Cinq heures : pain et chocolat ou gâteaux secs.

Soir : un potage épais et un dessert sec, ou bien un œuf cuit et un dessert sec.

Boisson : eau ordinaire pure ou rougie avec un peu de vin vieux.

RÉGIME DU GROS

Au réveil, *avant tout travail,* tranche de jambon ou de viande froide, deux œufs cuits et du beurre frais ou du fromage.

A midi : une entrée ; une viande rôtie ou grillée ; un farineux (pâtes, pommes de terre, riz, légumes secs) ; des desserts secs. Pas de café.

Le soir, une soupe épaisse au pain et aux légumes ; un ou deux œufs cuits, et desserts secs.

Boisson : eau ordinaire mêlée avec du vin rouge vieux. Le moins de boisson possible.

3° *Le tube digestif est écroulé ou en voie d'écroulement morphologique : la réaction est absente ou irrégulière.*

a) Lorsque la forme est écroulée, nous avons affaire à l'état subaigu franc : c'est d'abord le défaut d'attirance alimentaire absolue, puis, à mesure que la forme tend à se relever, l'appétit des liquides se manifeste ; dans une seconde phase, l'aliment faiblement organisé ou fortement dissocié par le feu est pris volontiers ; enfin, avec le relèvement total de la forme, apparaît le goût du solide organisé, mais peu dense, du pain et de la viande jeune.

De sorte que nous avons trois périodes dans l'état subaigu, correspondant aux trois états morphologiques de l'abdomen et appelant trois modes d'alimentation différents.

Il va sans dire qu'au fur et à mesure que la forme du tube digestif réapparaît, la fonction se ressaisit parallèlement en sorte qu'à l'écroulement complet doivent correspondre un minimum de masse alimentaire et un maximum de prises ou de petits repas ; puis dans la suite, l'importance des repas croît en sens inverse de leur nombre qui diminue proportionnellement.

ÉTAT SUBAIGU DIGESTIF

1re Étape : une tasse de *liquide*, au goût du malade, toutes les heures, jour et nuit (bouillons de légumes, infusions aromatiques, eau panée vineuse, café ou thé légers, parfois bouillon de poulet dégraissé, eau de riz, d'orge ou d'avoine).

2me Étape : un aliment *semi-liquide*, toutes les deux heures, jour et nuit (potages maigres avec semoule, tapioca, vermicelle, crèmes de riz, d'orge, d'avoine, panure fine, fécule de pommes de terre, aromatisés avec raves, poireaux, carottes, à volonté).

3me Étape : un aliment *semi-solide*, toutes les deux heures la matinée, toutes les trois heures l'après-midi (soupes maigres diverses très cuites, purées de pommes de terre, de marrons ou de pois secs, pommes de terre en robe de chambre, œufs à la coque peu cuits, brioche ou gâteaux secs, fruits cuits et gelées de fruits).

La dernière étape se marque par la reprise du pain et de la viande et par le nombre ordinaire de repas.

b) Le tube digestif *en voie* d'écroulement, c'est le tube digestif qui a été, pendant plusieurs années, le siège d'un processus de distension lentement progressif et qui, sous l'influence d'un choc anormal, interrompt cette réaction de distension pour faire une incomplète réaction d'inertie d'abord, et finalement entrer dans cette période des oscillations de forme qui précède les localisations cardio-rénales terminales.

Les indications de régime sont, dans ce cas, éminemment variables, comme les formes qu'affecte le tube digestif. Pas de règles fixes dans cet écroulement abdominal ; pas davantage de fixité dans la règlementation de la nourriture. Néanmoins, deux formes de régime, répondant à une double oscillation de la morphologie abdominale, vont nous permettre de fixer les idées dans la mesure possible.

PHASE D'ÉQUILIBRE MORPHOLOGIQUE RELATIF

Aliments solides peu organisés.

Matin : œufs à la coque et pain beurré.

9 heures : Pain et chocolat ou fromage sec.

Midi : œufs ou viande jeune ; farineux et desserts secs, *peu de pain.*

4 heures : Pain et confiture.

7 heures : soupe épaisse maigre, et gâteaux secs.

Boisson : eau rougie. Pas de café.

PHASE DE SUBAFFAISSEMENT ABDOMINAL

8 heures : pain beurré.

10 heures : pain et chocolat.

12 heures : œufs ou viande jeune ou farineux (un seul mets) et dessert. Très peu de pain.

3 heures : gâteaux secs.

5 heures : croquettes de chocolat.

7 heures : soupe épaisse, maigre.

Boisson : eau rougie. Pas de café.

La forme abdominale persistant toujours dans une certaine mesure, il est essentiel de garder l'aliment solide, organisé. Une seule modification découle de ce demi-écroulement, c'est la diminution de la masse et partant l'augmentation du nombre des repas, en raison de la fonction *écourtée* et *incomplète,* satellite de l'hyperexcitabilité digestive.

Ce tableau des régimes alimentaires répondant aux formes les plus essentielles et les plus fréquemment observées de l'appareil digestif est une esquisse très incomplète de la réalité clinique. Nous nous sommes contenté d'étayer nos modes d'alimentation sur la morphologie grossière de l'abdomen. Or, bien que cette morphologie soit l'expression exacte de l'excitabilité fonctionnelle, il s'en faut qu'elle nous donne de cette excitabilité les mille variations individuelles. L'observation clinique servie par le procédé de l'exploration externe est seule capable de nous diriger dans le dédale de toutes les nuances objectives que recèle chaque cas particulier, nuances objectives qui appellent autant de nuances dans la diététique alimentaire.

II. — Principes d'hygiène prophylactique.

La sensibilité organique est, à proprement parler, l'appareil régulateur de nos fonctions ; grâce à elle, nous pouvons, dans une certaine mesure, adapter les excitations cosmiques au pouvoir excito-moteur de chacun de nos appareils.

Si maintenant nous considérons non plus le tube digestif isolé, mais l'ensemble des appareils qui forment l'organisme individuel, nous voyons le problème de l'alimentation se transformer en problème d'hygiène générale, hygiène prophylactique et hygiène proprement thérapeutique.

Nous ne saurions donner ici tous les développements qu'exige ce nouveau problème. Nous allons nous borner à dessiner un plan simple et pratique, permettant au clinicien de s'orienter aisément et vite en face de toutes les formes morbides qu'il va trouver sur son chemin.

Nous avons montré que c'est au contact du milieu *social* que l'organisme humain achève sa formation. Deux appareils se surajoutent, comme une sorte de perfectionnement, l'appareil locomoteur et l'appareil nerveux, répondant le premier au *mouvement*, le second à la *sensation*.

La sensation crée l'image mentale, dont les variétés innombrables constituent le *domaine subjectif*.

Le mouvement imprime à l'organisme des oscillations de forme, et ces oscillations donnent naissance à toute cette *objectivité morphologique* que saisissent nos sens et qui sert de point d'appui à la biologie humaine.

Nos sensations proviennent de deux sources : le monde

extérieur (sensations visuelles et auditives), et nos appareils organiques (sensations nerveuses, musculaires, digestives et respiratoires).

Les sensations qui répondent au jeu de nos grands appareils organiques constituent, à proprement parler, l'instrument *régulateur* de nos fonctions ; et, guidés par ces sensations, nous sommes en mesure de diminuer, d'augmenter, de faire varier, en un mot, les excitants cosmiques suivant les besoins de notre organisme.

C'est du moins la supériorité physiologique que nous devons à la possession de ce perfectionnement évolutif, qu'est l'appareil neuro-musculaire.

Ils ne sont pas rares les individus qui ont de leurs besoins organiques une claire perception et sont nettement conscients du fonctionnement de tous leurs appareils : de tels individus ne sont jamais qu'effleurés par la maladie et nous montrent ce qu'est l'équilibre fonctionnel.

En revanche, dans la grande majorité des cas, la conscience organique est obtuse et incapable de fournir une direction pour le choix et l'exacte répartition des excitants cosmiques ; et comme le mouvement n'est que le corollaire de la sensation, la vie sociale devient progressivement le désordre neuro-musculaire, qui trouble les fonctions digestives et respiratoires et, finalement, crée la maladie.

La conscience organique est fonction du système nerveux ; or celui-ci est étroitement dépendant de l'*évolution* sociale. On conçoit donc, pour les âges futurs, un homme prenant plus largement conscience de ses fonctions organiques et, grâce à cette conscience élargie, sachant garder son équilibre fonctionnel, c'est-à-dire mesurer les excitants cosmiques au pouvoir excito-moteur de chacun de ses appareils organiques. On n'aurait plus cet étrange spectacle d'hommes, grossièrement déséquilibrés dans toutes leurs fonctions, qui osent s'ériger, au nom d'une science abstraite, en redresseurs de torts physiques ou moraux. Prendre des choses qui nous entourent la part exacte que nos appareils peuvent assimiler, et toute cette part, au prorata des capacités respectives, d'ailleurs diverses, de chacun de ces appareils, voilà l'idéal vers lequel nous devons tendre.

Insuffisamment renseigné, et partant incomplètement satisfait, l'organisme en *réagit* d'autant plus violemment : il devient *hyperexcitable*, et cette hyperexcitabilité affecte plus particulièrement, en raison de notre asymétrie foncière, l'un ou l'autre de nos appareils, donnant lieu à cette forme paroxystique de mouvement qui pousse les uns vers le travail exagéré (manuel ou cérébral), les autres vers les excès génitaux ou alimentaires, un grand nombre vers l'alcoolisme, etc., etc.

Tous les désirs immodérés sont fils de l'hyperexcitabilité neuro-musculaire et révèlent l'insuffisance de la sensibilité organique.

En résumé, au fur et à mesure de notre formation la fibre musculaire et la fibre nerveuse se sont différenciées et comme épanouies en deux systèmes anatomiques distincts, substratums de deux fonctions connexes qui réfléchissent l'état sensitivo-moteur de toute l'économie.

Si perfectionner la sensibilité de chacun de nos organes, c'est perfectionner les réactions motrices de cet organe en face des excitants cosmiques, c'est, encore, élargir la conscience organique, c'est, en fin de compte, accroître notre pouvoir total d'adaptation aux influences à la fois telluriques et sociales.

L'hygiène prophylactique réside tout entière dans une connaissance de plus en plus approfondie des conditions de vie propres à chaque individu. Or, comment connaître et déterminer ces conditions si ce n'est par la mise en jeu d'une sensibilité organique progressivement éduquée et affinée?

Soumettre chaque individu à l'épreuve de tous les excitants cosmiques pour connaître ses qualités réactionnelles, est une tâche évidemment impossible pour le clinicien. Toutefois, les accidents de la vie sociale se chargent de cette épreuve, dans bien des cas, du moins pour l'observateur attentif et avisé; et la signification de cette épreuve se dégage tout entière grâce à la connaissance des types de l'évolution individuelle.

III. — Principes d'hygiène thérapeutique.

La formule physiologique de tout individu répond à une sorte d'état réactionnel subaigu auquel le médecin doit toujours se reporter, pour apprécier la valeur des signes objectifs surajoutés ou modifiés.— 1° *Appareil nerveux.* — Enseignements fournis par l'examen des conjonctives sur l'état organique de l'encéphale : conjonctives graisseuses, humides, bilieuses, ocreuses, rouillées, tuméfiées. — Indications hygiéniques qui en dérivent. — 2° *Appareil musculaire.* — Trois formes d'appareil musculaire distinctes objectivement. — Importance du revêtement cutané, comme voie thérapeutique. — 3° *Appareil gastro-intestinal.* — Indications de la *masse* alimentaire chez le digestif musculaire, de l'aliment doué de propriétés excito-motrices modérées chez le digestif sensitif. — Chez celui-ci, fréquence d'un état subaigu digestif permanent ; contre-indication de l'aliment solide en général, de la viande en particulier. — Type intermédiaire chez lequel la sensibilité et le mouvement, les *réactions* sensitives et musculaires prédominent alternativement. — Fréquence de la variabilité de forme de l'abdoment : affaissement, dans le décubitus; projection en avant et en bas, dans la station debout. — Cette variabilité devient une nouvelle source d'hyperexcitabilité et de déséquilibre fonctionnels. — De la sangle hypogastrique. — Epreuve de la sangle : épreuve *positive* et épreuve *très positive ;* épreuve négative ; épreuve large. — Indications du repos horizontal, fractionné ou complet, comme traitement préparatoire au port de la sangle. — Epreuve paradoxale. — 4° *Appareil broncho-pulmonaire.* — Facilité relative d'adaptation de l'organisme aux divers milieux atmosphériques. — L'air atmosphérique n'en constitue pas moins une source d'énergie et un agent modificateur puissant de l'organisme. — 5° *Appareil cardio-rénal.*— Rôle protecteur des appareils périphériques. — L'appareil cardio-rénal participe au désarroi de l'organisme, dans l'état subaigu généralisé. — Trois types individuels de dissociation cardio-rénale. — Le traitement des albuminuriques ne doit pas être univoque (régime lacté), mais individuel ; il doit s'inspirer des données de l'évolution.

En étudiant la sonorité abdominale nous avons signalé l'hyperexcitabilité neuro-musculaire localisée au tractus gastro-intestinal et se traduisant par le damier inverse en cas de prédominance sensitive, par la mosaïque sonore en cas de paroxysme des réactions motrices. A ce propos nous avons montré combien est étroit le cercle des réactions individuelles. Chaque vie humaine est fixée dans une formule physiologique que l'on peut regarder comme à peu près invariable. Plus positivement, nos fonctions ne s'exercent jamais avec leur pleine élasticité, mais répondent à une sorte d'*état réactionnel subaigu*, qui a pour caractéristique une disponibilité amoindrie de nos forces. Cette forme d'état subaigu, c'est à proprement parler l'hyperexcitabilité neuro-musculaire, que nous cherchons à bien définir présentement.

L'exploration externe du tube digestif nous en montre les signes objectifs au niveau de l'abdomen.

Cette hyperexcitabilité, présente au niveau de tous les appareils de l'économie, constitue, en quelque sorte, le cran d'arrêt de chacune de nos fonctions. De telle sorte que le clinicien, et cela est de première importance, doit connaître le *degré* d'hyperexcitabilité avec lequel tel ou tel organisme a l'habitude de vivre ; car c'est de cette hyperexcitabilité, considérée comme un état *normal*, que le médecin doit partir pour apprécier la valeur des signes objectifs surajoutés ou modifiés. Le malade est plus ou moins éloigné de son hyperexcitabilité habituelle ; l'y ramener et l'y maintenir, après avoir déterminé les conditions ambiantes nécessaires, voilà le problème thérapeutique tel que nous l'offre l'état social actuel.

Voici un estomac que je trouve *distendu ;* la malade ne se plaint que de faiblesse générale. J'aurai fait tout mon devoir de thérapeute, quand j'aurai mis cette malade dans des conditions de vie telles que la faiblesse générale sera à peu près absente et que je constaterai une *diminution* de la capacité gastrique.

Voici un malade qui accuse de l'excitabilité psychique, de l'insomnie, chez lequel je trouve comme signes objectifs prédominants un *tympanisme éclatant* de l'estomac, avec son élevé du grêle et matité du cæcum. Je l'aurai *guéri* quand cette hyperexcitabilité psychique sera descendue à un niveau *constant*, compatible avec un nombre d'heures de sommeil toujours le même, et que parallèlement je noterai l'*atténuation* du tympanisme gastrique et la netteté plus grande des sons cæco-grêle.

En définitive, le thérapeute ne doit point poursuivre un idéal physiologique, mais se contenter d'une constante morphologique et fonctionnelle, en face d'excitants cosmiques déterminés, assurant à chaque individu la variété réactionnelle à laquelle lui donnent droit son hérédité et les conditions de sa formation.

Considérons un organisme individuel, passons en revue chacun de ses appareils et montrons comment il est possible d'exciter la sensibilité organique dans une mesure suffisante pour obtenir un mouvement réactionnel adéquat, sinon à l'ambiance cosmique, du moins à la force élastique moléculaire disponible.

1° *Appareil nerveux.* — Les psychologues nous disent que « le regard est le miroir de l'âme ». La clinique confirme de tous points cette observation ou plutôt elle nous apprend que les conjonctives oculaires reflètent l'état organique de l'encéphale.

Nous avons décrit ces aspects curieux et intéressants de la conjonctive au chapitre II. Nous devons maintenant en préciser le sens.

Les *amas graisseux* indiquent l'effort fonctionnel ancien, lentement progressif, de prédominance cérébrale plus ou moins accusée ; l'œil est terne, il dénote la fatigue, le surfonctionnement.

L'*humidité conjonctivale*, c'est l'hypersécrétion lacrymale, et partant, l'hyperexcitabilité simple, passagère ou permanente.

Au cours de cette hyperexcitabilité apparaissent généralement, nous l'avons dit, des épisodes de dissociation fonctionnelle, qui se traduisent par de l'extravasation sanguine ou biliaire. L'extravasion sanguine donne à la conjonctive un aspect sanguinolent, qui devient *rouillé* avec la chronicité du processus. L'extravasion biliaire se traduit, si elle est récente, par une coloration verdâtre, si elle est ancienne, par une coloration jaune plus ou moins franche, colorations dont le maximum apparaît dans les culs-de-sac conjonctivaux. Enfin, le mélange ordinaire et ancien du sang et de la bile donne à la conjonctive un aspect *ocreux* caractéristique.

Aspects rouillé, bilieux, ocreux de la conjonctive, tels sont trois signes objectifs qui nous indiquent la fréquence des états subaigus *encéphaliques*, états subaigus, qui passent inaperçus pour le sujet, mais marquent autant d'étapes ascensionnelles dans l'hyperexcitabilité du système nerveux.

La conjonctive *bilieuse*, verdâtre ou jaune, nous désigne l'hyperexcitabilité hépatique comme un des éléments importants de l'état morbide individuel ; la conjonctive *rouillée* nous dévoile les oscillations prédominantes du système vasculaire sanguin ; quant à la conjonctive *ocreuse*, c'est le signe de l'ancienneté et de la latence relative des processus subaigus, vasculaires ou biliaires, et de leurs localisations encéphaliques.

Enfin, il est un aspect de la conjonctive très fréquent, et se différenciant nettement de tous les précédents, c'est l'aspect *tuméfié* simple, c'est-à-dire l'état de boursouflure et le défaut de transparence, imputables à une sorte d'œdème lymphatique chronique de la muqueuse conjonctivale. Notons que cette tuméfaction s'allie plus ou moins à tous les autres aspects. Comme l'aspect rouillé, c'est un signe d'états subaigus à répétition, dont le système lymphatique fait surtout les frais.

En résumé, l'examen de la conjonctive nous révèle trois aspects fondamentaux de l'encéphale humain. *Avec l'œil humide :* faible capacité cérébrale, prédominance de la sensibilité, et caractère émotif, passionné. Douleurs paroxytiques. *Avec l'œil gras :* notable capacité cérébrale, sensibilité obtuse qui assume les lourdes charges sans les sentir ; sensation obscure, mouvement lent et prolongé. Douleur absente. *Avec l'œil rouillé et tuméfié :* cérébration aux facettes multiples, sensibilité très vive, s'épuisant et se renouvelant avec la même facilité, trouvant dans la variété des contacts sociaux autant d'aiguillons qui engendrent une hyperesthésie croissante et une hyperexcitabilité fonctionnelle parallèle. Douleur variable. Migraine fréquente.

Le traitement hygiénique découle de ces données objectives : dans le premier cas, atténuez les émotions ; dans le second, mesurez le travail intellectuel ; dans le troisième, régularisez et raréfiez l'ambiance nerveuse, c'est-à-dire les occasions de sentir et de penser.

2° *Appareil musculaire ou locomoteur.* — Le système musculaire est pourvu d'une vaste surface sensible, la peau, qui est impressionnée à la fois par les excitants physiques et par l'air atmosphérique.

Ce privilège de puiser à deux sources cosmiques donne au revêtement cutané une importance spéciale en tant que voie thérapeutique.

Sensation et mouvement prennent ici un maximum de relief puisqu'il s'agit du tissu qui en est le substratum essentiel dans tout l'organisme.

Au point de vue pratique, il est indispensable de savoir, avant toutes choses, reconnaître *objectivement* trois formes d'appareil musculaire :

a) L'*une*, remarquable par son développement morphologique et sa puissance fonctionnelle, répondant à une sensibilité vague, obtuse, imprécise : le mouvement musculaire l'emporte sur la sensation initiatrice ; il faut à ce revêtement cutané des excitations thérapeutiques rares et violentes.

b) L'*autre*, sans relief morphologique, rapidement épuisée au moindre effort fonctionnel, douée par contre d'une sensibilité que le plus léger choc exalte jusqu'au paroxysme : toutes les impressions extérieures tendent à se résoudre en sensations, et le mouvement est court, faible, sans ampleur, sans souplesse ; cette forme sensitivo-musculaire repousse les impressions violentes ; elle n'est apte à vibrer *régulièrement* qu'avec des excitations en quelque sorte *décomposées*, effleurant la fibre sensitive sans l'ébranler et se succédant à des intervalles qui laissent à chaque sensation la possibilité de s'achever par un mouvement.

c) La *troisième* enfin, se distinguant par la richesse et la variété de ses modes fonctionnels, à la fois *sensitifs* et *moteurs*, sans que les reliefs morphologiques soient ni prédominants ni absents : la vie est exubérante ;

toutes les formes du mouvement s'enchevêtrent avec les sensations les plus diverses, et l'observateur saisit rarement, et toujours confusément, la relation qui unit le mouvement à telle sensation ou *vice versa*. Cette intensité de vie aboutit à l'agitation sans but, au mouvement sans travail et physiologiquement à cet *automatisme fonctionnel*, qui isole un moment l'organisme du monde extérieur avant la dissociation moléculaire terminale. A mesure que croît l'hyperexcitabilité sensitivo-motrice, des épisodes d'insuffisance apparaissent, portant tantôt sur la fibre sensitive (douleurs névralgiques soudaines et vives, périodiques ou non, localisées ou erratiques, fugitives ou tenaces, etc.), tantôt sur la fibre musculaire (brusque défaillance d'un membre, moments de faiblesse générale profonde suivis d'un sentiment de force insolite, etc.). Les excitations thérapeutiques seront, avant tout, *définies*, de manière à faire disparaître peu à peu l'état de *confusion* sensitivo-motrice.

3° *Appareil gastro-intestinal*. — A propos de digestion il ne semble pas qu'il soit clinique d'invoquer la sensation et le mouvement. Cependant quelles réalités plus tangibles que la sensation produite par le contact des aliments, que le mouvement ondulatoire de nos anses digestives chargées du bol alimentaire ?

Voici un individu, toute sa vie gros mangeur, indifférent à la qualité des mets ; avec l'âge, l'abdomen a grossi. Sensibilité digestive faiblement accusée, puissance du mouvement prédominante ; est-il une façon plus simple de définir ce tube digestif ?

Dans le déséquilibre, le clinicien ne devra voir que la forme de l'abdomen, c'est-à-dire ce fait objectif qui traduit mathématiquement *l'insuffisance* (écroulement de la forme abdominale) ou *l'équilibre fonctionnels* (relèvement de la forme abdominale) de la fibre musculaire ; la *masse* alimentaire est tout le moyen thérapeutique à mettre en action. La douleur est absente, au même titre que la sensation spécifique qui permet de différencier les contacts alimentaires. Et si la douleur apparaît dans certains cas, c'est que l'écroulement abdominal a été précipité dans sa marche par des interventions malheureuses ; cette douleur revêt alors une forme violente, étrange, paroxystique, qui déconcerte malade et médecin.

Voici un second individu, aux antipodes du précédent : toujours petit mangeur, triant ses aliments et d'une faible corpulence, sans saillie abdominale. De même que la forme abdominale subit peu de changement, de même les segments gastro-intestinaux varient d'une façon imperceptible à la palpation profonde. C'est, dans ce cas, la percussion qui nous éclaire sur les modalités réactionnelles du tube digestif, et celles-ci, incessamment changeantes, éveillent autant de modalités sonores : au moindre choc alimentaire, c'est un son nouveau, imprévu. Le tympanisme est prédominant au niveau des réservoirs, et, au moment des réactions paroxystiques, il se généralise au grêle et acquiert un timbre *éclatant*, franchement musical. Parfois, ce tympanisme est d'une étrange fragilité : à une percussion rapide et légère, il *éclate* comme une note de cristal ; à une percussion un peu rude, il disparaît, remplacé par de la matité. La *sensibilité* des tuniques gastro-intestinales est flagrante, en définitive, qu'elle se manifeste, à notre oreille par une vibratilité exquise, ou à notre observation par des contacts alimentaires choisis, toujours légers et souvent répétés ; la *motilité*, par contre, est effacée objectivement, et, suivant l'expression courante, « l'aliment qui plaît passe toujours ». Toutes les formes de la douleur peuvent se montrer, avec cette particularité qu'elles cèdent rapidement à une modification de diététique pour renaître sous une influence souvent insaisissable. La constipation est habituelle ou intermittente.

Nos interventions diététiques, éclairées et guidées objectivement par l'exploration externe du tube digestif, en particulier par la percussion, auront un double but : d'abord écarter *définitivement* les aliments de qualités *extrêmes* (irritants et émollients), puis *varier* autant que possible la composition des repas, en choisissant les aliments de qualités excito-motrices modérées, qui s'adaptent à la sensibilité digestive de notre individu.

Cette sensibilité prédominante crée une sorte d'état subaigu digestif permanent ou mieux une hyperexcitabilité digestive constamment présente, de telle sorte que l'aliment *solide* fortement organisé, comme la viande, est mal toléré et fait choc ; au contraire, l'aliment solide faiblement organisé, comme le végétal, est bien toléré et recherché de préférence. C'est cette catégorie d'individus qui fournit ses adeptes à la théorie végétarienne.

Voici enfin un troisième individu, chez lequel la sensibilité et le travail digestifs semblent aller de pair toujours et pendant de longues périodes d'équilibre fonctionnel, en apparence parfait. D'un appétit régulier, non exagéré, il a ses préférences ; mais s'il le faut, il s'accommode de tout aisément et sans trouble apparent, ni sensitif ni moteur. Cependant avec le temps, les épisodes subaigus de déséquilibre se rapprochent et augmentent de durée. Dans l'intervalle, le volume de l'abdomen tend à s'accroître. Enfin, le gros intestin entre en scène : ce sont des selles pâteuses, trop faciles, multiples chaque jour et soulignant la fin des repas. La sensibilité s'aiguise, la motilité devient plus active : l'une et l'autre appellent une nourriture et plus variée et plus copieuse. Puis la forme reste stationnaire : le summum de réactivité sensitivo-motrice est atteint.

En résumé, longue période, occupant une grande partie de la vie individuelle, pendant laquelle forme et fonction, mouvement et sensation, subissent des alternatives d'exaltation et de défaillance : tantôt, c'est la sensibilité qui prédomine (crises douloureuses ou besoins de prendre), tantôt, c'est le mouvement qui l'emporte (accroissement de volume avec besoin de l'aliment massif et multiplicité des garde-robes, ou bien écroulement de l'abdomen avec spasmes musculaires amenant des irrégularités dans la migration du bol alimentaire ou fécal).

La diététique doit tendre à maintenir une équation approximative entre la sensation et le mouvement : petites ingestions alimentaires, répétées, quand l'hyperesthésie sensitive est prépondérante ; ingestions alimentaires massives et rares, quand l'hyperexcitabilité motrice est exclusive ; enfin, aliments faiblement organisés, avec l'écroulement de la forme, aliments fortement organisés avec la persistance de cette même forme.

Si la conscience organique était complète, une alimentation toujours adéquate à la réceptivité sensitivo-motrice du tube digestif maintiendrait la forme de l'abdomen dans les limites assignées par l'hérédité, et l'appareil digestif évoluerait jusqu'à la fin suivant son type morphologique. Mais, nous l'avons dit déjà, cette conscience ou insuffisante, ou pervertie, ou émoussée, donne à l'individu des indications trompeuses. De telle sorte que les tuniques musculaires digestives, insuffisamment soutenues par l'aiguillon alimentaire, manifestent des réactions exagérées, dans le sens de la tension ou dans le sens de la distension. Dans les deux cas, la forme de l'abdomen est instable et, partant, soumise à l'action de la pesanteur : dans le décubitus horizontal, le ventre tend à s'affaisser ; dans la station verticale, il se projette et prend une forme plus ou moins tombante.

Cette réaction de défense musculo-ligamenteuse du tube digestif et de la cavité abdominale entraîne généralement une exaltation parallèle de la *sensibilité.*

De là, en fin de compte, une nouvelle forme de déséquilibre fonctionnel ou mieux d'hyperexcitabilité sensitivo-motrice. A celle-ci nous sommes en mesure d'opposer un moyen mécanique dont la puissance d'action n'a d'égale que la fréquence de ses indications, c'est la *sangle hypogastrique.*

Deux cas peuvent se présenter, qui répondent à deux modalités réactionnelles de l'appareil musculo-ligamenteux du tube digestif.

Ou la masse gastro-intestinale se projette en avant plutôt qu'elle ne tombe, et la sangle doit être construite de manière à corriger cette projection, c'est-à-dire doit être formée d'une portion médiane assez large pour exercer, également, sur toute la surface de l'abdomen, une pression uniforme d'avant en arrière.

Ou bien la masse gastro-intestinale est surtout tombante, et les anses digestives prolabées tendent à se collecter dans la cavité du petit bassin ; et la sangle doit être munie d'une pelote médiane épaisse (1), s'enfonçant

(1) Nous conseillons généralement l'usage d'une pelote *pneumatique*, dont le volume et la consistance peuvent être modifiés suivant les cas particuliers.

dans l'abdomen, immédiatement au-dessus du pubis, de manière à relever le paquet intestinal prolabé et à le maintenir dans la région ombilicale.

L'inspection de l'abdomen n'est capable de nous éclairer ni sur la nécessité de la sangle, ni sur le choix de la forme de sangle qui convient. L'existence des ptoses est, d'ailleurs, sans rapport nécessaire avec l'indication de la sangle. *Celle-ci pare à un fait de sensibilité et non de déplacement viscéral.*

L'indication de la sangle relève d'une manœuvre clinique, que Glénard a dénommée l'*épreuve de la sangle.*

Placé derrière le sujet, de ses deux mains posées bout à bout, les doigts rapprochés, le médecin forme une sangle qu'il applique sur l'abdomen au-dessus du pubis et à l'aide de laquelle il soulève toute la masse des anses digestives : une sensation immédiate de bien-être est accusée par le patient. Le médecin écarte les mains et laisse retomber toute la masse dans la position première : une sensation désagréable répond à ce second temps de la manœuvre. L'épreuve de la sangle est dite alors *positive.* Elle est *négative* ou *indifférente,* lorsque les deux temps de la manœuvre ne s'accompagnent d'aucune sensation.

Lorsque l'épreuve, ainsi conduite, est positive, le port d'une sangle s'impose : sangle simple ou le plus souvent sangle munie d'une pelote médiane, suivant que la masse intestinale est plus ou moins prolabée ou mieux plus ou moins *sensibilisée par le prolapsus,* et, par conséquent, suivant que l'épreuve est *positive* ou *très positive.* (L'équilibre et la position de la pelote sont maintenus à l'aide d'une bride inférieure de renforcement, qui permet, en outre, un maximum de relèvement.)

Mais l'épreuve est douteuse ou négative. Le médecin

doit alors modifier la manœuvre, en écartant les doigts de façon à élargir sa sangle, et en s'efforçant, non plus de soulever les anses digestives, mais de réduire d'avant en arrière la saillie abdominale dans son ensemble. C'est l'*épreuve large*, qui indique, lorsqu'elle est positive, le port d'une sangle élargie au niveau de l'abdomen, de manière à empêcher la projection des anses digestives, dans la position verticale.

Nous avons dit que le tube digestif luttant contre l'action de la pesanteur manifeste des réactions de défense. Celles-ci sont nombreuses et ce n'est pas ici, dans une étude qui veut être rapide et synthétique, le lieu de les passer en revue, de les analyser. L'une d'elles seulement mérite de nous arrêter, c'est l'exaltation de la sensibilité digestive. Des degrés s'observent, on le devine, dans cette hyperesthésie d'ordre mécanique.

Dans un premier degré, la sangle se montre suffisante, l'action de la pesanteur est neutralisée et la sensibilité digestive n'obéit plus qu'à l'aiguillon alimentaire, ce qui revient à dire que, grâce à la sangle, la fonction digestive se trouve équilibrée.

Dans un second degré, l'action de la pesanteur est incomplètement neutralisée par la sangle et l'hyperesthésie, présente dans une certaine mesure, s'exalte par le contact des aliments, de telle sorte que l'équilibre fonctionnel est rompu, à chaque repas un peu important. Le seul moyen de parer à cette forme de déséquilibre, c'est de garder la position horizontale pendant l'heure ou les heures qui correspondent à la durée de ce paroxysme sensitif *post prandium*.

Enfin, dans un troisième degré d'hyperesthésie digestive (dont le déterminisme est généralement fort complexe), le support de la sangle est sans influence mieux que cela, la sangle n'est tolérée qu'avec peine et pendant les premières heures de la journée seulement. Dans ce cas, le repos horizontal complet, c'est-à-dire le séjour *au lit* s'impose, comme traitement préparatoire au port de la sangle.

La forme de l'abdomen, cela se conçoit, ne saurait être sauvegardée intégralement par une sangle ; l'action de la pesanteur est toujours là, qui tend à déformer l'abdomen même le mieux soutenu. Si cette déformation n'entraîne pas de réaction hyperesthésique dans un très grand nombre de cas, c'est que le repos de la nuit vient arrêter à temps le processus pathologique. Mais supposons ce même processus marchant à une allure plus rapide et nous comprenons toutes les modalités cliniques suscitées par l'application de la sangle.

L'une de ces modalités est étrange, c'est l'impossibilité de tolérer la ceinture, alors que l'épreuve de la sangle est franchement positive. Le repos au lit pendant plusieurs jours ou plusieurs semaines constitue une première étape indispensable dans le traitement de semblables sujets, et le repos au lit ne doit être interrompu que lorsque la sangle, avec quelques heures de chaise longue, est parfaitement tolérée toute la journée.

C'est dans cet ordre d'idées que se trouve l'explication de ce que nous appelons l'*épreuve paradoxale* de la sangle. Ce n'est plus une épreuve négative ou indifférente, mais c'est une épreuve gênante et même douloureuse que constitue la manœuvre clinique décrite plus haut ; dès que le médecin laisse revenir les entrailles dans leur position primitive, le sujet accuse spontanément une sensation agréable de détente.

La douleur produite par le prolapsus des anses digestives est un fait en quelque sorte secondaire ; le fait principal, c'est l'exaltation progressive de la sensibilité, c'est un fond hyperesthésique qui se forme lentement, comme processus réactionnel répondant à l'action de la pesanteur. La cénesthésie individuelle arrive à s'harmoniser avec cet état hyperesthésique viscéral, toutes les fois que l'installation en est lente, prolongée et continue. De telle sorte que nous nous trouvons en face d'un sujet dont le champ de la conscience organique est considérablement rétréci. Dès lors l'épreuve de la sangle, en modifiant la morphologie de toute une région du corps, entraîne *ipso facto* une insuffisance sensitive, c'est-à-dire une gêne franche, parfois même une véritable douleur, au niveau de l'abdomen.

Le repos au lit, qui est également l'étape préparatoire au port de la sangle, n'est lui-même bien toléré et reconnu bienfaisant qu'au bout de plusieurs jours. Tant il est vrai que nous vivons de nos maux et que, dans certaines conditions, nous avons peine à nous en séparer !

4° *Appareil broncho-pulmonaire.* — Ils ne sont pas nombreux les individus qui ont conscience du fonctionnement de leurs voies respiratoires. La facilité très grande avec laquelle nous nous adaptons aux divers milieux atmosphériques semble avoir détourné notre attention de cet appareil.

Ce n'est que lorsque sa sensibilité s'exalte et que son mouvement manifeste des irrégularités, que notre conscience organique consent à l'englober et nous invite à en varier les excitants.

C'est un travailleur intellectuel, vivant dans une atmosphère confinée, qui a besoin de renouveler chaque jour sa provision d'air pur, sous peine de garder le cerveau embrumé, pendant toute la seconde moitié de la journée.

C'est un faible, qui reste déprimé et irritable, quoi qu'il fasse, tant qu'il vit dans l'atmosphère urbaine, et auquel l'air de la montagne donne instantanément des forces, de l'entrain et de la bonne humeur.

A un degré plus avancé encore, l'hyperexcitabilité broncho-pulmonaire entraîne l'individu dans une voie hygiénique spéciale : il ne peut dormir la nuit que si les fenêtres de sa chambre sont ouvertes ; il ne supporte plus l'atmosphère viciée des salles publiques, il s'éloigne des fumeurs ; le moindre parfum l'irrite ; il passe son temps, où qu'il se trouve, à « happer » l'air pur ; le souci de respirer devient sa préoccupation dominante.

Ajouterons-nous enfin que, malgré le silence ordinaire de notre sensibilité respiratoire, l'air renouvelé, varié est, avec l'aliment, la grande source d'énergie à laquelle nous devons puiser, pour élargir à la fois notre conscience organique et le champ de tous nos mouvements fonctionnels.

5° *Appareil cardio-rénal.* — Les appareils que nous venons d'étudier sont, nous l'avons dit, en continuité matérielle avec le milieu cosmique. Ils perçoivent les excitations de ce milieu et réagissent en face de ces excitations suivant un mode qui varie avec la forme anatomique de chacun d'eux.

Nous devons les considérer maintenant dans leur ensemble et dégager le sens du mouvement général qui répond à l'excitation de la sensibilité organique.

Ce mouvement général a sa répercussion immédiate dans la profondeur de l'économie, de telle sorte que toutes les cellules de l'agrégat individuel vibrent à l'unisson.

Mais de même que, en vertu de leur constitution asymétrique, nos appareils périphériques sentent et vibrent inégalement, de même les appareils centraux de l'organisme, le cœur et le rein, se distinguent des appareils périphériques par une sensibilité plus obtuse et par une plus grande fixité dans le mouvement fonctionnel. Il semble, en un mot, que les appareils périphériques forment une sorte de carapace sur laquelle viennent s'épuiser les chocs du monde extérieur, en conséquence carapace protectrice des appareils centraux.

Cependant, quand l'état subaigu est généralisé, l'appareil cardio-rénal participe au désarroi des appareils périphériques, et la réaction de ressaisissement se manifeste nettement au niveau du cœur et des reins : le premier bruit du cœur est flou, sans netteté ; les urines sont rares, foncées et troubles. Peu à peu, le cœur reprend sa force et un premier bruit bien frappé ; les urines augmentent de quantité, retrouvent leur limpidité et leur coloration. Ce syndrome cardio-rénal se répète, plus ou moins accusé, à chaque épisode d'affaissement organique subaigu.

Il est une forme d'état subaigu, qui trouble profondément le rythme du cœur, sans influencer d'une façon parallèle l'appareil rénal, en apparence du moins, c'est l'état subaigu généralisé qui succède à des chocs psychiques répétés et termine une longue étape d'hyperexcitabilité cérébrale : dans ce cas, toutes les altérations du rythme cardiaque peuvent s'observer et alarmer le praticien non prévenu, depuis la tachycardie paroxystique jusqu'au rythme pendulaire, en passant par les intermittences et les irrégularités de toutes formes. Les urines sont généralement rares, d'une coloration très variable, exceptionnellement albumineuses.

Et c'est tout ce que l'observation nous enseigne relativement aux généralisations des états subaigus à prédominances périphériques.

Il nous reste à montrer suivant quel processus évolutif l'hyperexcitabilité des appareils périphériques gagne les appareils centraux et engendre cette dissociation cardio-rénale, qui marque la fin de l'agrégat individuel.

Pour être court et synthétique, considérons toujours ces deux faces de la vie cellulaire, la sensation et le mouvement.

Un premier type d'agrégat individuel, que nous avons analysé, est tout entier dans la sensation : toute sa vie est remplie de paroxysmes douloureux, parcourant, sans ordre apparent, tous les points de la périphérie ; chaque paroxysme se généralise, et les oscillations fonctionnelles du cœur et des reins sont sans nombre, pour ainsi dire, de tous les jours. Un tel organisme, en vertu de sa prédominance sensitive et de la précarité fonctionnelle de tous ses appareils périphériques et centraux, un tel organisme, dis-je, finit en bloc d'une façon imprévue, à cet âge où l'hyperesthésie périphérique semble avoir cessé de croître. Dans ce cas, l'appareil cardio-rénal a marché, pour ainsi dire, de pair avec les appareils périphériques.

Un second type d'agrégat individuel, également analysé dans ce chapitre, réside tout entier dans le mouvement fonctionnel : pas ou presque pas de sensibilité organique. Pour être silencieuse et plus ou moins inconsciente, la fonction n'en franchit pas moins tous les degrés de l'hyperexcitabilité. Les modifications de la forme nous démontrent le fait objectivement et sans réplique. Malgré l'absence de prodromes sensitifs, un jour arrive où le médecin, mis en éveil par des signes d'insuffisance fonctionnelle vague, découvre des urines *albumineuses*, un pouls tendu et un rythme de galop cardiaque.

Un troisième type d'agrégat individuel se différencie profondément des deux types précédents. Pendant de longues années l'hyperesthésie et l'hyperexcitabilité se sont cantonnées à la périphérie : poussées rhumatismales ou goutteuses au niveau des articulations, sciatiques, névralgies faciales ; ou bien, troubles gastro-intestinaux, crampes gastriques, colite muco-membraneuse, constipation, diarrhée, coliques hépatiques ou néphrétiques ; ou bien encore, bronchites catarrhales, asthme, rhino-bronchite ; ou enfin, migraines, vertiges, céphalée occipitale. Vers la cinquantième année, les épisodes périphériques tendent à se raréfier, perdent leur allure habituelle, entraînent quelques complications nouvelles.

Enfin, lors d'un épisode qui s'éternise et ne cède pas aux moyens thérapeutiques ordinaires, on examine les urines et on les trouve *albumineuses;* le cœur est vibrant, parfois avec un léger bruit de galop. Le sujet entre dans une nouvelle phase de sa vie.

Pendant toute la phase antécédente, la réactivité sensitivo-motrice des appareils périphériques s'est accrue progressivement : tous les incidents morphologiques et fonctionnels qui jalonnent cette vie témoignent d'une hyperesthésie et d'une hyperexcitabilité sans cesse croissantes. Mais nous savons qu'il arrive un moment où le mouvement moléculaire, ayant perdu toute mesure, cesse de se mettre à l'unisson du mouvement de la nature : c'est l'anesthésie pour la fibre sensitive, c'est l'automatisme pour la fibre musculaire. Cependant, les excitations cosmiques arrivent toujours à la périphérie de l'organisme, mais sans déterminer de réaction appéciable autre que l'hyperexcitabilité cardio-rénale. Celle-ci ne tarde pas, du reste, à se révéler par des épisodes d'insuffisance grossière, oligurie, albuminurie massive, arythmie cardiaque.

Ces deux types d'*albuminuriques* méritent d'être rapprochés ; la comparaison en est instructive.

Le premier a traversé, sans aucun phénomène subjectif, les deux phases d'hyperexcitabilité, périphérique et centrale, et se trouve d'emblée sous le coup d'un épisode d'insuffisance ou de dissociation cardio-rénale. Nos moyens thérapeutiques auront une prise immédiate et rapide, si l'épisode est de date récente ; ils seront sans effet, s'il est ancien.

Le second type d'albuminurique, au contraire, doit fournir une carrière d'hyperexcitabilité cardio-rénale analogue à celle qui a épuisé peu à peu l'excitabilité périphérique ; en d'autres termes, l'albuminurie et l'éréthisme cardiaque subiront des oscillations nombreuses, pourront disparaître totalement pour revenir soudain, s'associeront enfin sous les formes les plus variées; finalement notre individu succombera le plus souvent à une imprudence qui aura fait choc et entraîné une brusque terminaison.

De même que l'albuminurie est créée, en quelque sorte, par la confluence centrale de tous les processus réactionnels qui ont enveloppé l'organisme, de même la thérapeutique doit être la synthèse de tous les moyens qui ont soutenu l'économie pendant toute son évolution et aux diverses phases de cette évolution.

Voici un cérébral, qui est albuminurique. Il l'est devenu par l'oubli de son hygiène nerveuse, et c'est en appliquant cette même hygiène, *avant tout autre moyen*, avec une rigueur méticuleuse, que nous avons toute chance de voir rétrocéder cette albuminurie.

Sans entrer dans tous les développements que comporte le traitement des albuminuriques, nous devons, pour terminer, traiter deux questions :

1° A propos de l'albuminurie nous pouvons répéter ce que nous avons énoncé au début de notre paragraphe sur le régime alimentaire. Supprimer les excitations qui entretiennent l'hyperexcitabilité neuro-musculaire équivaut à rendre au tube digestif une liberté fonctionnelle presque complète ; par conséquent, dès que nous aurons supprimé les excitations *sociales* et condamné le malade à un repos méthodique, nous obtiendrons une amélioration telle que, neuf fois sur dix, l'idée d'un régime sévère, notamment de la diète lactée, ne nous viendra pas à l'esprit.

2° *A priori*, le lait est déjà condamnable en tant que remède univoque de l'état réactionnel le plus complexe que nous connaissions et dans ses origines et dans ses manifestations cliniques.

Notre expérience personnelle nous le fait rejeter d'une manière presque complète. Trop longue serait l'énumération des phases par lesquelles l'observation nous a conduit pour nous amener à cette conclusion pratique.

Il est vraisemblable d'admettre qu'en l'absence d'un traitement méthodique, le lait diminue l'hyperexcitabilité du tube digestif et par contre coup celle de l'appareil rénal ; d'où un temps d'arrêt dans la maladie, toutes les fois qu'il s'agit d'une albuminurie aiguë, très oscillante, partant, avec des moments où l'hyperexcitabilité périphérique est encore très accusée.

Par contre, le régime lacté entraîne une aggravation rapide, avec dénouement fatal, toutes les fois qu'il s'agit d'une albuminurie, survenant chez un individu dépourvu de sensibilité, ou couronnant une longue évolution morbide.

Dans tous les cas, le lait n'a jamais d'action curatrice. Celle-ci est réservée à la mise en action méthodique des moyens qu'indique la connaissance de l'évolution individuelle.

TABLE DES MATIÈRES

CHAPITRE PREMIER

IDÉE GÉNÉRALE ET CLINIQUE DE LA DIGESTION

CHAPITRE II

EXPLORATION CLINIQUE DU CORPS HUMAIN

CHAPITRE III

ÉVOLUTION INDIVIDUELLE DE L'HOMME

CHAPITRE IV

DÉTERMINISME DE LA MALADIE

CHAPITRE V

HYGIÈNE GÉNÉRALE INDIVIDUELLE

LYON. — IMP. EMMANUEL VITTE, 18, RUE DE LA QUARANTAINE.

www.ingramcontent.com/pod-product-compliance
Lightning Source LLC
LaVergne TN
LVHW011946220826
846092LV00001B/100